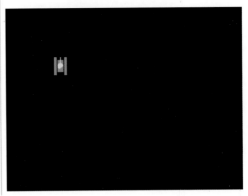

图 1-5　HTML5 绘制坦克图案

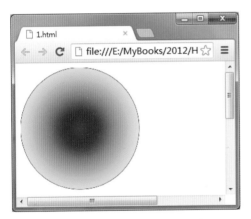

图 1-2　div 元素示例

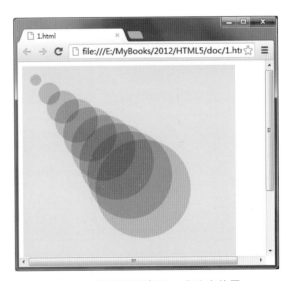

图 5-6　透明颜色填充 10 个连串的圆

图 5-5　使用黄、绿、红的放射渐变颜色填充一个圆

图 5-8　source-over 取值效果

图 5-10　渐变填充文字

图 5-11 保存和恢复绘图状态

图 6-1 旋转 < div > 元素 30°

图 6-2 Animation 制作一个雪花飘落的特效

鼠标event.pageX: 329, event.pageY: 41

图 6-3 在页面中显示鼠标的位置信息

图 6-7 淡入效果显示 div 元素

图 6-10　滑动效果显示 div 元素

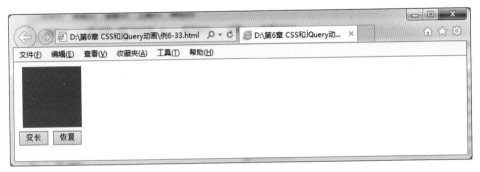

图 6-12　自定义动画的实例

图 6-14　queue( )方法的实例

图 6-15　延迟动画的实例

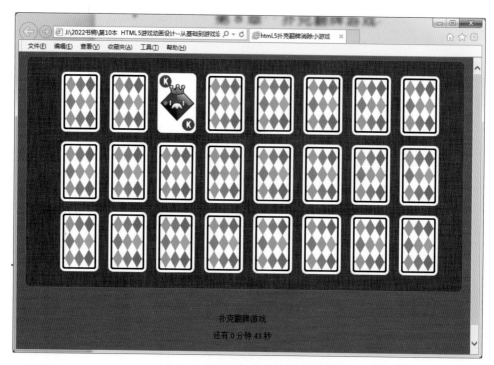

图 8-1　扑克翻牌游戏的运行界面

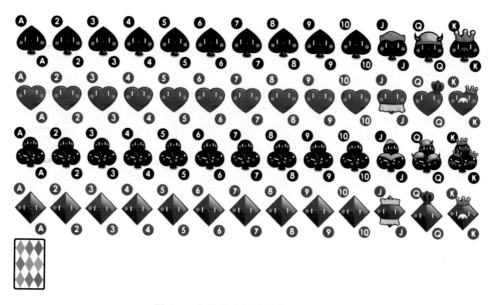

图 8-2　存储扑克牌的图片 deck. png

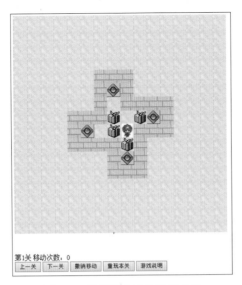

图 9-1　推箱子游戏的运行界面

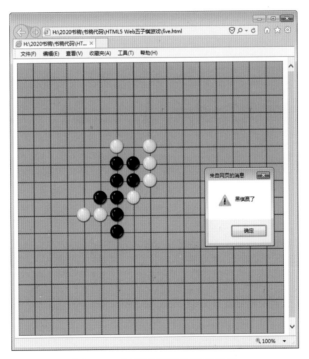

图 10-1　五子棋游戏的运行界面

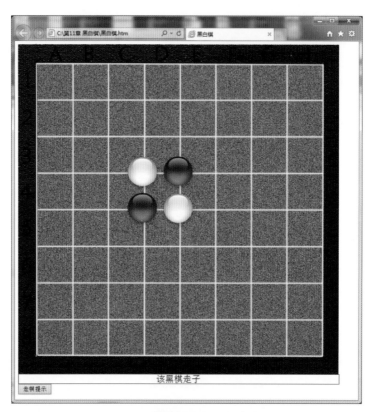

图 11-1　黑白棋游戏的运行界面

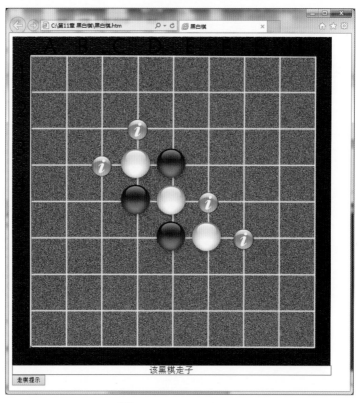

图 11-2　表示执棋方(黑方)可落子位置

BlackStone.png   Info2.png   qi_pan1.jpg   WhiteStone.png

图 11-3　黑白两色棋子和棋盘

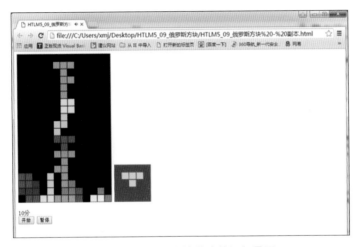

图 12-1　俄罗斯方块游戏的运行界面

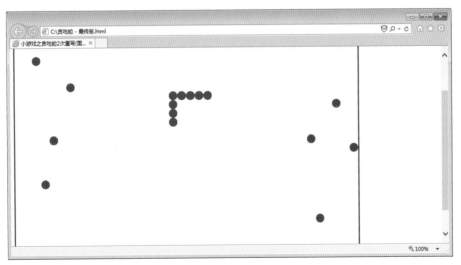

图 13-1　贪吃蛇游戏的运行界面

飞机大战
分数：0分

图 14-1　雷电飞机射击游戏的运行界面

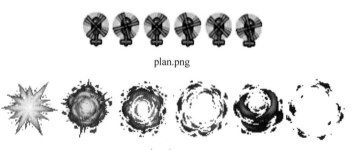

plan.png

bomb.png

bullet.png

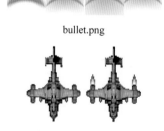

enemy.png

图 14-2　相关图片素材

(a) 矩形　　　　　　　(b) 矩形

图 14-4　矩形检查

发生碰撞

图 14-5　矩形检查

没发生碰撞

图 14-6　像素检查

敌机被击中，加20分
分数：60分

图 14-10　雷电飞机射击游戏的最终效果

(a) 初始界面

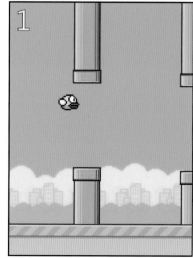
(b) 游戏过程界面

图 15-1 Flappy Bird 游戏运行初始界面和游戏过程界面

bg.png

bird.png

obs.png

over.png

start.jpg

图 15-2 Flappy Bird 素材图片

图 15-3 Flappy Bird 游戏结束画面

图 16-1　棋子图片资源

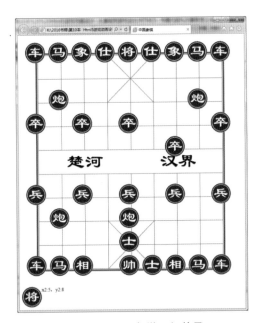

图 16-3　中国象棋运行效果

图 17-1　图片的加载与显示效果

图 17-2　参数控制图片的显示效果

图 17-3　控制图片的旋转和透明度

图 17-8　位图图像填充绘图区

图 17-9　人物走动的图片 chara. png

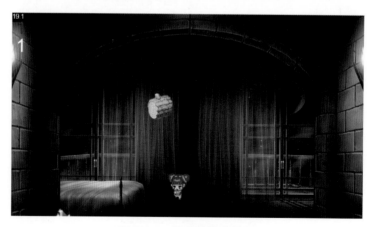

图 17-11　接水果游戏效果

移动互联网开发技术丛书

HTML5

网页游戏设计从基础到开发

第2版·微课视频版

夏敏捷　尚展垒　著

清华大学出版社

北京

内容简介

本书是一本面向广大 HTML5 编程爱好者的游戏设计类图书，涵盖 HTML5 的新特性和相关技术，主要内容包括 HTML5 概述、JavaScript、Canvas API 画图、CSS3 和 jQuery 以及 HTML5 流行的游戏引擎 lufylegend 等。

本书最大的特色在于以游戏开发案例为主要内容。书中涉及的游戏都是大家耳熟能详的，如人物拼图、扑克翻牌、推箱子、五子棋、黑白棋、俄罗斯方块、贪吃蛇、雷电飞机射击、Flappy Bird、中国象棋等，旨在让读者对枯燥的 HTML5 网页学习充满乐趣，对于初中级的 HTML5 网页学习者也提供很好的参考。书中不仅列出了完整的游戏代码，同时对所有的源代码进行了非常详细的解释，做到了通俗易懂、图文并茂。读者在阅读本书时可以充分了解和体验 HTML5 的强大功能。

本书适用于网页游戏编程爱好者、程序设计人员和 HTML5 网页学习者，也可作为 Web 应用程序开发人员的参考书。

图书在版编目（CIP）数据

HTML5 网页游戏设计从基础到开发：微课视频版/夏敏捷，尚展垒著.—2 版.—北京：清华大学出版社，2023.4（2025.1重印）

（移动互联网开发技术丛书）

ISBN 978-7-302-62977-1

Ⅰ．①H… Ⅱ．①夏… ②尚… Ⅲ．①超文本标记语言－程序设计 Ⅳ．①TP312.8

中国国家版本馆 CIP 数据核字（2023）第 039724 号

责任编辑：陈景辉
封面设计：刘 键
责任校对：徐俊伟
责任印制：宋 林

出版发行：清华大学出版社
   网　　址：https://www.tup.com.cn, https://www.wqxuetang.com
   地　　址：北京清华大学学研大厦 A 座 邮　编：100084
   社 总 机：010-83470000   邮　购：010-62786544
   投稿与读者服务：010-62776969，c-service@tup.tsinghua.edu.cn
   质量反馈：010-62772015，zhiliang@tup.tsinghua.edu.cn
   课件下载：https://www.tup.com.cn，010-83470236
印 装 者：三河市君旺印务有限公司
经　　销：全国新华书店
开　　本：185mm×260mm 印 张：18.5 插 页：6 字　数：477 千字
版　　次：2018 年 7 月第 1 版 2023 年 4 月第 2 版 印　次：2025 年 1 月第 3 次印刷
印　　数：2301～2900
定　　价：69.90 元

产品编号：099415-01

前　言

FOREWORD

　　HTML5 是 HyperText Markup Language 5 的缩写。HTML5 技术结合了 HTML4.01 的相关标准并对其进行革新，符合现代网络发展要求。HTML5 是互联网的下一代标准，是构建和呈现互联网内容的一种语言方式，被认为是互联网的核心技术之一。HTML5 在 2014 年 10 月由万维网联盟（W3C）完成标准制定，仍处于完善之中。然而 HTML5 已经引起了业内的广泛兴趣，Chrome、Firefox、Opera、Safari 等主流浏览器都已经支持 HTML5 技术，新 Edge 浏览器率先实现 100%支持 HTML5。

　　本书作者长期从事 HTML5 网页设计教学与应用开发，在长期的工作、学习中，积累了丰富经验和教训，能够了解在学习编程的时候需要什么样的书才能提高 HTML5 开发能力，以最少的时间投入得到最快的实际应用。

本书主要内容

　　本书分为基础篇和实战篇，基础篇包括第 1～6 章，主要讲解 HTML5 的基础知识和相关新技术，如 JavaScript、Canvas API 画图、CSS3 和 jQuery 及其使用技巧；实战篇包括第 7～17 章，综合应用前面技术，开发经典的大家耳熟能详的游戏，如人物拼图、扑克翻牌、推箱子、五子棋、黑白棋、俄罗斯方块、贪吃蛇、雷电飞机射击、Flappy Bird、中国象棋。通过本书读者将学会如何利用 HTML5 和 JavaScript、CSS3 制作交互式游戏、平台类游戏，学会网页游戏设计。

本书特点

　　（1）内容全面，代码通用。本书所有案例的源代码通用性强，便于读者直接应用于大部分游戏的开发。

　　（2）理论夯实，案例丰富。每款游戏案例均提供详细的设计思路、关键技术分析以及具体的解决步骤方案，案例实用性强。

配套资源

　　为便于教与学，本书配有微课视频（420 分钟）、源代码、教学课件、教学大纲、扩展案例。

　　（1）获取微课视频方式：先刮开并用手机版微信 App 扫描本书封底的文泉云盘防盗码，授权后再扫描书中相应的视频二维码，观看教学视频。

　　（2）获取源代码、扩展案例、全书网址方式：先刮开并用手机版微信 App 扫描本书封底的文泉云盘防盗码,授权后再扫描下方二维码,即可获取。

源代码   扩展案例   全书网址

(3) 其他配套资源可以扫描本书封底的"书圈"二维码,关注后回复本书书号,即可下载。

读者对象

本书适用于网页游戏编程爱好者、程序设计人员和 HTML5 网页学习者,也可作为 Web 应用程序开发人员的参考书。

需要说明的是,学习游戏编程是一个实践的过程,而不仅仅是看书、看资料,亲自动手编写、调试程序才是至关重要的。通过实际的编程以及积极的思考,读者可以快速掌握很多编程技术,而且在编程中还会积累许多宝贵的编程经验。在当前的软件开发环境下,这种编程经验对开发者来说不可或缺。

本书由夏敏捷(中原工学院)主持编写,其中尚展垒(郑州轻工业大学)编写第 4~17 章,其余章节由夏敏捷编写。张睿萍(中原工学院)参与课件和微课视频制作。在本书的编写过程中,为确保内容的正确性,参阅了很多资料,并且得到了资深 Web 程序员的支持,在此谨向他们表示衷心的感谢。

限于个人水平和时间仓促,书中难免存在疏漏之处,欢迎广大读者批评指正。

作 者

2023 年 1 月

CONTENTS

第 2 部分　实战篇

第1部分

基 础 篇

基础篇

第 1 章

HTML5概述

互联网上的应用程序被称为 Web 应用程序，Web 应用程序使用 Web 文档（网页）来表现用户界面，而 Web 文档都遵循标准 HTML 格式。HTML5 是最新的 HTML 标准。之前的版本 HTML4.01 于 1999 年发布。20 多年过去了，互联网已经发生了翻天覆地的变化，原有的标准已经不能满足各种 Web 应用程序的需求。本章就和读者一起来了解一下最新标准的 HTML5 的概貌。

1.1　HTML 基础

1.1.1　HTML 的定义

HTML 是 HyperText Markup Language（即超文本标记语言）的缩写，它是通过嵌入代码或标记来表明文本格式的国际标准。用它编写的文件扩展名是.html 或.htm，这种网页文件的内容通常是静态的。

HTML 中包含很多 HTML 标记（标签 Tag），它们可以被 Web 浏览器解释，从而决定网页的结构和显示的内容。这些标记通常成对出现，如<HTML>和</HTML>就是常用的标记对，语法格式如下：

<标记名>数据</标记名>

【例 1-1】　一个使用基本结构标记文档的 HTML 文档实例 first.html。

```
< html >
< head >
< title >HTML 文件标题</title >
</head >
< body >
<!-- HTML 文件内容 -->
< p > this is a paragraph </p >
< b > This text is bold </b >
</body >
</html >
```

这个文件的第一个标记(Tag)是<html>,这个标记告诉浏览器这是 HTML 文件的头。文件的最后一个标记是</html>,表示 HTML 文件到此结束。

在<head>和</head>之间的内容是 Head 信息。Head 信息是不显示出来的,在浏览器里看不到。但是这并不表示这些信息没有用处。例如,可以在 Head 信息里加上一些关键词,有助于搜索引擎能够搜索到网页。

在<title>和</title>之间的内容是这个文件的标题。可以在浏览器最顶端的标题栏看到这个标题。

在<body>和</body>之间的信息是正文。

<!--和-->是 HTML 文档中的注释符,它们之间的代码不会被解析。

在<b>和</b>之间的文字用粗体表示。<b>,顾名思义,就是 bold 的意思。

HTML 文件看上去和一般文本类似,但是它比一般文本多了标记(Tag),如<html>、<b>等,通过这些标记(Tag),告诉浏览器如何显示这个文件。

实际上<标记名>数据</标记名>就是 HTML 元素(HTML Elements)。大多数元素都可以嵌套,例如:

```
<body>
<p> this is a paragraph</p>
</body>
```

其中,<body>元素的内容是另一个 HTML 元素。HTML 文件是由嵌套的 HTML 元素组成的。

1.1.2　HTML 的历史

1990 年,欧洲原子物理研究所的英国科学家 Tim Berners-Lee 发明了 WWW(World Wide Web)。通过 Web,用户可以在一个网页里比较直观地标识出互联网上的资源。因此,Tim Berners-Lee 被称为互联网之父。

最早的关于 HTML 的公开描述是由 Tim Berners-Lee 于 1991 年发表的一篇名为《HTML 标记》的文章,其中描述了 18 个元素,这就是关于 HTML 的最简单的设计。其中的 11 个元素还保留在 HTML4 中。

1993 年,Internet 工程任务组(Internet Engineering Task Force,IETF)发布了第 1 部 HTML 规范建议。1994 年,IETF 成立了 HTML 工作组,该工作组于 1995 年完成了 HTML2.0 设计,并于同年发布了 HTML3.0,对 HTML2.0 进行了扩展。

HTML4.01 发布于 1999 年,直至现在仍然有大量的网页是基于 HTML4.01 的,它的应用周期超过 10 年,因此是到目前为止,影响最广泛的 HTML 版本。

2004 年,超文本应用技术工作组(Web Hypertext Application Technology Working Group,WHATWG)开始研发 HTML5。2007 年,万维网联盟(World Wide Web Consortium,W3C)接受了 HTML5 草案,并成立了专门的工作团队,并于 2008 年 1 月发布了第 1 个 HTML5 的正式草案。

2010 年,时任苹果公司 CEO 的乔布斯发表了一篇名为《对 Flash 的思考》的文章,指出随着 HTML5 的完善和推广,以后再观看视频等多媒体时就不再依靠 Flash 插件了。这引起了主流媒体对 HTML5 的兴趣。

目前,HTML5 是 HTML 最新的修订版本,2014 年 10 月由万维网联盟(W3C)完成标准制定,仍处于完善之中。然而大部分现代浏览器已经可以支持 HTML5。HTML5 的设计目的是使网络标准匹配当代的网络需求,尤其是在移动设备上支持。W3C 组织最新宣布,正在编写 HTML5.1 的语言标准规范。HTML5 无疑会成为未来 10 年热门的互联网技术。

1.2　HTML 基础

1.2.1　HTML 基础知识

HTML 文件是标准的 ASCII 文件,它是加入了许多被称为标记(Tag)的特殊字符串的普通文本文件。组成 HTML 文件的标记有许多种,这些标记用于组织页面的布局和输出样式。HTML 中的绝大多数标记是"容器",即它分起始标记和结尾标记两部分。在起始标记和结尾标记中间的部分是标记体。每一个标记都有名称和可供选择使用的属性,标记的名称和属性都在起始标记内标明。

例如,BODY 标记用于定义网页中所有将被浏览器显示的内容。下面的 HTML 代码将在浏览器中显示两行文字,第一行为"demo",以标题 2 的格式显示。第二行为"This is my first HTML file.",以普通段落文字显示。

```
< BODY background = "flower.gif">
< H2 > demo </H2 >
< P > This is my first HTML file. </P >
</BODY >
```

第 1 行是 BODY 标记的起始标记,它标明 BODY 标记从此开始。因为所有的标记都具有相同的结构。标记可以出现属性,如 background 属性名。一个标记可以有多个属性,各个属性之间用空格分开。属性及其属性值不区分大小写。本例中的属性 background 指定用什么图片来填充背景。

第 2 行和第 3 行是 BODY 标记的标记体,此处的两行内容指定在浏览器中分别以不同的格式显示两行文字"demo"和"This is my first HTML file."。

最后一行</BODY >是 BODY 标记的结尾标记,结尾标记与起始标记相对应,它的开始符是"</"。大多数标记的首尾标记必须成对出现,也有起始标记必须出现而结尾标记是可选的,如< P >、< OPTION >等标记;或者只有起始标记而禁止结尾标记的元素,如< INPUT >、< IMG >等标记。

从上面的例子可以看出,一个标记的标记体中可以有另外的标记,如上例中第 2 行的标题标记< H2 >…</H2 >和第 3 行的分段标记< P >。实际上,HTML 文件仅由一个 HTML 标记组成,即文件以< HTML >开始,以</HTML >结尾,两个标记中间都是 HTML 的标记体。

HTML 的标记体由两大部分组成,即头标记< HEAD >…</ HEAD >和体标记< BODY >…</BODY >。头标记和体标记的标记体又可由其他的标记、文本及注释组成,也就是说,一个 HTML 文件应具有下面的基本结构。

```
< HTML >   HTML 文件开始
< HEAD >   头标记开始
头标记体
</HEAD >   头标记结束
< BODY >   体标记开始
体标记体
</BODY >   体标记结束
</HTML >   HTML 文件结束
```

需要说明的是,HTML 文件中,有些标记只能出现在头标记中,其余绝大多数标记只能出现在体标记中。在头标记中的标记表示的是该 HTML 文件的一般信息,如文件名称以及是否可检索等。这些标记书写的次序是无关紧要的,它们只表明有没有该属性。但出现在体标记中的标记是次序敏感的,即改变标记的书写次序会改变该段信息在浏览器中的输出形式。

 　　　HTML 的标记(Tag)不区分大小写,即< title >和< TITLE >或者< TiTlE >是一样的。

1.2.2　HTML 基本标记

1. 文件标题标记< TITLE >

TITLE 标记标明该 HTML 文件的标题,是对文件内容的概括。一个好的标题应该能使浏览者从中判断出该文件的大概内容。文件的标题一般不会显示在文本窗口中,而是以窗口的名称显示出来。TITLE 标记的格式如下:

```
< TITLE >文件标题</TITLE >
```

2. 标题标记< Hn >、段落标记< P >和粗体字标记< B >

标题标记有 6 种,分别为 H1,H2,…,H6,用于表示文章中的各种标题。标题号越小,字体越大,因此,< H1 >是最大的标题,< H6 >是最小的标题,例如:

```
< H1 >一级标题</H1 >
< H2 >二级标题</H2 >
< H3 >三级标题</H3 >
< H4 >四级标题</H4 >
```

如果要设置正文段落,则使用< P >…</P >,中间存放文字、图像和超链接等,例如:

```
< P >第一个段落的文字</P >
< P >第二个段落的文字</P >
```

如果要强调某个单词,可以使用粗体字标记< B >…</B >。

段落< P >和标题< Hn >具有对齐属性 align,其值 left 表示标题居左,center 表示标题居中,right 表示标题居右。例如,设置二级标题,居中效果:

```
< H2 align = "center"> Chapter 2 </H2 >
```

3. 字体标记< FONT >

HTML 处理字体的标记,可以用来定义文字的字体(face)、大小(size)和颜色(color)。FONT 标记的格式如下:

```
< FONT >具体文字</FONT >
```

例如,设置字体为隶书,字号为 4 号,颜色为红色,文字为"中原工学院":

```
< FONT face = "隶书" size = 4 color = "red">中原工学院</FONT>
```

4. 超链接标记< A >

超链接(Hyperlink)是 HTML 中的一个重要部分。它指向用 URL 来唯一标识的另一个 Web 信息页。

HTML 中的一个超链接由两部分组成:一部分是可被显示在 Web 浏览器中的超链接文本及图像,当用户单击它时,就触发了此超链接;另一部分就是用以描述当超链接被触发后要连接到何处的 URL 信息。因而超链接标记的格式如下:

```
< A HREF = "URL 信息">超链接文本及图像</A>
```

其中,超链接文本被浏览器用一种特殊颜色并带下画线的字体醒目地显示出来,当鼠标进入其区域时指针会变成手的形状,表示此处可以被触发。属性 HREF 表明超链接被触发后所指向的 URL,例如:

```
< A HREF = "http://www.tup.tsinghua.edu.cn/index.html">我的主页</A>
```

在 HTML 中还可使用相对 URL 来代替绝对 URL。例如,若指向的另一 HTML 文件在同一目录下,只需简单地写为:

```
< A HREF = "self.htm">自我介绍</A>
```

如要指向上两级目录下的文件,可以这样写:

```
< A HREF = "../../topic.htm">返回到顶级</A>
```

通常超链接指向一个文件,若要指向一个文件内的某一特定位置,就要用到超链接名,其格式如下:

```
< A NAME = "超链接名">相关内容</A>
```

例如,在一个文件中有一部分内容是说明,可以先在说明标题上定义一个超链接名:

```
< A NAME = "说明">说明部分</A>
```

这样,就可以在同一文件的其他处创建一个超链接来指向说明部分:

```
< A HREF = "♯说明">说明</A>
```

用户一旦触发超链接,就显示其内容。

5. 图像标记< IMG >

HTML 有以下几种图像的格式能被 Web 浏览器直接解释:GIF、JPEG、BMP 等。对于段落中的图像,还可以利用 ALIGN 属性定义图与文本行的对齐方式,其属性值可取 TOP(与文本行顶部对齐)、MIDDLE(中间对齐)、BOTTOM(底部对齐,默认值)、LEFT(将此图显示在窗口左方)、RIGHT(将此图显示在窗口右方)。

例如,用< IMG >来表示网页中的一幅图像:

```
< H2 >< IMG ALIGN = MIDDLE SRC = "glow.gif">蓝色天空</H2 >
```

例如，在网页中插入一幅名字为 star.jpg 的图像，图像宽度为 100px，高为 120px：

```
< IMG SRC = "star.jpg" WIDTH = "100" HEIGHT = "120">
```

还可以在图像上设置超链接，其标记为< A >…</A >。

```
< A HREF = "http://www.zzti.edu.cn">< IMG SRC = "中工.jpg"></A>
```

Web 浏览器在具有超链接的图像四周画一个边框，表示可以被触发。若想去掉这个框只需在< IMG >中加上属性 BORDER=0 就可以了。如果不满意图像的原始尺寸，可以用属性 WIDTH 和 HEIGHT 重新定义图像的宽度和高度，属性值为用整数表示的屏幕像素点的个数。

6. 声音和视频标记

Web 浏览器自身不能解释声音和视频文件，但它能通过其他辅助工具的帮助来播放声音和视频文件。一般声音文件带有 WAV、SND 等扩展名，而视频文件带有 AVI、MPG 等扩展名。要播放这些文件，可把这些文件作为一个超链接中的 URL 信息。当用户触发这一超链接时，Web 浏览器发现自己无法解释这类文件，就在辅助工具表中启动相应的程序来播放它们。例如：

```
< H2 >< A HREF = "cinema.avi">这是一段电影</A></H2 >
```

用户触发这一超链接后，Web 浏览器立即启动默认的网络视频播放工具程序（如 MPlayer 程序）来播放此文件。

7. 框架标记< Frame >

使用框架可以在浏览器窗口同时显示多个网页。每个框架 Frame 里可以设定一个网页，各个 Frame 里的网页相互独立。例如：

```
< frameset cols = "25 % ,75 % ">
    < frame src = "a.htm">
    < frame src = "b.htm">
</frameset >
```

框架集标记< frameset > </frameset >决定如何划分框架 Frame。< frameset >有 cols 属性和 rows 属性。使用 cols 属性，表示按列划分 Frame；使用 rows 属性，表示按行划分 Frame。示例中将浏览器窗口分成两列，第一列 25%，表示第一列的宽度是窗口宽度的 25%；第二列 75%，表示第二列的宽度是窗口宽度的 75%。第一列中显示 a.htm，第二列中显示 b.htm。< frame >里有 src 属性，src 值就是网页的路径和文件名。

注意　　HTML5 中不再支持 Frame 框架，只支持框架标记< iframe >。使用框架标记< iframe >可以在浏览器窗口同时显示多个网页。iFrame 是框架的一种形式，经常在网页中嵌套使用其他页面内容。例如：

```
< iframe name = "content" frameborder = "0" src = "b.htm" scrolling = "auto"></iframe >
```

src：外部页面的路径，可以使用相对路径也可以使用绝对路径。

scrolling：是否显示页面滚动条（可选的参数为 auto、yes、no，如果省略这个参数则默认为 auto）。

frameborder：属性规定是否显示 iframe 周围的边框，当设置为 0 时表示无边框。

8. 表格标记

在 HTML 文档中，表格是通过< table >、< th >、< tr >、< td >标记来完成的，如表 1-1 所示。

表 1-1　表格标记说明

标　记	描　述
< table >…</table >	用于定义一个表格的开始和结束
< th >…</th >	定义表头单元格。表格中的文字将以粗体显示，在表格中也可以不用此标记，< th >标记必须放在< tr >标记内
< tr >…</tr >	定义行的标记，行标记内可以建立多组由< td >或< th >标记所定义的单元格
< td >…</td >	定义单元格标记，一组< td >标记将建立一个单元格，< td >标记必须放在< tr >标记内

在一个最基本的表格中，必须包含一组< table >标记、一组< tr >标记和一组< td >标记或< th >。表格标记< table >有很多属性，其常用的属性见表 1-2。

表 1-2　表格标记< table >的常用属性

属　性	描　述	属　性	描　述
width	表格的宽度	bordercolorlight	表格边框明亮部分的颜色
height	表格的高度	bordercolordark	表格边框昏暗部分的颜色
align	表格在页面的水平摆放的位置	cellspacing	单元格之间的间距
bgcolor	表格的背景颜色	cellpadding	单元格内容与单元格边界之间的空白距离的大小
border	表格边框的宽度（以像素为单位）		
bordercolor	表格边框颜色		

【例 1-2】 一个简单的表格实例。

```
< HTML >
< HEAD >
    < TITLE >一个简单的表格</TITLE >
</HEAD >
< BODY >
< center >
< tableborder = 1 bordercolor = "＃006803" align = "center"cellspacing = "0" >
< tr >
    < td >第 1 行中的第 1 列</td >
    < td >第 1 行中的第 2 列</td >
    < td >第 1 行中的第 3 列</td >
</tr >
< tr >
    < td >第 2 行中的第 1 列</td >
    < td >第 2 行中的第 2 列</td >
    < td >第 2 行中的第 3 列</td >
</tr >
</table >
</center >
</BODY >
</HTML >
```

浏览网页效果如图 1-1 所示。

标记< th >、< tr >、< td >也有很多属性，用来控制行和单元格的属性，限于篇幅这里就

| 第1行中的第1列 | 第1行中的第2列 | 第1行中的第3列 |
| 第2行中的第1列 | 第2行中的第2列 | 第2行中的第3列 |

图 1-1 表格示例

不再介绍了。

9. 分区标记

<div>标记可以定义文档中的分区或节(division/section)，可以把文档分割为独立的、不同的部分。在 HTML4 中，<div>标记对网页布局很重要。

【例 1-3】 使用<div>标记定义 3 个分区，背景色分别为红、绿、蓝。

```
< div style = "background - color: #FF0000">
    < h3 >标题 1 </h3 >
    < p >正文 1 </p >
</div >
< div style = "background - color: #00FF00">
    < h3 >标题 2 </h3 >
    < p >正文 2 </p >
</div >
< div style = "background - color:yellow">
    < h3 >标题 3 </h3 >
    < p >正文 3 </p >
</div >
```

标题1

正文1

标题2

正文2

标题3

正文3

图 1-2 div 元素示例

style 属性用于指定 div 元素的 CSS 样式。background-color 属性用于指定元素的背景色。CSS 技术后面章节中会介绍，浏览网页效果如图 1-2 所示。

10. 其他常用标记

HTML4 还有许多标记，这里仅仅用表 1-3 列出它们的作用，不再举例说明。

表 1-3 其他常用标记

标 记	描 述
< br >	< br >标记是 HTML 中的换行符
< pre >	< pre >标记用于定义预格式化的文本。< pre >中的文本会以等宽字体显示，并保留空格和换行符。< pre >标记通常可以用来显示源代码
< span >	< span >标记可以用来组合文档中的行内元素。它可以在行内定义一个区域，也就是一行内可以被< span >划分成好几个区域，从而实现某种特定效果
< li >	定义列表项目的标记，可以用于有序列表< ol >标记和无序列表< ul >标记内
< form >	定义表单

1.3　HTML5 的新特性

HTML5 是近年来 Web 开发标准最巨大的飞跃。与以前的版本不同，HTML5 并非仅仅用来表示 Web 内容，它的新使命是将 Web 带入一个成熟的应用平台，在 HTML5 平台上，视频、音频、图像、动画，以及同计算机的交互都被标准化。

HTML5 在以前浏览器发展的基础上对标记进行了简化。另外，HTML5 中对标记从语法上也进行了分类。

（1）不允许写结束符的标记：area、basebr、col、command、embed、hr、img、input、keygen、link、meta、param、source、track、wbr。

（2）可以省略结束符的标记：li、dt、dd、p、rt、optgroup、option、colgroup、thread、tbody、tr、td、th。

（3）可以完全省略的标记：html、head、body、colgroup、tbody。

在 HTML4 的基础上 HTML5 新增了很多标记，下面列举部分新增标记，如表 1-4 所示。

表 1-4　HTML5 部分新增标记

标　　记	功 能 说 明	标　　记	功 能 说 明
＜article＞	定义文章或网页中的主要内容	＜hgroup＞	定义文件中一个区块的相关信息
＜aside＞	定义页面内容部分的侧边栏	＜keygen＞	定义表单里一个生成的键值
＜audio＞	定义音频内容	＜mark＞	定义有标记的文本
＜canvas＞	定义图布	＜meter＞	标记定义
＜command＞	定义一个命令按钮	＜nav＞	定义导航链接
＜datalist＞	定义一个下拉列表	＜output＞	定义一些输出类型
＜details＞	定义一个元素的详细内容	＜progress＞	定义任务的过程
＜dialog＞	定义一个对话框（会话框）	＜ruby＞	标记定义
＜embed＞	定义外部的可交互的内容或插件	＜section＞	定义一个区域
＜figure＞	定义一组媒体内容以及它们的标题	＜source＞	定义媒体资源
＜footer＞	定义一个页面或一个区域的底部	＜time＞	定义一个日期/时间
＜header＞	定义一个页面或一个区域的头部	＜video＞	显示一个视频

1.3.1　简化的文档类型和字符集

1. 简化的文档类型

＜!DOCTYPE＞声明位于 HTML 文档中的最前面的位置，它位于＜html＞标签之前。该标签告知浏览器文档所使用的 HTML 或 XHTML 规范。在 HTML4 中，＜!DOCTYPE＞标签可以声明三种 DTD 类型，分别表示严格版本（Strict）、过渡版本（Transitional）和基于框架（Frameset）的 HTML 文档。

HTML5 只支持 HTML 一种文档类型。定义代码如下：

```
<!DOCTYPE HTML>
```

之所以这么简单，是因为 HTML5 不再是 SGML（Standard Generalized Markup Language，标准通用标记语言，一种定义电子文档结构和描述其内容的国际标准语言，是所有电子文档标记语言的起源）的一部分，而是独立的标记语言。这样，设计 HTML 文档时就不需要考虑文档类型了。

2. 字符集

如果要正确地显示 HTML 页面，浏览器必须知道使用何种字符集。HTML4 的字符集包括 ASCII、ISO-8859-1、Unicode 等很多类型。

HTML5 的字符集也得到了简化，只需要使用 UTF-8 即可，使用一个 meta 标记就可以指定 HTML5 的字符集，代码如下：

```
<meta charset = "UTF - 8">
```

1.3.2 HTML5 的新结构

HTML5 的设计者们认为网页应该像 XML 文档和图书一样有结构。通常,网页中有导航、网页体内容、工具栏、页眉和页脚等结构。HTML5 中增加了一些新的标记以实现这些网页结构,这些新标记及其定义的网页布局如图 1-3 所示。下面列出网页布局的相关标记。

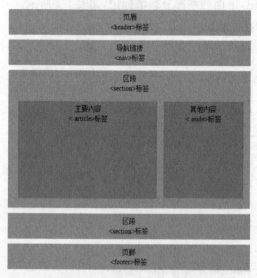

图 1-3 HTML5 网页布局示例

- < section >标记用于定义文档中的区段,如章节、页眉、页脚或文档中的其他部分。
- < header >标记用于定义文档的页眉(介绍信息)。
- < footer >标记用于定义区段(section)或文档的页脚。通常,该元素包含作者的姓名、文档的创作日期或者联系方式等信息。
- < nav >标记用于定义导航链接。
- < article >标记用于定义文章或网页中的主要内容。
- < aside >标记用于定义主要内容之外的其他内容。

在 HTML5 中用独立的标记代表特定的功能。例如,< header >表示头部,< nav >表示导航。这样代码变得非常有语义且容易理解,对于搜索引擎来说,更容易找到相关内容。

1.3.3 支持本地存储

HTML5 本地存储类似于 cookies,但它支持存储的数据量更大,并且提供了一个本地数据库引擎,从而使保持和获取数据更加容易。这个特点可以很好地将数据分发给用户,缓解与服务器的连接压力。另外可以使用 JavaScript 从本地 Web 页面中访问本地数据库,这意味着用户可以将网页保存到本地,当从公司回到家里不用连接互联网就能打开。

1.3.4 全新的表单设计

HTML5 支持 HTML4 中定义的所有标准输入控件,而且增加了新输入控件,从而使HTML5 实现了全新的表单设计。例如,时间选择器控件,以后选择时间就不要使用JavaScript 插件了,直接使用 type＝"date"属性即可。

```
< form >
选择日期:< input type = "date" value = "2022 - 01 - 04" />
</ form >
```

在支持的浏览器(如谷歌浏览器)下,就有图 1-4 所示效果。

12

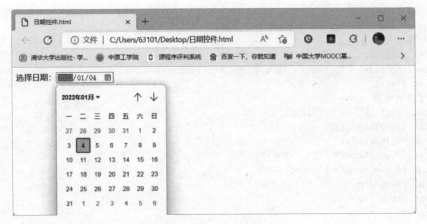

图1-4　时间选择器控件

1.3.5　强大的绘图功能

HTML4几乎没有绘图的功能,通常只能显示已有的图片;而HTML5则集成了强大的绘图功能。在HTML5中可以通过下面的方法进行绘图:

- 使用Canvas API动态地绘制各种效果精美的图形;
- 绘制可伸缩的矢量图形(SVG)。

借助HTML5的绘图功能,既可以美化网页界面,也可以实现专业人士的绘图需求。本书将在第5章介绍使用Canvas API画图的方法,游戏开发中主要使用Canvas API画图来实现游戏界面。

【例1-4】　使用Canvas API画图实现绘制坦克图案。

```html
<!DOCTYPE HTML>
<html>
<head>
<meta charset = "utf-8"/>
</head>
<body>
<h1>HTML5-坦克大战</h1>
<!-- 坦克大战的战场 -->
<canvas id = "tankMap" width = "400px" height = "300px" style = "background-color: black">
</canvas>
<script type = "text/javascript">
    //得到画布
    var canvas1 = document.getElementById("tankMap");
    //定义一个位置变量
    var heroX = 80; var heroY = 80;
    //得到绘图上下文
    var cxt = canvas1.getContext("2d");
    //设置颜色
    cxt.fillStyle = "#BA9658";
    //画左边的矩形
    cxt.fillRect(heroX, heroY, 5, 30);
    //画右边的矩形
    cxt.fillRect(heroX + 17, heroY, 5, 30);
```

```
        //画中间的矩形
        cxt.fillRect(heroX + 6,heroY + 5,10,20);
        //画出坦克的盖子
        cxt.fillStyle = "#FEF26E";
        cxt.arc(heroX + 11,heroY + 15,5,0,360,true);
        cxt.fill();
        //画出炮筒
        cxt.strokeStyle = "#FEF26E";
        cxt.lineWidth = 1.5;
        cxt.beginPath();
        cxt.moveTo(heroX + 11,heroY + 15);
        cxt.lineTo(heroX + 11,heroY);
        cxt.closePath();
        cxt.stroke();
</script>
</body>
</html>
```

浏览网页效果如图 1-5 所示。

图 1-5　HTML5 绘制坦克图案

1.3.6　获取地理位置信息

越来越多的 Web 应用需要获取地理位置信息。例如，在显示地图时标注自己的当前位置。在 HTML4 中，获取用户的地理位置信息需要借助第三方地址数据库或专业的开发包（如 Google Gears API）。HTML5 新增了 Geolocation API 规范，可以通过浏览器获取用户的地理位置，这无疑给有相关需求的用户提供了很大的方便。

【例 1-5】　获得用户的位置信息。

```
<!DOCTYPE HTML>
<html>
<body>
<p id = "demo">单击这个按钮,获得您的坐标:</p>
<button onclick = "getLocation()">试一下</button>
<script>
```

14

```
var x = document.getElementById("demo");
function getLocation()
{
        if (navigator.geolocation)                    //检测是否支持地理定位
        {
        navigator.geolocation.getCurrentPosition(showPosition);
                                              //支持则运行 getCurrentPosition()方法
        }
        else{x.innerHTML = "这个浏览器不支持地理定位.";}
}
function showPosition(position)                        //获得并显示经度和纬度
{
    x.innerHTML = "纬度 Latitude: " + position.coords.latitude +
      "< br />经度 Longitude: " + position.coords.longitude;
}
</script>
</body>
</html>
```

1.3.7　支持多媒体功能

HTML4 在播放音频和视频时都需要借助 Flash 等第三方插件。而 HTML5 新增了
< audio >和< video >元素,可以不依赖任何插件地播放音频和视频,以后用户就不需要安装
和升级 Flash 插件了,这当然更方便了。

【例 1-6】　播放视频实例。

```
<! DOCTYPE HTML >
< html >
< body >
< video src = "movie.avi" controls = "controls">
your browser does not support the video tag
</video>
</body>
</html>
```

浏览网页效果如图 1-6 所示。

1.3.8　支持多线程

提到多线程,大多数人会想到 Visual C++、
Visual C♯和 Java 等高级语言。传统的 Web
应用程序都是单线程的,完成一件事后才能做
其他事情,因此效率不高。HTML5 新增了
Web Workers 对象,使用 Web Workers 对象可
以在后台运行 JavaScript 程序,也就是支持多线
程,从而提高了加载网页的效率。

图 1-6　播放视频实例

第2章

JavaScript语法基础

JavaScript 简称 JS,是一种可以嵌入 HTML 页面中的脚本语言,HTML5 提供的很多 API 都可以在 JavaScript 程序中调用,因此学习 JavaScript 编程是阅读本书后面内容的基础。

2.1 JavaScript 语言

视频讲解

JavaScript 是互联网上较为流行的脚本语言,这门语言可用于 HTML 和 Web,更可广泛用于服务器、笔记本电脑、平板电脑和智能手机等设备。 JavaScript 主要用于以下三个领域。

- 浏览器:得到所有浏览器的支持,只要有网页的地方就有 JavaScript。
- 服务器:借助 Node.js 运行环境,JavaScript 已经成为很多开发者进行后端开发的选择之一。
- 微信小程序:JavaScript 是微信小程序逻辑开发语言。

2.1.1 JavaScript 语言概述

JavaScript 和 Java 不论是从概念还是设计的角度来讲,二者是完全不同的语言。JavaScript 在 1995 年由 Brendan Eich 发明,并于 1997 年成为一个 ECMA 标准。ECMAScript (ECMA-262) 是 JavaScript 官方名称。 ECMAScript1(1997)是第一版。其后经历多个版本,ECMAScript 5(发布于 2009 年)也称为 ES5 和 ECMAScript 2009,ECMAScript 6(简称为 ES6,发布于 2015 年)是最新的 JavaScript 版本。

ECMAScript 通常缩写为 ES。ES6 目前基本成为业界标准,它的普及速度比 ES5 要快很多,主要原因是现代浏览器对 ES6 的支持相当迅速,尤其是 Chrome 和 Firefox 浏览器,已经支持 ES6 中绝大多数的特性。通常,在微信小程序中使用 ES5 和 ES6 版本。

在 ES5 版本中添加 JSON 支持,数组迭代方法如 forEach()、map()、filter()、

some()、every()等。在 ES6 版本中添加 let 和 const 关键字、class 类等,有关 ES6 介绍详见4.7 节。

2.1.2 运行 JavaScript 语言

1. 在 HTML 文件中使用 JavaScript

在 HTML 文件中使用 JavaScript 脚本时,JavaScript 代码需要出现在< Script Language="JavaScript">和</Script >之间。

【例 2-1】 一个简单的在 HTML 文件中使用 JavaScript 脚本的实例。

```
< HTML >
< HEAD >
< TITLE >简单的 JavaScript 代码</TITLE >
< Script Language = "JavaScript">
    //下面是 JavaScript 代码
    document.write("这是一个简单的 JavaScript 程序!");
    document.close();
</Script >
</HEAD >
< BODY >
简单的 JavaScript 脚本
</BODY >
</HTML >
```

在 JavaScript 中,使用//作为注释符。浏览器在解释程序时,将不考虑一行程序中//后面的代码。

另外一种插入 JavaScript 程序的方法是把 JavaScript 代码写到一个.js 文件中,然后在HTML 文件中引用该.js 文件,方法如下:

```
< script src = " *** .js 文件"></script >
```

如使用引用.js 文件的方法实现例 2-1 的功能,创建 output.js,内容如下:

```
document.write("这是一个简单的 JavaScript 程序!");
document.close();
```

HTML 文件的代码如下:

```
< HTML >
< HEAD >< TITLE >简单的 JavaScript 代码</TITLE ></HEAD >
< BODY >
< Script src = "output.js"></Script >
</BODY >
</HTML >
```

JavaScript 是一种解释型的编程语言,其源代码在发往客户端执行之前无须编译,而是将文本格式的字符代码发送给客户端由浏览器解释执行。注意:JavaScript 与 Java 的区别是 Java 的源代码在传递到客户端执行之前必须经过编译,因而客户端上必须具有相应平台上的解释器,它可以通过解释器实现独立于某个特定的平台编译代码的束缚。

2. 在服务器中运行

搭建 Node.js 运行环境后,通过命令行执行.js 文件,例如:

```
node output.js
```

3. 在微信小程序中运行

在微信小程序中,JavaScript 需要单独保存在 .js 文件中,即外联式。小程序框架对此进行了优化,只要按目录规范保证 .js 文件与 .WXML 文件同名,则无须使用 < script src = " *** .js 文件"> </ script >引入即可使用。

2.2　基本语法

2.2.1　数据类型

JavaScript 包含下面 5 种原始数据类型。

1. Undefined

Undefined 型即为未定义类型,用于不存在或者没有被赋初始值的变量或对象的属性,如下列语句定义变量 name 为 Undefined 型:

```
var name;
```

定义 Undefined 型变量后,可在后续的脚本代码中对其进行赋值操作,从而自动获得由其值决定的数据类型。

2. Null

Null 型数据表示空值,作用是表明数据空缺的值,一般在设定已存在的变量(或对象的属性)为空时较为常用。区分 Undefined 型和 Null 型数据比较麻烦,一般将 Undefined 型和 Null 型等同对待。

3. Boolean

Boolean 型数据表示的是布尔型数据,取值为 True 或 False,分别表示逻辑真和假,且任何时刻都只能使用两种状态中的一种,不能同时出现。例如,下列语句分别定义 Boolean 变量 bChooseA 和 bChooseB,并分别赋予初值 True 和 False:

```
var bChooseA = True;
var bChooseB = False;
```

4. String

String 型数据表示字符型数据。JavaScript 不区分单个字符和字符串,任何字符或字符串都可以用双引号或单引号引起来。例如,下列语句中定义的 String 型变量 nameA 和 nameB 包含相同的内容:

```
var nameA = "Tom";
var nameB = 'Tom';
```

如果字符串本身含有双引号,则应使用单引号将字符串括起来;如果字符串本身含有单引号,则应使用双引号将字符串引起来。一般来说,在编写脚本的过程中,双引号或单引号的选择在整个 JavaScript 脚本代码中应尽量保持一致,以养成好的编程习惯。

5. Number

Number 型数据即为数值型数据,包括整数型和浮点型,整数型数制可以使用十进制、八进制以及十六进制标识,而浮点型为包含小数点的实数,且可用科学记数法来表示,例如:

```
var myDataA = 8;
var myDataB = 6.3;
```

上述代码分别定义值为整数 8 的 Number 型变量 myDataA 和值为浮点数 6.3 的 Number 型变量 myDataB。

JavaScript 脚本语言除了支持上述基本数据类型外,也支持组合类型,如数组 Array 和对象 Object 等。

2.2.2　常量和变量

1. 常量

常量是内存中用于保存固定值的单元,在程序中常量的值不能发生改变。

2. 变量

变量是内存中命名的存储位置,可以在程序中设置和修改变量的值。在 JavaScript 中,可以使用 var 关键字声明变量,声明变量时不要求指明变量的数据类型,例如:

```
var x;
```

也可以在声明变量时为其赋值,例如:

```
var x = 1;
var a = 1,b = 2,c = 3,d = 4;
```

或者不声明变量,而通过使用变量来确定其类型,但这样的变量默认是全局的,例如:

```
x = 1;
str = "This is a string";
exist = false;
```

JavaScript 变量名需要遵守下面的规则。

(1) 第一个字符必须是字母、下画线(_)或美元符号($)。

(2) 其他字符可以是下画线、美元符号或任何字母或数字字符。

(3) 变量名称对大小写敏感(也就是说 x 和 X 是不同的变量)。

JavaScript 脚本程序对大小写敏感,相同的字母,大小写不同,代表的意义也不同,如变量名 name、Name 和 NAME 代表三个不同的变量名。在 JavaScript 脚本程序中,变量名、函数名、运算符、关键字、对象属性等都是对大小写敏感的。同时,所有的关键字、内建函数以及对象属性等的大小写都是固定的,甚至混合大小写,因此在编写 JavaScript 脚本程序时,要确保输入正确,否则不能达到编写程序的目的。

> 提示　JavaScript 变量在使用前可以不作声明,采用弱类型变量检查,而是解释器在运行时检查其数据类型。而 Java 与 C 语言一样,采用强类型变量检查。所有变量在编译之前必须声明,而且不能使用没有赋值的变量。

变量声明时无须显式指定其数据类型,这既是 JavaScript 脚本语言的优点也是缺点。

优点是编写脚本代码时无须指明数据类型,使变量声明过程简单明了;缺点就是有可能因拼写不当而引起致命的错误。

2.2.3 注释

JavaScript 支持两种类型的注释字符。

1. //

//是单行注释符,这种注释符可与要执行的代码处在同一行,也可另起一行。从//开始到行尾均表示注释。对于多行注释,必须在每个注释行的开始使用//。

2. /* … */

/* … */是多行注释符,…表示注释的内容。这种注释字符可与要执行的代码处在同一行,也可另起一行,甚至用在可执行代码内。对于多行注释,必须使用开始注释符(/*)开始注释,使用结束注释符(*/)结束注释。注释行上不应出现其他注释字符。

2.2.4 运算符和表达式

编写 JavaScript 脚本代码过程中,对数据进行运算操作需用到运算符。表达式则由常量、变量和运算符等组成。

1. 算术运算符

算术运算符可以实现数学运算,包括加(+)、减(−)、乘(*)、除(/)和求余(%)等,具体使用方法如下:

```
var a,b,c;
a = b + c;
a = b − c;
a = b * c;
a = b/c;
a = b % c;
```

2. 赋值运算符

JavaScript 脚本语言的赋值运算符包含 =、+=、−=、*=、/=、%=、&=、^=、<<=、>>= 等,如表 2-1 所示。

表 2-1 赋值运算符

运算符	举 例	简 要 说 明
=	m=n	将运算符右边变量的值赋给左边变量
+=	m+=n	将运算符两侧变量的值相加并将结果赋给左边变量
−=	m−=n	将运算符两侧变量的值相减并将结果赋给左边变量
*=	m*=n	将运算符两侧变量的值相乘并将结果赋给左边变量
/=	m/=n	将运算符两侧变量的值相除并将整除的结果赋给左边变量
%=	m%=n	将运算符两侧变量的值相除并将余数赋给左边变量
&=	m&=n	将运算符两侧变量的值进行按位与操作并将结果赋给左边变量
^=	m^=n	将运算符两侧变量的值进行按位或操作并将结果赋给左边变量

续表

运算符	举　例	简要说明
<<=	m <<= n	将运算符左边变量的值左移由右边变量的值指定的位数,并将结果赋给左边变量
>>=	m >>= n	将运算符左边变量的值右移由右边变量的值指定的位数,并将结果赋给左边变量

例如:

```
var iNum = 10;
iNum * 2;
document.write(iNum);                    //输出 "20"
```

3. 关系运算符

JavaScript 脚本语言中用于比较两个数据的运算符称为比较运算符,包括==、===、!=、!==、<、>等,其具体作用见表 2-2。

表 2-2　关系运算符

关系运算符	具　体　描　述
==	等于运算符(两个=)。例如,a==b,如果 a 等于 b,则返回 True; 否则返回 False
===	恒等运算符(3 个=)。例如,a===b,如果 a 的值等于 b,而且它们的数据类型也相同,则返回 True; 否则返回 False。例: var a = 8, b = "8"; a == b;　　//True a === b;　　//False
!=	不等运算符。例如,a!=b,如果 a 不等于 b,则返回 True; 否则返回 False
!==	不恒等,左右两边必须完全不相等(值、类型都不相等)才为 True
<	小于运算符
>	大于运算符

4. 逻辑运算符

JavaScript 脚本语言的逻辑运算符包括 &&、||和!等,用于两个逻辑型数据之间的操作,返回值的数据类型为布尔型。逻辑运算符的作用如表 2-3 所示。

表 2-3　逻辑运算符

逻辑运算符	具　体　描　述
&&	逻辑与运算符。例如,a && b,当 a 和 b 都为 True 时等于 True; 否则等于 False
||	逻辑或运算符。例如,a || b,当 a 和 b 至少有一个为 True 时等于 True; 否则等于 False
!	逻辑非运算符。例如,!a,当 a 等于 True 时,表达式等于 False; 否则等于 True

逻辑运算符一般与比较运算符捆绑使用,用于引入多个控制的条件,以控制 JavaScript 脚本代码的流向。

5. 位运算符

位运算符用于将目标数据(二进制形式)往指定方向移动指定的位数。JavaScript 脚本语言支持<<、>>和>>>等位运算符,其具体作用如表 2-4 所示。

表 2-4　位运算符

位 运 算 符	具 体 描 述	举　　例
～	按位非运算	～(-3)结果是 2
&	按位与运算	4&7 结果是 4
|	按位或运算	4|7 结果是 7
^	按位异或运算	4^7 结果是 3
<<	位左移运算	9 << 2 结果是 36
>>	有符号位右移运算,将左边数据表示的二进制值向右移动,忽略被移出的位,左侧空位补符号位(负数补 1,正数补 0)	9 >> 2 结果是 2
>>>	无符号位右移运算,将左边数据表示的二进制值向右移动,忽略被移出的位,左侧空位补 0	9 >>> 2 结果是 2

-3 的补码是 11111101,～(-3)按位非运算,所以结果是 2。

4&7 结果是 4,因为 00000100 &00000111 的结果是 00000100,所以是 4。

9 >> 2 结果是 2,因为 00001001 >> 2 是右移 2 位,结果是 000010,所以是 2。

6. 条件运算符

在 JavaScript 脚本语言中,"?:"运算符用于创建条件分支。较 if…else 语句更加简便,其语法结构如下:

```
(condition)?statementA:statementB;
```

上述语句首先判断条件 condition,若结果为真则执行语句 statementA,否则执行语句 statementB。值得注意的是,由于 JavaScript 脚本解释器将分号";"作为语句的结束符,statementA 和 statementB 语句均必须为单个脚本代码,若使用多个语句会报错。考察如下简单的分支语句:

```
var age = prompt("请输入您的年龄(数值)： ",25);
var contentA = "\n 系统提示:\n 对不起,您未满 18 岁,不能浏览该网站! \n";
var contentB = "\n 系统提示:\n 单击''确定''按钮,注册网上商城开始欢乐之旅!"
(age < 18)?alert(contentA):alert(contentB);
```

程序运行后,单击原始页面中的"测试"按钮,弹出提示框提示用户输入年龄,并根据输入年龄值弹出不同提示。效果等同于:

```
if(age < 18) alert(contentA);
else alert(contentB);
```

7. 逗号运算符

使用逗号运算符可以在一条语句中执行多个运算,例如:

```
var iNum1 = 1, iNum = 2, iNum3 = 3;
```

8. typeof 运算符

typeof 运算符用于表明操作数的数据类型,返回数值类型为一个字符串。在 JavaScript 中,其使用格式如下:

```
var myString = typeof(data);
```

【例 2-2】　演示使用 typeof 运算符返回变量类型的方法,代码如下:

22

```
<html>
<body>
<script type = "text/javascript">
    var temp;
    document.write(typeof temp); //输出 "undefined"
    document.write("<br>");
    temp = "test string";
    document.write(typeof temp); //输出 "String"
    temp = 100;
    document.write("<br>");
    document.write(typeof temp); //输出 " Number"
</script>
</body>
</html>
```

可以看出,使用关键字 var 定义变量时,若不指定其初始值,则变量的数据类型默认为 undefined。同时,若在程序执行过程中,变量被赋予其他隐性包含特定数据类型的数值时, 其数据类型也随之发生更改。

9. 其他运算符

JavaScript 中还包含其他几个特殊的运算符,其具体作用如表 2-5 所示。

表 2-5　其他几个特殊的运算符

一元运算符	具体描述
delete	删除对以前定义的对象属性或方法的引用。例如: var o = new Object;　　　　　//创建 Object 对象 o delete o;　　　　　　　　　//删除对象 o
void	出现在任何类型的操作数之前,作用是舍弃运算数的值,返回 undefined 作为表达式的值。例如: var x = 1, y = 2; document.write(void(x + y));　　//输出 undefined
++	增量运算符。了解 C 语言或 Java 的读者应该认识此运算符。它与 C 语言或 Java 中的意义相同,可以出现在操作数的前面(此时叫作前增量运算符),也可以出现在操作数的后面(此时叫作后增量运算符)。++ 运算符对操作数加 1,如果是前增量运算符,则返回加 1 后的结果;如果是后增量运算符,则返回操作数的原值,再对操作数执行加 1 操作。例如: var iNum = 10; document.write(iNum ++);　　//输出"10" document.write(++ iNum);　　//输出"12"
－－	减量运算符。它与增量运算符的意义相反,可以出现在操作数的前面(此时叫作前减量运算符),也可以出现在操作数的后面(此时叫作后减量运算符)。－－ 运算符对操作数减 1,如果是前减量运算符,则返回减 1 后的结果;如果是后减量运算符,则返回操作数的原值,再对操作数执行减 1 操作

2.3　常用控制语句

对于 JavaScript 程序中的执行语句,默认是按照书写顺序依次执行的,这时说这样的语句是顺序结构的。但是,仅有顺序结构还是不够的,因为有时候需要根据特定的情况,有选择地执行某些语句,这时就需要一种选择结构的语句。另外,有时候还可以在给定条件下反复执行某些语句,这时称这些语句是循环结构的。有了这三种基本的结构,就能够构建任意复杂的程序了。

2.3.1 选择结构语句

1. if 语句

JavaScript 的 if 语句的功能与其他语言的非常相似,都是用来判定给出的条件是否满足,然后根据判断的结果(即真或假)决定是否执行给出的操作。if 语句是一种单选结构,它选择的是做与不做。它由三部分组成:关键字 if 本身、测试条件真假的表达式(简称为条件表达式)和表达式结果为真(即表达式的值为非零)时要执行的代码。

if 语句的语法形式如下:

```
if (表达式)
    语句体
```

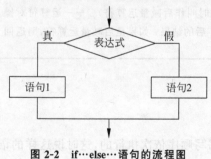

图 2-1 if 语句的流程图

if 语句的流程图如图 2-1 所示。

if 语句的表达式用于判断条件,可以用>(大于)、<(小于)、==(等于)、>=(大于等于)、<=(小于等于)来表示其关系。

现在用一个示例程序来演示一下 if 语句的用法。

```
//比较 a 是否大于 0
if (a > 0)
    document.write("大于 0");
```

如果 a 大于 0 则显示出"大于 0"的文字提示,否则不显示。

2. if…else…语句

上面的 if 语句是一种单选结构,也就是说,如果条件为真(即表达式的值为真),那么执行指定的操作;否则就会跳过该操作。而 if…else…语句是一种双选结构,在两种备选行动中选择哪一个的问题。if…else…语句由 5 部分组成:关键字 if、测试条件真假的表达式、表达式结果为真(即表达式的值为非零)时要执行的代码,以及关键字 else 和表达式结果为假(即表达式的值为零)时要执行的代码。

if…else…语句的语法形式如下:

```
if(表达式)
    语句 1
else
    语句 2
```

图 2-2 if…else…语句的流程图

if…else…语句的流程图如图 2-2 所示。

下面对上面的示例程序进行修改,以演示 if…else…语句的使用方法。此种程序是很简单的,如果 a 这个数字大于 0,那么就输出"大于 0"一行信息;否则,输出另一行"小于等于 0"字符串,指出 a 小于等于 0,代码如下:

```
if(a > 0)
    document.write("大于 0");
else
    document.write("小于等于 0");
```

3. if…else if…else 语句

有时需要在多组动作中选择一组执行,这时就会用到多选结构 if…else if…else 语句。该语句可以利用一系列条件表达式进行检查,并在某个表达式为真的情况下执行相应的代码。需要注意的是,虽然 if…else if…else 语句的备选动作较多,但是有且只有一组操作被执行。

if…else if…else 语句的语法形式如下:

```
if(表达式1)
    语句1;
else if(表达式2)
    语句2;
else if(表达式3)
    语句3;
…
else if(表达式n)
    语句n;
else
    语句n+1;
```

注意,最后一个 else 子句没有进行条件判断,它实际上处理与前面所有条件都不匹配的情况,所以 else 子句必须放在最后。if…else if…else 语句的流程图如图 2-3 所示。

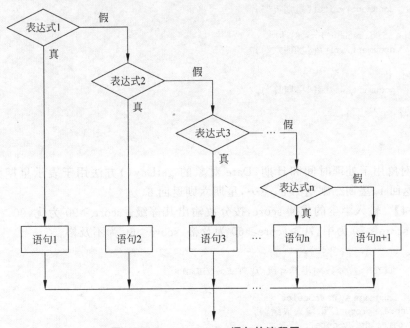

图 2-3 if…else if…else 语句的流程图

下面继续对上面的示例程序进行修改,以演示 if…else if…else 语句的使用方法,具体的代码如下所示:

```
if(a>0)
    document.write("大于 0");
else if (a==0)
    document.write("等于 0");
else
    document.write("小于 0");
```

以上区分 a 大于 0、a 等于 0 和 a 小于 0 三种情况分别输出不同信息。

【例 2-3】 下面是一个显示当前系统日期的 JavaScript 代码,其中使用到 if…else if…else 语句。

```
< HTML >
< HEAD >< TITLE >显示当前系统日期</TITLE ></HEAD >
< BODY >
< Script Language = "JavaScript">
    d = new Date();
    document.write("今天是");
    if(d.getDay() == 1) {
        document.write("星期一");
    }
    else if(d.getDay() == 2) {
        document.write("星期二");
    }
    else if(d.getDay() == 3) {
        document.write("星期三");
    }
    else if(d.getDay() == 4) {
        document.write("星期四");
    }
    else if(d.getDay() == 5) {
        document.write("星期五");
    }
    else if(d.getDay() == 6) {
        document.write("星期六");
    }
    else {
        document.write("星期日");
    }
</Script >
</BODY >
</HTML >
```

Date 对象用于处理时间和日期,Date 对象的 getDay()方法用于表示星期几的数字。星期一则返回 1,星期二则返回 2,……,星期六则返回 6。

【例 2-4】 输入学生的成绩 score,按分数输出其等级：score≥90 为优,90＞score≥80 为良,80＞score≥70 为中,70＞score≥60 为及格,score＜60 为不及格。

```
< HTML >
< HEAD >< TITLE >按分数输出其等级</TITLE ></HEAD >
< BODY >
< Script Language = "JavaScript">
var MyScore = prompt("请输入成绩");
score = parseInt(MyScore);
if(score >= 90)
    document.write("优");
else if(score >= 80)
    document.write("良");
else if(score >= 70)
    document.write("中");
else if(score >= 60)
    document.write("及格");
else
    document.write("不及格");
</Script >
</BODY >
</HTML >
```

说明　三种选择语句中,条件表达式都是必不可少的组成部分。那么哪些表达式可以作为条件表达式呢? 基本上,最常用的是关系表达式和逻辑表达式。

4. switch 语句

如果有多个条件,可以使用嵌套的 if 语句来解决,但此种方法会增加程序的复杂度,并降低程序的可读性。若使用 switch 语句可实现多选一程序结构,其基本结构如下:

```
switch(表达式) {
    case 值 1:
        语句块 1
        break;
    case 值 2:
        语句块 2
        break;
    …
    case 值 n:
        语句块 n
        break;
    default:
        语句块 n+1
}
```

说明　(1) 当 switch 后面括号中表达式的值与某一个 case 分支中常量表达式匹配时,就执行该分支。如果所有的 case 分支中常量表达式都不能与 switch 后面括号中表达式的值匹配,则执行 default 分支。

(2) 每一个 case 分支最后都有一个 break 语句,执行此语句会退出 switch 语句,不再执行后面的语句。

(3) 每个常量表达式的取值必须各不相同,否则将引起歧义。各 case 后面必须是常量,而不能是变量或表达式。

switch 语句的流程图如图 2-4 所示。

【例 2-5】 将例 2-4 的按分数输出其等级使用 switch 语句实现。

```
< HTML >
< HEAD >< TITLE >使用 switch 语句实现按分数
输出其等级</TITLE ></HEAD >
< BODY >
< Script Language = "JavaScript">
    var MyScore = prompt("请输人成绩");
    score = parseInt(MyScore);
    switch(score) {
        case 10:
        case 9:
            document.write("优"); break;
        case 8:
```

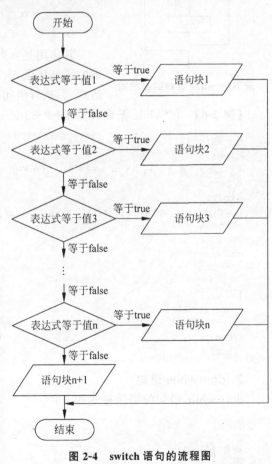

图 2-4　switch 语句的流程图

```
                document.write("良");break;
        case 7:
                document.write("中"); break;
        case 6:
                document.write("及格"); break;
        default:
                document.write ("不及格");
    }
</Script>
</BODY>
</HTML>
```

2.3.2　循环结构语句

程序在一般情况下是按顺序执行的。编程语言提供了各种控制结构,允许更复杂的执行路径。循环语句允许执行一个语句或语句组多次。

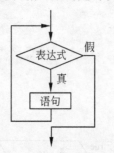

图 2-5　while 语句的流程图

1. while 语句

while 语句的语法格式如下:

```
while(表达式)
{
    循环体语句
}
```

其作用是:当指定的条件表达式为真时,执行 while 语句中的循环体语句,其流程图如图 2-5 所示。其特点是先判断表达式,后执行语句。while 循环又称为当型循环。

【例 2-6】　用 while 循环计算 $1+2+3+\cdots+98+99+100$ 的值。

```
<html>
<head>
<title>计算 1 + 2 + 3 + … + 98 + 99 + 100 的值</title>
</head>
<body>
<script language = "JavaScript" type = "text/javascript">
var total = 0;
var i = 1;
while(i < = 100){
    total += i;
    i++;
}
alert(total);
</script>
</body>
</html>
```

2. do…while 语句

do…while 语句的语法格式如下:

```
do
{
循环体语句
} while(表达式);
```

do…while 语句的执行过程为：先执行一次循环体语句，然后判别表达式，当表达式的值为真继续执行循环体语句，如此反复，直到表达式的值为假为止，此时循环结束。可以用图 2-6 表示其流程。

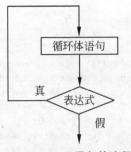

图 2-6　do…while 语句的流程图

说明　在循环体相同的情况下，while 语句和 do…while 语句的功能基本相同。二者的区别在于，当循环条件一开始就为假时，do…while 语句中的循环体至少会被执行一次，而 while 语句则一次都不执行。

【例 2-7】　用 do…while 循环计算 1＋2＋3＋…＋98＋99＋100 的值。

```
< html >
< head >
< title >计算 1 + 2 + 3 + … + 98 + 99 + 100 的值</title >
</head >
< body >
< script language = "JavaScript" type = "text/javascript">
var total = 0;
var i = 1;
do{
    total += i;
    i++;
}while( i < = 100 );
alert(total);
</script >
</body >
</html >
```

修改上面程序实现如图 2-7 所示的计算某个区间数字的和。单击"显示结果"按钮出现显示结果的警告框。

图 2-7　计算某个区间数字的和

```
< html >
< head >
< title >计算区间数字的和</title >
</head >
< body >
< table style = "width:350px;">
    < tbody >
        < tr >
            < td style = "text - align: center; ">
            计算从< input id = "demo1" size = "4" type = "text" />到
                < input id = "demo2" size = "4" type = "text" />的值
            </td >
        </tr >
        < tr >
            < td style = "text - align: center;">< input id = "calc" type = "button"
    value = "显示结果"/></td >
```

```
        </tr>
      </tbody>
  </table>
  <script type = "text/javascript">
  document.getElementById("calc").onclick = function(){
      var beginNum = parseInt(document.getElementById("demo1").value);
      var endNum = parseInt(document.getElementById("demo2").value);
      var total = 0;
      if( !isNaN(beginNum) && !isNaN(endNum) && (endNum > beginNum) ){
          for(var i = beginNum; i <= endNum; i++){
              total += i;
          }
          alert(total);
      }else{
          alert("你输入的数字没有意义!");
      }
  }
  </script>
  </body>
  </html>
```

3. for 语句

for 语句是循环结构语句,按照指定的循环次数,循环执行循环体内的语句(或语句块),其基本结构如下:

```
for(表达式 1;表达式 2;表达式 3)
{
    循环体语句
}
```

该语句的执行过程如下:

(1) 执行 for 语句后面的表达式 1。

(2) 判断表达式 2,若表达式 2 的值为真,则执行 for 语句的内嵌语句(即循环体语句),然后执行第(3)步;若表达式 2 的值为假,则循环结束,执行第(5)步。

(3) 执行表达式 3。

(4) 返回继续执行第(2)步。

(5) 循环结束,执行 for 语句的循环体下面的语句。

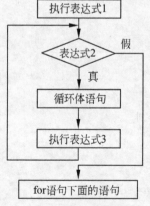

图 2-8　for 语句的流程图

可以用图 2-8 表示其流程。

三个表达式都可以省略,如果表达式 2 省略则无限循环,注意分号仍要保留。

【例 2-8】　用 for 循环来计算 $1+2+3+\cdots+98+99+100$ 的值。

```
<html>
<head>
<title>计算 1 + 2 + 3 + … + 98 + 99 + 100 的值</title>
</head>
<body>
<script language = "JavaScript" type = "text/javascript">
var total = 0;
for(var i = 1; i <= 100; i++){
```

```
    total += i;
}
alert(total);
</script>
</body>
</html>
```

4. continue 语句

continue 语句的一般格式如下：

```
continue;
```

该语句只能用在循环结构中。当在循环结构中遇到 continue 语句时，则跳过 continue 语句后的其他语句，结束本次循环，并转去判断循环控制条件，以决定是否进行下一次循环。

【例 2-9】 计算 1~100 的偶数和即 2＋4＋6＋…＋100 的值。

```
<html>
<head>
<title>计算偶数和</title>
</head>
<body>
<script language = "JavaScript" type = "text/javascript">
var total = 0;
var i = 1;
while(i <= 100){
    if(i % 2 == 1)                //奇数
    {
        i++;
        continue;
    }
    total += i;
    i++;
}
alert(total);
</script>
</body>
</html>
```

如果 i%2＝＝1，表示变量 i 是奇数。此时只对变量 i 加 1，然后执行 continue；语句开始下一个循环，并不将其累加到变量 sum 中。

5. break 语句

break 语句的一般格式如下：

```
break;
```

该语句只能用于两种情况。

(1) 用在 switch 结构中，当某个 case 分支执行完后，使用 break 语句跳出 switch 结构。

(2) 用在循环结构中，用 break 语句来结束循环。如果放在嵌套循环中，则 break 语句只能结束其所在的那层循环。

【例 2-10】 计算 1＋2＋3＋…＋98＋99＋100 的值。

```
<html>
<head>
```

```
<title>计算 1 + 2 + 3 + … + 98 + 99 + 100 的值</title>
</head>
<body>
<script language = "JavaScript" type = "text/javascript">
var total = 0;
for(var i = 1; ;i++){ //无限循环
    if(i > 100){
        break;
    }
    total += i;
}
alert(total);
</script>
</body>
</html>
```

进入循环后,用 if 语句来判断 i 的值,如果 i>100,则执行 break 语句,结束循环;否则继续执行循环。

2.4 函数

函数(function)由若干条语句组成,用于实现特定的功能。函数包含函数名、若干参数和返回值。一旦定义了函数,就可以在程序中需要实现该功能的位置调用该函数,给程序员共享代码带来了很大方便。在 JavaScript 中,除了提供丰富的内置函数外,还允许用户创建和使用自定义函数。

2.4.1 创建自定义函数

可以使用 function 关键字来创建自定义函数,其基本语法结构如下:

```
function 函数名(参数列表)
{
    函数体
}
```

创建一个非常简单的 PrintWelcome()函数,它的功能是打印字符串"欢迎使用 JavaScript",代码如下:

```
function PrintWelcome()
{
    document.write("欢迎使用 JavaScript");
}
```

创建 PrintString()函数,通过参数决定要打印的内容。

```
function PrintString(str)
{
    document.write(str);
}
```

2.4.2 调用函数

1. 在 JavaScript 中使用函数名来调用函数

在 JavaScript 中,可以直接使用函数名调用函数。无论是内置函数还是自定义函数,调用函数的方法都是一致的。

【**例 2-11**】 调用 PrintWelcome()函数,显示"欢迎使用 JavaScript"字符串,代码如下:

```
< HTML >
< HEAD >< TITLE >调用 PrintWelcome()函数</TITLE ></HEAD >
< BODY >
< Script Language = "JavaScript">
function PrintWelcome()
{
    document.write("欢迎使用 JavaScript");
}
PrintWelcome();
</Script >
</BODY >
</HTML >
```

【**例 2-12**】 调用 sum()函数,计算并打印 num1 和 num2 之和,代码如下:

```
< HTML >
< HEAD >< TITLE >计算并打印 num1 和 num 2 之和</TITLE ></HEAD >
< BODY >
< Script Language = "JavaScript">
function sum(num1, num2)
{
    document.write(num1 + num2);
}
sum(1, 2);
</Script >
</BODY >
</HTML >
```

2. 在 HTML 中使用"javascript:"方式调用 JavaScript 函数

在 HTML 中的 a 链接中可以使用"javascript:"方式调用 JavaScript 函数,方法如下:

```
< a href = "javascript:函数名(参数列表)">…</a>
```

【**例 2-13**】 在 HTML 中使用"javascript:"方式调用 JavaScript 函数的例子。

```
< HTML >
< HEAD >< TITLE >a 链接中使用"javascript:"方式调用函数</TITLE ></HEAD >
< BODY >
< a href = "javascript:alert('您单击了这个超链接')">请点我</a>
</BODY >
</HTML >
< HTML >
< HEAD >< TITLE >
```

【**例 2-14**】 调用 sum()函数的例子。

```
</TITLE ></HEAD >
< BODY >
< Script Language = "JavaScript">
function sum(num1, num2)
{
    document.write(num1 + num2);
}
</Script >
```

```
< a href = "javascript:sum(1, 2)">请点我</a>
</BODY >
</HTML >
```

3. 与事件结合调用 JavaScript 函数

可以将 JavaScript 函数指定为 JavaScript 事件的处理函数。当触发事件时会自动调用指定的 JavaScript 函数。关于 JavaScript 事件处理将在第 3 章介绍。

2.4.3 变量的作用域

在函数中也可以定义变量,在函数中定义的变量被称为局部变量。局部变量只在定义它的函数内部有效,在函数体之外,即使使用同名的变量,也会被看作是另一个变量。

相应地,在函数体之外定义的变量是全局变量。全局变量在定义后的代码中都有效,包括它后面定义的函数体内。如果局部变量和全局变量同名,则在定义局部变量的函数中,只有局部变量是有效的。

【例 2-15】 变量的作用域实例。

```
< HTML >
< HEAD >< TITLE >变量的作用域实例</TITLE ></HEAD >
< BODY >
< Script Language = "JavaScript">
    var a = 100;                       //全局变量
    function setNumber() {
        var a = 10;                    //局部变量
        document.write(a);             //打印局部变量 a
    }
    setNumber();
    document.write("< BR >");
    document.write(a);                 //打印全局变量 a
</Script >
</BODY >
</HTML >
```

2.4.4 函数的返回值

可以为函数指定一个返回值,返回值可以是任何数据类型,使用 return 语句可以返回函数值并退出函数,语法如下:

```
function 函数名() {
    return 返回值;
}
```

【例 2-16】 return 返回值实例。

```
< HTML >
< HEAD >< TITLE > return 返回值</TITLE ></HEAD >
< BODY >
< Script Language = "JavaScript">
    function sum(num1, num2)
    {
        return num1 + num2;
```

```
    }
    document.write(sum(1, 10));
</Script>
</BODY>
</HTML>
```

如果改成求(m,n)两个数字的和,代码如下:

```
< script language = "JavaScript" type = "text/javascript">
function getTotal(m,n){
    var total = 0;
    if(m > = n){
        return false;                //n 必须大于 m,否则无意义
    }
    for(var i = m; i < = n; i++){
        total += i;
    }
    return total;
}
document.write(getTotal(1, 10));
</script>
```

2.4.5　定义函数库

JavaScript 函数库是一个 . js 文件,其中包含函数的定义。

【例 2-17】　创建一个函数库 mylib.js,其中包含两个函数 PrintString()和 sum(),代码如下:

```
//mylib.js 函数库
function PrintString(str)              //打印字符串
{
    document.write(str);
}
function sum(num1, num2)              //求和
{
    document.write(num1 + num2);
}
```

在 HTML 文件中引用函数库.js 文件的方法如下:

```
< script src = "函数库 js 文件"></script>
< script >
//引用 js 文件中的函数
</script>
```

【例 2-18】　引用函数库.js 文件。

```
< HTML >
< HEAD >< TITLE >引用函数库.js 文件</TITLE ></HEAD >
< BODY >
< Script src = "mylib.js"></Script >
< script >
PrintString("传递参数");
sum(1, 2)
</script >
```

```
</BODY>
</HTML>
```

2.4.6 JavaScript 内置函数

1. alert()函数

alert()函数用于弹出一个消息对话框,该对话框包括一个"确定"按钮,alert()函数的语法如下:

```
alert(str);
```

参数 str 是 string 类型的变量或字符串,指定消息对话框的内容。

【例 2-19】 使用 alert()函数弹出一个消息对话框的例子。

```
<HTML><HEAD><TITLE>演示使用 alert()函数的使用</TITLE></HEAD>
<BODY>
<Script LANGUAGE = JavaScript>
    function Clickme()
    {
        alert("请输入用户名");
    }
</Script>
<p><a href = # onclick = "Clickme()">单击试一下</a></p>
</BODY>
</HTML>
```

单击链接,弹出一个消息对话框如图 2-9 所示。

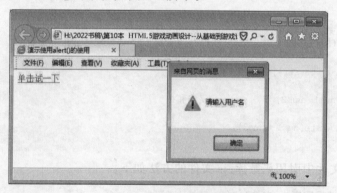

图 2-9　演示 alert()函数的使用

2. confirm()函数

confirm()函数用于显示一个请求确认对话框,包含一个"确定"按钮和一个"取消"按钮。在程序中,可以根据用户的选择决定执行的操作,confirm()函数的语法如下:

```
confirm(str);
```

【例 2-20】 使用 confirm()函数弹出一个确认对话框的例子。

```
<HTML>
<HEAD><TITLE>演示使用 Window.confirm()函数的使用</TITLE></HEAD>
<BODY>
<Script LANGUAGE = JavaScript>
```

```
function Checkme()
    {
    if (confirm("是否确定删除数据?") == true)
        alert("成功删除数据");
    else
        alert("没有删除数据");
    }
</Script>
<p><a href = # onclick = "Checkme()">删除数据</a></p>
</BODY>
</HTML>
```

单击链接,弹出一个确认对话框如图 2-10 所示。

3. parseFloat()函数

parseFloat()函数用于将字符串转换成浮点数字形式,
parseFloat()函数的语法如下:

```
parseFloat(str)
```

参数 str 是待解析的字符串,函数返回解析后的数字。

图 2-10　确认对话框

【例 2-21】 parseFloat()函数示例。

```
< HTML >
< HEAD >< TITLE > parseFloat()函数</TITLE ></HEAD >
< BODY >
< Script LANGUAGE = JavaScript >
document.write(parseFloat("12.3") + 1);
</Script >
</BODY >
</HTML >
```

浏览的结果如下:

```
13.3
```

4. parseInt()函数

parseInt()函数用于将字符串转换成整型数字形式,parseInt()函数的语法如下:

```
parseInt(str, radix)
```

参数 str 是待解析的字符串;参数 radix 可选,表示要解析的数字的进制。该值范围为
2~36。如果省略该参数或其值为 0,则数字将以十进制来解析。函数返回解析后的数字。

【例 2-22】 parseInt()函数示例。

```
< HTML >
< HEAD >< TITLE > parseInt()函数</TITLE ></HEAD >
< BODY >
< Script LANGUAGE = JavaScript >
parseInt("10");
document.write("< br/>");
parseInt("f",16);               //十六进制
document.write("< br/>");
parseInt("010",2);              //二进制
</Script >
```

```
</BODY>
</HTML>
```

浏览的结果如下：

```
10
15
2
```

5. prompt()函数

prompt()函数指定用于显示可提示用户输入的对话框，该对话框包含一个"确定"按钮、一个"取消"按钮和一个文本框，prompt()函数的语法如下：

```
prompt(text,defaultText);
```

参数 text 指定要在对话框中显示的纯文本；参数 defaultText 指定默认的输入文本。如果用户单击"确定"按钮，则 prompt()函数返回输入字段当前显示的文本；如果用户单击"取消"按钮，则 prompt()函数返回 null。

【例 2-23】 prompt()函数示例。

```
<HTML>
<HEAD><TITLE>演示 prompt()函数的使用</TITLE></HEAD>
<BODY>
<Script LANGUAGE = JavaScript>
function Input() {
    var MyStr = prompt("请输入您的姓名");
    alert("您的姓名是: " + MyStr);
}
Input();
</Script>
<br/>
</BODY>
</HTML>
```

浏览的结果为如图 2-11 所示的提示用户输入的对话框。

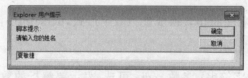

图 2-11　提示用户输入的对话框

2.5　调试 JavaScript 程序的方法

2.5.1　定位 JavaScript 程序中的错误

例如，下面就是一个有错误的 JavaScript 程序：

```
<HTML>
<HEAD><TITLE>有 js 错误的网页</TITLE></HEAD>
<BODY>
```

```
< Script Language = "JavaScript">
windows.alert("hello");          //正确的是 window 或省略不写,windows 为错误用法
</Script >
</BODY >
</HTML >
```

调试 JavaScript 程序通常包含下面两项任务。

(1) 查看程序中变量的值。通常可以使用 document.write()或 alert()函数输出变量的值。

(2) 定位 JavaScript 程序中的错误。因为 JavaScript 程序多运行于浏览器,所以可以借助各种浏览器的开发人员工具分析和定位 JavaScript 程序中的错误。

① 借助 IE(Internet Explorer)的开发人员工具定位 JavaScript 程序中的错误。

打开 IE,然后选择"工具"|"F12 开发人员工具"菜单项,或按 F12 键即可打开开发人员工具窗口,然后在开发人员工具窗口中打开"控制台"选项卡,可以看到网页中错误的位置和明细信息,如图 2-12 所示。

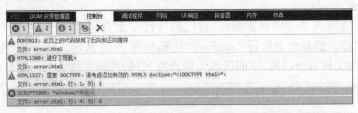

图 2-12　在 IE 的"控制台"选项卡中查看网页中错误的信息

② 借助 Chrome 的开发者工具定位 JavaScript 程序中的错误。

打开 Chrome,然后选择"工具"|"开发者工具"菜单项,会在网页内容下面打开开发者工具窗口,这种布局更利于对照网页内容进行调试。例如,浏览前面介绍的有错误的 JavaScript 程序网页,然后在开发者工具窗口中打开 Console 选项卡,可以看到网页中错误的位置和明细信息,如图 2-13 所示。

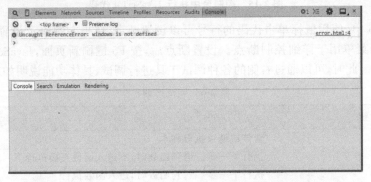

图 2-13　在 Chrome 的 Console 选项卡中查看网页中错误的信息

2.5.2　开发者工具调试代码

在 JavaScript 程序网页开发中,开发者工具可以用于帮助开发者调试代码,也可以供开发者查阅各种对象的成员以及跟踪代码的开发流程。下面对 Chrome 浏览器的开发者工具的常用功能进行详细讲解。

1．在控制台中执行 JavaScript 代码

选择 Console 选项卡，打开控制台后，其中"＞"后面的内容是用户输入的，"＜"后面的内容是控制台输出的。例如，输入 2＋3，得到控制台输出的 5，"＜"用于显示用户输入的表达式的值；又如输入 6 或也可以输入一个对象查看对象的成员，也可以得到相应的控制台输出值。控制台中执行 JavaScript 代码如图 2-14 所示。

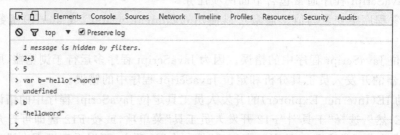

图 2-14　控制台中执行 JavaScript 代码

2．单步调试

在 Sources 选项卡中可以设置断点，对代码进行单步调试（即一行一行的执行），每执行一行代码都会暂停。控制台中执行 JavaScript 代码如图 2-15 所示。Sources 选项卡含有 3 个栏目，左侧区域为文件目录结构，中间区域为网页源代码，右侧区域为 JavaScript 的调试区。

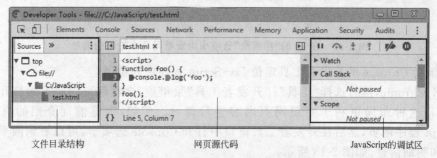

图 2-15　控制台中执行 JavaScript 代码

在图 2-15 中，使用鼠标单击代码的行号可以设置断点，单击左键表示设置断点，单击右键会弹出一个菜单用于详细控制断点。设置断点后，按 F5 键刷新页面，JavaScript 会执行到此位置并暂停。此时，可以通过右侧的各种调试工具进行调试，具体功能说明如表 2-6 所示。

表 2-6　调试按钮

调 试 按 钮	说　　　　明
▸	暂停或继续执行脚本
⌒	执行下一步。遇到函数时，不进入函数直接执行下一步
↓	执行下一步。遇到函数时，进入函数执行
↑	跳出当前函数
⤾	停用或启用断点
⊙	是否暂停错误捕获

3．调试工具

在 Sources 选项卡的 JavaScript 调试区还设有调试按钮和调试工具。具体调试工具的功能如表 2-7 所示。

表 2-7 调试工具的功能

调试工具	功 能
Watch	可以对加入监听列表的变量进行监听
Call Stack	函数调用堆栈,可以在代码暂停时查看执行路径
Scope	查看当前断点所在函数执行的作用域内容
Breakpoints	查看断点列表
XHR Breakpoints	请求断点列表,可以对满足过滤条件的请求进行断点拦截
DOM Breakpoints	DOM 断点列表,设置 DOM 断点后满足条件时触发断点
Global Listeners	全局监听列表,显示绑定在 Window 对象上的事件监听
Event Listener Breakpoints	可断点的事件监听列表,可以在触发事件时进入断点

以 Watch 为例,在 Watch 中单击"+"按钮添加一个监听的变量 i,然后单击 单步执行,可观察变量 i 的值的变化。

2.5.3 Visual Studio Code 中调试 JavaScript 代码

Visual Studio Code 简称 VS Code,是一款由微软公司开发的开源的现代化轻量级代码编辑器,几乎能支持所有的主流开发语言的语法高亮、自定义热键、代码片段、括号匹配等诸多特性,还能支持插件扩展,并针对网页开发和云端应用开发做了优化。下面简单介绍 VS Code 中 JavaScript 开发调试环境的配置。

首先在 Visual Studio Code 官网(网址详见前言二维码)选择 Stable 版本,下载安装好 VS Code 后并打开,在扩展商店中安装插件。用户可直接按 Ctrl+Shift+X 组合键打开扩展商店,在搜索框中搜索 Code Runner 和 Debugger for Chrome 两个插件,其他插件可自由安装,如图 2-16 所示。

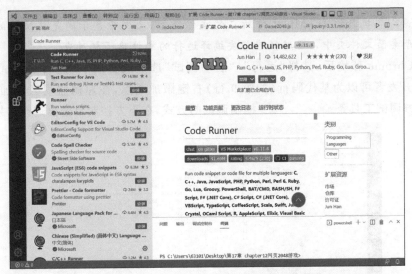

图 2-16 VS Code 中安装调试和运行插件

先在 VS Code 中创建一个 HTML 文件,向文件里添加 JS 代码,内容如下:

```
<html>
  <body>
```

```
            <script>
                var a = 1;
                var b = 2;
                console.log("hello world");
                console.log("a = ", a);
                console.log("b = ", b);
                alert("Hello World");
            </script>
        </body>
</html>
```

在对写好的 HTML 文档进行编译运行前,需要配置环境。选择"运行"|"添加配置"选项,这里选择 Web App 使用 Chrome 环境。完成配置环境后,编译器会在当前 HTML 文件同目录下创建一个. vscode 文件夹,里面只有一个 launch. json 配置文件,同时在编译器中显示出来,文件内容配置如下:

```
{ "version": "0.2.0",
    "configurations": [
        {
            "type": "chrome",
            "request": "launch",
            "name": "Launch Chrome against localhost",
            "url": "c:\\Users\\63101\\Desktop\\aa.html",
        }
    ]
}
```

注意 (1) type 类型为 Chrome,意味着编译运行 HTML 文件时只能打开 Chrome 浏览器,如果想改为其他浏览器,则需安装好对应的插件,并把 type 类型改为对应的浏览器名称。

(2) url 即要执行的 HTML 文件所在的文件路径,上例中表示的是要执行的 aa. html 文件在 C 盘桌面文件夹中,url 路径应与要编译运行的文件路径相对应。

配置 Chrome 环境后,选择"运行"|"启动调试"选项或者按 F5 键启动调试功能。在图 2-17 中开发者可以为某代码行(如第 9 行)右键添加断点,在左侧监视区添加监视变量 a 、b ,在上方调试工具条 控制调试的方式,在下方控制台输出运行结果。

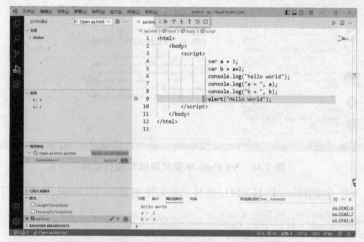

图 2-17　VS Code 中调试 JavaScript 代码

第 3 章

JavaScript事件处理

用户可以通过多种方式与浏览器中的页面进行交互,而事件是交互的桥梁。Web 应用程序开发人员通过 JavaScript 脚本内置的和自定义的事件处理器来响应用户的动作,就可以开发出更具交互性、动态性的页面。

视频讲解

本章主要介绍 JavaScript 脚本中的事件处理的概念、方法,列出了 JavaScript 预定义的事件处理器,并且介绍了如何编写用户自定义的事件处理函数以及如何将它们与页面中用户的动作相关联,以得到预期的交互性能。

3.1 JavaScript 事件的基本概念

事件是指 JavaScript 捕获到用户的操作,并做出正确的响应。例如,用户单击鼠标弹出一个窗口,把鼠标移动到某个元素上产生变化。事件处理是 JavaScript 的一个优势,可以很方便地针对某个 HTML 事件编写程序进行处理。

3.1.1 事件类型

JavaScript 支持丰富的事件类型,能使 Web 开发更加快速和简洁。JavaScript 所支持的事件可以分为以下 5 类。

1. 窗口事件(Window Events)

仅在 body 和 frameset 元素中有效,窗口事件如表 3-1 所示。

表 3-1　窗口事件

事　件	说　明
onload	当网页被载入时执行脚本
onunload	当网页被关闭时执行脚本

2. 表单元素事件(Form Element Events)

仅在表单元素中有效,表单元素事件如表 3-2 所示。

表 3-2　表单元素事件

事　件	说　明
onchange	当元素(文本框、复选框等)改变时执行脚本
onsubmit	当表单(form)被提交时执行脚本
onreset	当表单被重置时执行脚本
onselect	当元素被选取时执行脚本
onblur	当元素失去焦点时执行脚本
onfocus	当元素获得焦点时执行脚本

3. 图像事件(Image Events)

该属性可用于 img 元素,图像事件如表 3-3 所示。

表 3-3　图像事件

事　件	说　明
onabort	当图像加载中断时执行脚本

4. 键盘事件(Keyboard Events)

在下列元素中无效:base、bdo、br、frame、frameset、head、html、iframe、meta、param、script、style 以及 title 元素,键盘事件如表 3-4 所示。

表 3-4　键盘事件

事　件	说　明
onkeydown	当键盘被按下时执行脚本
onkeypress	当键盘被按下后又松开时执行脚本
onkeyup	当键盘被松开时执行脚本

5. 鼠标事件(Mouse Events)

在下列元素中无效:base、bdo、br、frame、frameset、head、html、iframe、meta、param、script、style 以及 title 元素,鼠标事件如表 3-5 所示。

表 3-5　鼠标事件

事　件	说　明
onclick	当鼠标被单击时执行脚本
ondblclick	当鼠标被双击时执行脚本
onmousedown	当鼠标按钮被按下时执行脚本
onmousemove	当鼠标指针移动时执行脚本
onmouseout	当鼠标指针移出某元素时执行脚本
onmouseover	当鼠标指针悬停于某元素之上时执行脚本
onmouseup	当鼠标按钮被松开时执行脚本

3.1.2　JavaScript 处理事件的基本机制

JavaScript 处理事件的基本机制如下。

(1) 对 DOM 元素绑定事件处理函数。

(2) 监听用户的操作。

(3) 当用户在相应的 DOM 元素上进行与绑定事件对应的操作时,浏览器调用事件处理函数作出响应。

（4）将处理结果更新到 HTML 文档。

JavaScript 处理事件的过程如图 3-1 所示。

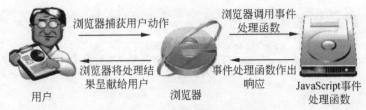

浏览器捕获用户动作　　浏览器调用事件处理函数

浏览器将处理结果呈献给用户　　事件处理函数作出响应

用户　　浏览器　　JavaScript事件处理函数

图 3-1　JavaScript 处理事件的过程

3.2　JavaScript 绑定事件的方法

JavaScript 事件一般与 DOM 元素绑定。要想让 JavaScript 对用户的操作作出响应,首先要对 DOM 元素绑定事件处理函数。所谓事件处理函数,就是处理用户操作的函数,不同的操作对应不同的名称。

在 JavaScript 中,有以下三种常用的绑定事件的方法。

1. 在 DOM 元素中直接绑定

这里的 DOM 元素可以理解为 HTML 标记。JavaScript 支持在标记中直接绑定事件,语法如下:

```
onXXX = "JavaScript Code"
```

其中,onXXX 为事件名称。例如,鼠标单击事件 onclick、鼠标双击事件 ondouble、鼠标移入事件 onmouseover、鼠标移出事件 onmouseout 等。

JavaScript Code 为处理事件的 JavaScript 代码,一般是函数。例如,单击一个按钮,弹出警告框的代码有如下两种写法。

（1）原生函数。

```
< input onclick = "alert('谢谢支持')" type = "button" value = "单击我,弹出警告框" />
```

（2）自定义函数。

```
< input onclick = "myAlert()" type = "button" value = "单击我,弹出警告框" />
< script type = "text/javascript">
function myAlert(){
    alert("谢谢支持");
}
</script>
```

2. 在 JavaScript 代码中绑定

在 JavaScript 代码中(即< script >标记内)绑定事件可以使 JavaScript 代码与 HTML 标记分离,文档结构清晰,便于管理和开发。在 JavaScript 代码中绑定事件的语法如下:

```
elementObject.onXXX = function(){
    //事件处理代码
}
```

其中,elementObject 为 DOM 对象(即 DOM 元素),onXXX 为事件名称。

例如,为 id="demo"的按钮绑定一个事件,显示它的 type 属性。

```
< input id = "demo" type = "button" value = "单击我,显示 type 属性" />
< script type = "text/javascript">
document.getElementById("demo").onclick = function(){
    alert(this.getAttribute("type")); //this 指当前发生事件的 HTML 元素,这里是 < input >
                                       //标记
}
</script>
```

3. 绑定事件监听函数

绑定事件的另一种方法是用 addEventListener()函数或 attachEvent()函数来绑定事件监听函数,addEventListener()函数的语法如下:

```
elementObject.addEventListener(eventName,handle,useCapture);
```

addEventListener()函数的参数如表 3-6 所示。

表 3-6　addEventListener()函数的参数

参　　数	说　　明
elementObject	DOM 对象(即 DOM 元素)
eventName	事件名称。注意,这里的事件名称没有"on",如鼠标单击事件 click、鼠标双击事件 doubleclick、鼠标移入事件 mouseover、鼠标移出事件 mouseout 等
handle	事件句柄函数,即用来处理事件的函数
useCapture	Boolean 类型,是否使用捕获,一般用 False。这涉及 JavaScript 事件流的概念 False 表示在冒泡阶段完成事件处理;将其设置为 True 时,表示在捕获阶段完成事件处理

例如,使用 addEventListener()函数为 id="demo"的按钮绑定一个单击事件,显示 Hello 弹窗。

```
< input id = "demo" type = "button" value = "单击我,显示 Hello" />
< script type = "text/javascript">
    var button1 = document.getElementById("demo");
    button1.addEventListener("click",myAlert);
    function myAlert(){
        alert("Hello");
    }
</script>
```

 事件句柄函数是指"函数名",不能带小括号。另外早期版本的 IE 浏览器(IE 8.0 及其以下版本)使用 attachEvent()函数来绑定事件监听函数。

3.3　JavaScript 事件的 event 对象

event 对象是 JavaScript 中一个非常重要的对象,用来表示当前事件。event 对象的属性和方法包含了当前事件的状态。event 对象只在事件发生的过程中才有效。

当前事件是指正在发生的事件。状态是与事件有关的性质,如引发事件的 DOM 元素、鼠标的状态、按下的键等。

3.3.1　获取 event 对象

在 W3C 规范中，event 对象是随事件处理函数传入的。Edge、Chrome、FireFox、Opera、Safari、IE 9 以上都支持这种方式。在遵循 W3C 规范的浏览器中，event 对象通过事件处理函数的参数传入。

```
elementObject.OnXXX = function(e){
    var eve = e;                        //声明一个变量来接收 event 对象
}
```

上面绑定的事件处理函数中，参数 e 用来传入 event 对象。要想获取与当前事件有关的状态，如发生事件的 DOM 元素、鼠标坐标、键盘按键等，可以通过参数 e 获取。event 对象常用属性和方法如表 3-7 所示。

表 3-7　event 对象常用属性和方法

属性/方法	描　　述
event. type	被触发事件的类型。例如，触发 button 的 click 事件，那 event. type 的值就为 "click"
event. target	本次事件中的目标元素。因为事件流机制的存在，当单击 button 时，会按照不同的顺序触发其他元素的事件，在这个过程中，被单击的 button 元素就是事件中的目标元素
event. currentTarget	本次事件中当前正在处理的元素。按照事件冒泡或者捕获的顺序处理到哪个元素的事件，哪个元素就是当前正在处理的元素
event. cancelable	表示是否可以取消事件的默认行为。True 表示可以取消事件的默认行为
event. preventDefault()	调用该方法可以取消事件的默认行为，但是前提是 event. cancelable 的值为 True
event. bubbles	表明事件是否冒泡
event. stopPropagation()	调用该方法可以取消事件的下一步冒泡，但前提是 event. bubbles 的值为 True

例如，要取得发生事件时鼠标的坐标，可以这样写：

```
< div id = "demo">在这里单击</div>
< script type = "text/javascript">
document. getElementById("demo"). onclick = function(e){
    var eve = e;
    var x = eve. x;                     //X 坐标
    var y = eve. y;                     //Y 坐标
    alert("X 坐标:" + x + "\nY 坐标:" + y);
}
</script>
```

例如，要取得发生键盘事件时按键信息，可以这样写：

```
document. onkeydown = function(e){
    alert("按键是:" + e. keyCode);       //按任意键,得到相应的 keyCode(ASCII 中的编码)
};
```

3.3.2　JavaScript 获取鼠标坐标

鼠标坐标包括 X 坐标、Y 坐标、相对于浏览器客户端的坐标、相对于屏幕的坐标等。在 JavaScript 中，鼠标坐标是作为 event 对象的属性存在的。event 对象中有关鼠标坐标的属性如表 3-8 和表 3-9 所示。

表 3-8　W3C 规范所规定的属性

属　　性	描　　述
clientX	鼠标指针相对客户端(即浏览器文档区域)的水平坐标
clientY	鼠标指针相对客户端(即浏览器文档区域)的垂直坐标
screenX	鼠标指针相对计算机屏幕的水平坐标
screenY	鼠标指针相对计算机屏幕的垂直坐标

表 3-9　IE 浏览器的特有属性

属　　性	描　　述
offsetX	发生事件的地点在事件源元素的坐标系统中的水平坐标
offsetY	发生事件的地点在事件源元素的坐标系统中的垂直坐标
x	事件发生的位置的水平坐标，它们相对于用 CSS 动态定位的最内层包容元素
y	事件发生的位置的垂直坐标，它们相对于用 CSS 动态定位的最内层包容元素

【例 3-1】　获取鼠标的坐标信息。

```
< html >
< head >
< title >获取鼠标的坐标信息</title>
</head>
< body >
< div id = "demo">单击这里</div>
< script type = "text/javascript">
document.getElementById("demo").onclick = function(e){
    var eve = e;
    var x = eve.clientX,            //相对于客户端的 X 坐标
        y = eve.clientY,            //相对于客户端的 Y 坐标
        x1 = eve.screenX,           //相对于计算机屏幕的 X 坐标
        y1 = eve.screenY;           //相对于计算机屏幕的 Y 坐标
    alert(
        "相对客户端的坐标:\n" +
        "x = " + x + "\n" +
        "y = " + y + "\n\n" +
        "相对屏幕的坐标:\n" +
        "x = " + x1 + "\n" +
        "y = " + y1
    );
}
</script>
</body>
</html>
```

3.3.3　JavaScript 获取事件源

事件源是指发生事件的 DOM 节点(HTML 元素)。

事件源是作为 event 对象的属性存在的。在 W3C 规范中,这个属性是 target。

【例 3-2】　获取事件源。

```
< html >
< head >
<title>获取事件源</title>
</head>
< body >
< div id = "demo">单击这里</div>
< script type = "text/javascript">
    document.getElementById("demo").onclick = function(e){
        var srcNode = e.target;
        alert(srcNode);
    }
</script >
</body >
</html >
```

3.4　JavaScript 取消浏览器默认动作

默认动作是指浏览器所执行的用户没有明确指定的操作。对于某些 HTML 标记,浏览器总会有一个默认的动作。浏览器的默认动作是可以通过 JavaScript 来取消的。

例如,< a href="http://www.baidu.com" target="_blank">单击这里进入百度</a>,单击上面的链接,浏览器会弹出窗口,进入百度首页。这个动作就是浏览器的默认动作,单击一个< a >标记会转向目标页面。

其他浏览器默认动作包括:单击提交按钮提交表单、单击重置按钮重置表单、把鼠标移动到带有 title 属性的元素上出现提示等。

对于遵循 W3C 规范的浏览器,使用 event 对象的 preventDefault()方法来取消默认动作。

【例 3-3】　取消< a >标记的默认动作。

```
< html >
< head >
<title>取消<a>标记的默认动作</title>
</head>
< body >
< a id = "demo" href = "http://www.baidu.com" target = "_blank">单击这里试试</a >
< script type = "text/javascript">
    document.getElementById("demo").onclick = function(e){
        var eve = e;
        eve.preventDefault();
    }
</script >
</body >
</html >
```

浏览页面,单击< a >标记给的链接地址本来会跳转到百度首页,但是用 JavaScript 取消了跳转,所以单击后没效果。

第4章

JavaScript面向对象程序设计

JavaScript 脚本是面向对象(Object-based)的编程语言,它可以将属性和代码集成在一起,定义为类,从而使程序设计更加简单、规范、有条理。通过对象的访问可大大简化 JavaScript 程序的设计,并提供直观、模块化的方式进行脚本程序开发。本章主要介绍 JavaScript 的面向对象编程思想以及有关对象的基本概念,并引导读者创建和使用自定义的类和对象。

4.1 面向对象程序设计思想简介

视频讲解

4.1.1 对象的概念

对象是客观世界存在的人、事和物体等实体。现实生活中存在很多的对象,如猫、自行车等。不难发现它们有两个共同特征:都有状态和行为。例如,猫有自己的状态(如名字、颜色、饥饿与否等)和行为(如爬树、抓老鼠等)。汽车也有自己的状态(如档位、速度等)和行为(如刹车、加速、减速、改变档位等)。若以自然人为例,构造一个对象,可以用图 4-1 来表示,其中属性 Attribute 表示对象状态,动作(方法)Method 表示对象行为。

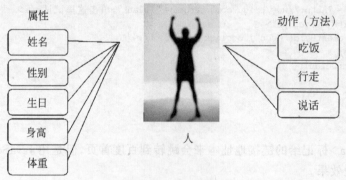

图 4-1　以自然人构造的对象

以 HTML 文档中的 document 作为一个对象,如图 4-2 所示。

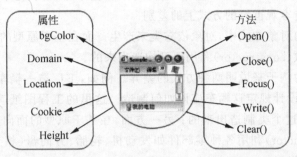

图 4-2 以 HTML 文档中的 document 构造的对象

综上所述,凡是能够提取一定度量数据并能通过某种途径对度量数据实施操作的客观存在都可以构成一个对象,且用属性来描述对象的状态,使用方法和事件来处理对象的各种行为。下面介绍一些概念。

对象(Object):面向对象程序设计思想可以将一组数据和与这组数据有关的操作组装在一起,形成一个实体,这个实体就是对象。

属性:用来描述对象的状态。通过定义属性值,可以改变对象的状态。例如,可以定义 height 表示该自然人的身高;字符串 HungryOrNot 表示该自然人肚子的状态,成为自然人的某个属性。

方法:也称为成员函数,是指对象上的操作。例如,可以定义方法 Eat() 来处理自然人肚子很饿的情况,Eat() 方法成为自然人的某个方法。

事件:由于对象行为的复杂性,对象的某些行为需要用户根据实际情况来编写处理该行为的代码,该代码称为事件。例如,可以定义事件 DrinkBeforeEat() 方法来处理自然人肚子很饿同时嘴巴很渴,需要先喝水后进食。

4.1.2 面向对象编程

面向对象编程(OPP)是一种计算机编程架构,具有 3 个最基本的特点:封装、重用性(继承)、多态。

面向对象编程主要包含以下重要的概念。

(1) 类(class):具有相同或相似性质的对象的抽象就是类。因此,对象的抽象是类,类的实例化就是对象。例如,如果人类是一个类,则一个具体的人就是一个对象。

(2) 封装:将数据和操作捆绑在一起,定义一个新类的过程就是封装。

(3) 继承:类之间的关系,在这种关系中,一个类共享了一个或多个其他类定义的属性和行为。继承描述了类之间的关系。子类可以对基类的行为进行扩展、覆盖、重定义。如果人类是一个类,则可以定义一个子类"男人"。"男人"可以继承人类的属性(如姓名、身高、年龄等)和方法(即动作,如吃饭和走路),在子类中就无须重复定义了。

(4) 多态:从同一个类中继承得到的子类也具有多态性,即相同的函数名在不同子类中有不同的实现。就如同子女会从父母那里继承到人类共有的特性,而子女也具有自己的特性。

实际上,JavaScript 语言是通过一种叫作原型(prototype)的方式来实现面向对象编程的。下面就来讨论基于类的(class-based)面向对象和基于原型的(prototype-based)面向对象这两种方式在构造客观世界的方式上的差别。

在基于类的面向对象方式中,对象依靠类来产生。而在基于原型的面向对象方式中,对象则是依靠构造函数(constructor)利用原型构造出来的。

举个客观世界的例子来说明两种方式的差异。例如,工厂造一辆车,一方面,工人必须参照一张工程图纸,设计规定这辆车应该如何制造。这里的工程图纸就好比是编程语言中的类,而车就是按照这个类制造出来的;另一方面,在基于原型的面向对象方式中,工人和机器(相当于 constructor)利用各种零部件如发动机、轮胎、方向盘(相当于 prototype 的各个属性)将汽车构造出来。

4.2 JavaScript 类的定义和实例化

严格地说,JavaScript 是基于对象的编程语言,而不是面向对象的编程语言。在面向对象的编程语言中(如 Java、C++、C♯、PHP 等),声明一个类使用 class 关键字。
例如:

```
public class Person
{
}
```

但是在 JavaScript 中,没有声明类的关键字,也没有办法对类的访问权限进行控制。JavaScript 使用函数来定义类。注意 ES6 标准中引入了 class(类)这个概念,详见 4.7 节。

4.2.1 类的定义

类定义的语法:

```
function className(){
    //具体操作
}
```

例如,定义一个 Person 类:

```
function Person() {
    this.name = "张三";                //定义一个属性 name
    this.sex = "男";                   //定义一个属性 sex
    this.say = function(){             //定义一个方法 say()
        document.write("我的名字是" + this.name + ",性别是" + this.sex + "。");
    }
}
```

说明 this 关键字是指当前的对象。

视频讲解

4.2.2 创建对象(类的实例化)

创建对象的过程也是类实例化的过程。
在 JavaScript 中,创建对象(即类的实例化)使用 new 关键字。

创建对象的语法：

```
new className();
```

将上面的 Person 类实例化：

```
var zhangsan = new Person();
zhangsan.say();
```

运行代码，输出如下内容：

大家好,我的名字是张三,性别是男。

定义类时可以设置参数，创建对象时也可以传递相应的参数。

下面将 Person 类重新定义：

```
function Person(name,sex) {
    this.name = name;                    //定义一个属性 name
    this.sex = sex;                      //定义一个属性 sex
    this.say = function(){               //定义一个方法 say()
        document.write("大家好,我的名字是" + this.name + ",性别是" + this.sex);
    }
}
var zhangsan = new Person("小丽","女");
zhangsan.say();
```

运行代码，输出如下内容：

大家好,我的名字是小丽,性别是女。

当调用该构造函数时，浏览器给新的对象 zhangsan 分配内存，并隐性地将对象传递给函数。this 操作符指向新对象引用，用于操作这个新对象。例如，下面的语句：

```
this.name = name;                     //赋值右侧是函数参数传递过来的 name
```

该句使用作为函数参数传递过来的 name 值在构造函数中给该对象 zhangsan 的 name 属性赋值。对象实例的 name 属性被定义和赋值后，就可以访问该对象实例的 name 属性。

4.2.3　通过对象直接初始化创建对象

通过直接初始化对象来创建对象，与定义对象的构造函数方法不同的是，该方法不需要 new 关键字生成此对象的实例，改写 zhangsan 对象：

```
<script>
//直接初始化对象
var zhangsan = {
    name:"张三",
    sex:"男",
    say:function (){                    //定义对象的方法
        document.write("大家好,我的名字是" + this.name + ",性别是" + this.sex);}
}
zhangsan.say();
</script>
```

可以通过对象直接初始化创建一个"名字/值"对列表，每个"名字/值"对之间用逗号分隔,最后用一个大括号括起来。"名字/值"对表示对象的一个属性或方法,名和值之间用冒号分隔。

上面的 zhangsan 对象也可以这样来创建:

```
var zhangsan = {}
zhangsan.name = "张三";
zhangsan.sex = "男";
zhangsan.say = function(){
    return "嗨!大家好,我来了。";
}
```

该方法在只需生成一个对象实例并进行相关操作的情况下使用时,代码紧凑,编程效率高,但致命的是,若要生成若干个对象实例,就必须为生成每个对象实例重复相同的代码结构,代码的重用性比较差,不符合面向对象的编程思路,应尽量避免使用该方法创建自定义对象。

4.3 JavaScript 访问和添加对象的属性和方法

属性是一个变量,用来表示一个对象的特征,如颜色、大小、重量等。方法是一个函数,用来表示对象的操作,如奔跑、呼吸、跳跃等。

对象的属性和方法统称为对象的成员。

4.3.1 访问对象的属性和方法

在 JavaScript 中,可以使用"."和"[ ]"来访问对象的属性。

1. 使用"."来访问对象属性

语法:

```
objectName.propertyName
```

其中,objectName 为对象名称,propertyName 为属性名称。

2. 使用"[ ]"来访问对象属性

语法:

```
objectName[propertyName]
```

其中,objectName 为对象名称,propertyName 为属性名称。

3. 访问对象的方法

在 JavaScript 中,只能使用"."来访问对象的方法。

语法:

```
objectName.methodName()
```

其中,objectName 为对象名称,methodName()为函数名称。

【例 4-1】 创建一个 Person 对象并访问其成员。

```
function Person() {
    this.name = "张三";                //定义一个属性 name
    this.sex = "男";                   //定义一个属性 sex
    this.age = 22;                     //定义一个属性 age
    this.say = function(){             //定义一个方法 say()
        return "我的名字是" + this.name + ",性别是" + this.sex + ",今年" + this.age + "岁!";
    }
}
var zhangsan = new Person();
alert("姓名:" + zhangsan.name);        //使用"."访问对象属性
alert("性别:" + zhangsan.sex);
alert("年龄:" + zhangsan["age"]);      //使用"[ ]"访问对象属性
alert(zhangsan.say());                 //使用"."访问对象方法
```

实际项目开发中,一般使用"."访问对象属性;但是在某些情况下,使用"[ ]"会方便很多,例如,JavaScript 遍历对象属性和方法。

JavaScript 可使用 for in 语句来遍历对象的属性和方法。for in 语句循环遍历 JavaScript 对象,每循环一次,都会取得对象的一个属性或方法。

语法:

```
for(valueName in ObjectName){
    //代码
}
```

其中,valueName 是变量名,保存着属性或方法的名称,每次循环,valueName 的值都会改变。

【例 4-2】 遍历 zhangsan 对象的属性或方法。

```
< HTML >
< HEAD >
< TITLE >演示访问 zhangsan 对象属性和方法</TITLE>
</HEAD >
< BODY >
< script >
//直接初始化对象
var zhangsan = {}
zhangsan.name = "张三";
zhangsan.sex = "男";
zhangsan.say = function(){
    return "嗨!大家好,我来了。";
}
var strTem = "";                       //临时变量
for(value in zhangsan){
    strTem += value + ':' + zhangsan[value] + "\n";
}
alert(strTem);
</script >
< br/>
</BODY >
</HTML >
```

浏览器浏览结果如图 4-3 所示。

图 4-3　遍历 zhangsan 对象的属性或方法

4.3.2　向对象添加属性和方法

JavaScript 可以在定义类时定义属性和方法,也可以在创建对象以后动态添加属性和方法。动态添加属性和方法在其他面向对象的编程语言(如 C++、Java 等)中是难以实现的,这是 JavaScript 灵活性的体现。

【例 4-3】　用 Person 类创建一个对象,向其添加属性和方法。

```
//定义类
function Person(name,sex) {
    this.name = name;                 //定义一个属性 name
    this.sex = sex;                   //定义一个属性 sex
    this.say = function(){            //定义一个方法 say()
        return "大家好,我的名字是" + this.name + ",性别是" + this.sex + "。";
    }
}
//创建对象
var zhangsan = new Person("张三","男");
zhangsan.say();
//动态添加属性和方法
zhangsan.tel = "029 - 81892332";     //动态添加属性 tel
zhangsan.run = function(){           //动态添加方法 run
    return " 我跑得很快! ";
}
//弹出警告框
alert("姓名:" + zhangsan.name);
alert("性别:" + zhangsan.sex);
alert(zhangsan.say());
alert("电话:" + zhangsan.tel);
alert(zhangsan.run());
```

可见,JavaScript 动态添加对象实例的属性 tel 和方法 run()过程十分简单,注意动态添加该属性仅仅在此对象实例 zhangsan 中才存在,而其他对象实例不存在该属性 tel 和方法 run()。例如:

```
var lisi = new Person("李四","男");
alert(lisi.run());        //出现错误 Uncaught TypeError: lisi.run is not a function
```

也可以通过原型方法将某个方法动态添加给所有对象实例。

【例 4-4】　通过原型方法将 run()方法动态添加给所有对象实例。

```
//定义类
function Person(name,sex) {
```

```
    this.name = name;                       //定义一个属性 name
    this.sex = sex;                         //定义一个属性 sex
    this.say = function(){                  //定义一个方法 say()
        return"大家好,我的名字是" + this.name + ",性别是" + this.sex + "。";
    }
}
//添加原型属性和原型方法
Person.prototype.grade = "2016";           //所有对象实例都有的属性
Person.prototype.run = function(name){     //所有对象实例可调用
    return name + "我跑得很快! ";
}
//创建对象
var zhangsan = new Person("张三","男");
zhangsan.tel = "029 - 81892332";
//弹出警告框
alert("姓名:" + zhangsan.name);
alert("年级:" + zhangsan.grade);
alert(zhangsan.run(zhangsan.name));        //正确
var lisi = new Person("李四","男");
alert(lisi.run(lisi.name));                //正确
alert(zhangsan.grade);                     //2016
alert(lisi.grade)                          //2016
```

程序调用对象的 prototype 属性给对象添加新属性 grade 和新方法 run()。

```
Person.prototype.grade = "2016";
Person.prototype.run = function(name){
    return name + "我跑得很快! ";
}
```

原型属性 grade 和原型方法 run()为对象的所有实例 zhangsan、lisi 所共享,用户利用原型添加对象的新属性和新方法后,可通过对象实例来使用原型属性 grade 和原型方法 run()。

4.4　继承

继承是指一个对象(如对象 A)的属性和方法来自另一个对象(如对象 B)。此时称对象 A 的类为子类,定义对象 B 的类为父类。JavaScript 中常用的有两种继承方式,原型实现继承和构造函数实现继承。

4.4.1　原型实现继承

原型实现继承中为子类指定父类的方法是将父类的实例对象赋值给子类的 prototype 属性,语法如下:

```
A.prototype = new B(...) ;
```

【例 4-5】　下面的例子将创建一个 Student 类,它从 Person 继承了原型 prototype 中的所有属性和方法,子类 Student 比父类多了一个 grade(年级)。

```
< html >
< body >
< script type = "text/javascript">
```

```
    function Person(name,age){
        this.name = name;
        this.age = age;
    }
    Person.prototype.sayHello = function(){
        alert("使用原型得到 Name:" + this.name);
    }
    var per = new Person("马小倩",21);
    per.sayHello();                    //输出:使用原型得到 Name:马小倩

    function Student(grade){          //子类 Student
        this.grade = grade;
    }
    Student.prototype = new Person("张海",21);              //将 Person 定义为 Student 的父类
    Student.prototype.intr = function(){
        alert("姓名" + this.name + ",年级" + this.grade);   //可以访问父类中的 name 属性
    }
    var stu = new Student(5);         //创建 Student 对象
    stu.sayHello();                   //调用继承的 sayHello()方法输出:使用原型得到 Name:张海
    stu.intr();                       //输出:姓名张海,年级 5
</script>
</body>
</html>
```

通过 Student 的 prototype 属性指向父类 Parent 的实例,使 Student 对象实例能通过原型链访问到父类所定义的属性、方法等,所以 Student 对象 intr()方法可以访问父类中的 name 属性。

操作符 instanceof 可用于识别正在处理的对象的类型。例如:

```
alert(stu instanceof Person)       //True
alert(stu instanceof Student);     //True
alert(per instanceof Student);     //False
alert(per instanceof Person);      //True
```

注意 一个子类的实例 stu 既是子类的对象实例,也是父类的对象实例。显然,一个学生既是 Student,也是 Person。

原型实现继承时缺点是创建子类实例时,无法向父类构造函数传递参数。

4.4.2 构造函数实现继承

借用构造函数的方式继承是在子类构造函数中使用 call 调用父类构造函数,从而解决向父类构造函数传递参数问题,并实现继承父类。

【例 4-6】 改写例 4-5,使用构造函数实现继承的实例。

```
<html>
<body>
<script type = "text/javascript">
    function Person(name,age){
        this.name = name;
        this.age = age;
    }
    Person.prototype.sayHello = function(){
```

```
        alert("使用原型得到 Name:" + this.name);
    }
    var per = new Person("马小倩",21);
    per.sayHello();                        //输出:使用原型得到 Name:马小倩

    function Student(name,age,grade){      //子类 Student
        Person.call(this,name,age)         //核心处,使用 call,在子类中给父类传参数
        this.grade = grade;
    }
    Student.prototype = new Person();      //将 Person 定义为 Student 的父类
    Student.prototype.intr = function(){
        alert("姓名 " + this.name + ",年级 " + this.grade);
    }
    var stu = new Student("张海",21,5);    //创建 Student 对象
    stu.sayHello();        //调用继承的 sayHello()方法输出:使用原型得到 Name:张海
    stu.intr();                            //输出:姓名张海,年级 5
</script>
</body>
</html>
```

通过 Person.call(this,name,age)可以实现 Student 继承 Person 的属性 name 和 age 并将其初始化。call()方法的第一个参数为继承类的 this 指针,第二个参数和第三个参数为传给父类 Person 构造函数的参数。

4.4.3　重新定义继承的方法

如果子类重新定义继承的方法,则为原型对象定义与父类同名方法就可以了。例如,在上例中为 Student 重新定义 sayHello()方法可以如下:

```
Student.prototype.sayHello = function(){
    alert("使用子类得到 Name:" + this.name);
}
```

从而在 Student 中重新定义来自父类 Person 的 sayHello()方法。Student 对象 stu 调用时会是子类自己的 sayHello()方法。

```
stu.sayHello();        //调用自己的 sayHello()方法输出:使用子类得到 Name:张海
```

4.5　JavaScript 内置对象

视频讲解

JavaScript 脚本提供丰富的内置对象(内置类),包括同基本数据类型相关的对象(如 String、Boolean、Number)、允许创建用户自定义和组合类型的对象(如 Object、Array)与其他能简化 JavaScript 操作的对象(如 Math、Date、RegExp、Function)。了解这些内置对象是 JavaScript 编程和 HTML5 游戏开发的基础和前提。

4.5.1　JavaScript 的内置对象框架

JavaScript 的内置对象(内置类)框架如图 4-4 所示。

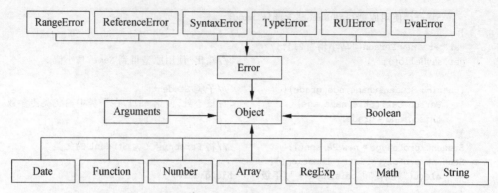

图 4-4　**JavaScript 的内置对象框架**

JavaScript 内置对象的基本功能见表 4-1。

表 4-1　**JavaScript 内置对象的基本功能**

内 置 对 象	基 本 功 能
Arguments	用于存储传递给函数的参数
Array	用于定义数组对象
Boolean	布尔值的包装对象,用于将非布尔型的值转换成一个布尔值(True 或 False)
Date	用于定义日期对象
Error	错误对象,用于错误处理。它还派生出下面几个处理错误的子类: • EvalError,处理发生在 eval()方法中的错误; • SyntaxError,处理语法错误; • RangeError,处理数值超出范围的错误; • ReferenceError,处理引用的错误; • TypeError,处理不是预期变量类型的错误; • URIError,处理发生在 encodeURI()或 decodeURI()方法中的错误
Function	用于表示开发者定义的任何函数
Math	数学对象,用于数学计算
Number	原始数值的包装对象,可以自动地在原始数值和对象之间进行转换
RegExp	用于完成有关正则表达式的操作和功能
String	字符串对象,用于处理字符串

4.5.2　基类 Object

从图 4-4 中可以看到,所有的 JavaScript 对象都继承自 Object 类,后者为前者提供基本的属性(如 prototype 属性等)和方法(如 toString()方法等),如表 4-2 所示。而前者也在这些属性和方法的基础上进行扩展,以支持特定的某些操作。

表 4-2　**基类 Object 的属性和方法**

属性和方法	具 体 描 述
prototype 属性	对该对象的对象原型的引用。原型是一个对象,其他对象可以通过它实现属性继承,即可以把原型理解成父类
constructor()方法	构造函数。构造函数是类的一个特殊函数,当创建类的对象实例时系统会自动调用构造函数,通过构造函数对类进行初始化操作

续表

属性和方法	具体描述
hasOwnProperty(proName)方法	检查对象是否有局部定义的(非继承的)、具有特定名字(proName)的属性
IsPrototypeOf(object)方法	检查对象是否是指定对象的原型
propertyIsEnumerable (proName)方法	返回 Boolean 值,指出所指定的属性(proName)是否为一个对象的一部分以及该属性是否是可列举的。如果 proName 存在于 object 中且可以使用一个 for…in 循环穷举出来,则返回 True;否则返回 False
toLocaleString()方法	返回对象本地化字符串表示。例如,在应用于 Date 对象时,toLocaleString()方法可以根据本地时间把 Date 对象转换为字符串,并返回结果
toString()方法	返回对象的字符串表示
valueOf()方法	返回对象的原始值(如果存在)

4.5.3　Date 类

Date 类主要提供获取和设置日期和时间的方法,如 getYear()、getMonth()、getDate()等。Date 类的常用方法见表 4-3。

表 4-3　Date 类的常用方法

方　　法	具体描述
getDate()	获得当前的日期
getDay()	获得当前的天
getHours()	获得当前的小时
getMinutes()	获得当前的分钟
getMonth()	获得当前的月份
getSeconds()	获得当前的秒
getTime()	获得当前的时间(单位为毫秒)
getTimeZoneOffset()	获得当前的时区偏移信息
getYear()	获得当前的年份,推荐使用 getFullYear()方法代替
getFullYear()	从 Date 对象以四位数字返回年份
setDate()	设置对象月中的某一天
setFullYear()	设置对象中的年份字段
setHours()	设置对象的小时字段
setMilliseconds()	设置对象的毫秒字段
setMinutes()	设置对象的分钟字段
setMouth()	设置对象的月份字段
setSeconds()	设置对象的秒字段
setTime()	使用毫秒的形式设置对象的各个字段
setYear()	推荐使用 setFullYear()方法
toDateString()	返回日期的日期部分的字符串表示
toGMTString()	推荐使用 toUTCString()方法
toLacaleDataString()	返回日期的日期部分的字符串表示
toLocaleString()	将对象转换成一个字符串

方　　法	具 体 描 述
toLacaleTimeString()	返回日期的时间部分的字符串表示
toString()	将对象转换成一个字符串
toTimeString()	将对象转换成一个字符串
toString()	返回日期的时间部分的字符串表示
toUTCString()	将对象转换成一个字符串
valueOf()	将对象转换成它的内部毫秒格式
parse()	静态方法,解析日期和时间的字符串表示,返回它的内部毫秒表示
UTC()	静态方法,返回指定的 UTC 日期和时间的毫秒表示

可以使用下面 3 种方法创建 Date 对象。

(1) 不带参数。

```
var today = new Date();
```

将取得当前的年份,并输出它:

```
< script type = "text/javascript">
    var d = new Date()
    document.write(d.getFullYear())
</script >
```

(2) 创建一个指定日期的 Date 对象。

```
var theDate = new Date(2022, 9, 1);
```

(3) 创建一个指定时间的 Date 对象。

```
var theTime = new Date(2022, 9, 1, 10, 20,30,50);
```

【例 4-7】 计算求 $1+2+3+\cdots+100000$ 之值所需要的运行时间(毫秒数)。

```
< html >
< head >
< meta http - equiv = "Content - Type" content = "text/html; charset = utf - 8" />
< title >使用 Date 对象示例</title >
</head >
< body >
< pre >
< script type = "text/javascript">
    var t1,t2,htime,i,sum = 0;
    t1 = new Date();                      //记录循环前的时间
    document.writeln("循环前的时间是:" + t1.toLocaleString() + ":" + t1.
    getMilliseconds());
    for(i = 1;i < = 100000;i++) sum += i;      //耗时的循环
    t2 = new Date();                      //记录循环后的时间
    document.writeln("循环后的时间是:" + t2.toLocaleString() + ":" + t2.
    getMilliseconds());
    htime = t2.getTime() - t1.getTime();
    document.writeln("执行 100000 次循环用时:" + htime + "毫秒")
</script >
```

```
</pre>
</body>
</html>
```

4.5.4　String 类

String 是 JavaScript 的字符串类,用于管理和操作字符串数据。可以使用下面两种方法创建 String 对象。

```
MyStr = new String("这是一个测试字符串");        //把参数作为 MyStr 对象的初始值
MyStr = "这是一个测试字符串";                     //直接对 String 对象赋值字符串
```

String 类只有一个属性 length,用来返回字符串的长度。

【例 4-8】 计算 String 对象的长度。

```
< HTML >
< HEAD >< TITLE >演示使用 String 对象的 length 属性</TITLE ></HEAD >
< BODY >
< Script Language = "JavaScript">
     var MyStr;
     MyStr = new String("这是一个测试字符串");
     document. write(""" + MyStr + ""的长度为:" + MyStr. length);
</Script >
</BODY >
</HTML >
```

String 类的常用方法见表 4-4。

表 4-4　String 类的常用方法

方　　法	具　体　描　述
charAt(index)	用于返回字符串中指定位置的字符,参数 index 用于指定字符串中某个位置的数字,从 0 开始计数
slice(start,end)	用于返回字符串的片段。参数 start:指定要返回的片段的起始索引。如果是负数,则指从字符串的尾部开始算起的位置。−1 指字符串的最后一个字符,−2 指倒数第二个字符,以此类推。参数 end:指定要返回的片段的结尾索引。如果是负数,则指从字符串的尾部开始算起的位置
replace(substr,replace)	用于在字符串中用一些字符替换另一些字符,如 str. replace("china", "chinese")
concat(str)	用于返回一个 String 对象,该对象包含了两个提供的字符串的连接,如 document. write(str1. concat(str2))
substring(start,stop)	用于返回位于 String 对象中指定位置的子字符串。start:指定要提取子串的第一个字符的位置。stop:指定要提取子串的最后一个字符的位置
blink()	把 HTML < BLINK >标记放置在 String 对象中的文本两端,显示为闪动的文本
bold()	把 HTML < B >标记放置在 String 对象中的文本两端,显示为加粗的文本
italics()	把 HTML <I>标记放置在 String 对象中的文本两端,显示为斜体的文本
lastIndexOf(str)	返回 String 对象中子字符串最后出现的位置

续表

方　　法	具　体　描　述
match()	使用正则表达式对象对字符串进行查找,并将结果作为数组返回
search()	返回与正则表达式查找内容匹配的第一个子字符串的位置
small()	将 HTML 的<SMALL>标识添加到 String 对象中的文本两端
substr(start,length)	返回一个从指定位置开始的指定长度的子字符串
toUpperCase()	返回一个字符串,该字符串中的所有字母都被转化为大写字母
toLowerCase()	返回一个字符串,该字符串中的所有字母都被转化为小写字母
sup()	用于将 HTML 的<SUP>标记放置到 String 对象中的文本两端,从而将字符串显示为上标
split(separator,howmany)	split()方法用于将一个字符串分隔为子字符串,然后将结果作为字符串数组返回。separator:指定分隔符。howmany:指定返回的数组的最大长度

【例 4-9】　演示使用 sup()方法显示为上标的例子。

图 4-5　显示为上标

```
<HTML>
<HEAD><TITLE>演示使用 sup()方法的例子</TITLE></HEAD>
<BODY>
<Script LANGUAGE = JavaScript>
var str = "2";
document.write(str + str.sup() + " = 4");
</Script>
</BODY>
</HTML>
```

浏览结果如图 4-5 所示。

【例 4-10】　演示 slice()方法的例子。

```
<HTML>
<HEAD><TITLE>演示 slice()方法的例子</TITLE></HEAD>
<BODY>
<script type = "text/javascript">
var str = "Hello world!"
document.write(str.slice(6, 11))
</script>
</BODY>
</HTML>
```

浏览结果如下:

```
world
```

4.5.5　Array 类

Array 数组是在内存中保存一组数据,Array 数组的常用方法如表 4-5 所示。

表 4-5　Array 数组的常用方法

方　　法	具　体　描　述
length()	数组包含的元素的个数
concat()	给数组添加元素(此操作原数组的值不变)

续表

方　法	具 体 描 述
join()	把数组中所有元素转换成字符串连接起来，元素是通过指定的分隔符进行分隔的
pop()	删除并返回数组最后一个元素
push()	把一个元素添加到数组的尾部，返回值为数组的新长度
reverse()	在原数组上颠倒数组中元素的顺序
shift()	删除并返回数组的头部元素
slice()	返回数组的一个子数组，该方法不修改原数组
sort()	从原数组上对数组进行排序
splice()	插入和删除数组元素，该方法会改变原数组
toString()	把数组转换成一个字符串
unshift()	在数组头部插入一个元素，返回值为数组的新长度
length()	数组包含的元素的个数
concat()	给数组添加元素（此操作原数组的值不变）

1. Array 数组的创建与使用

方法一：可以使用 new 关键字创建 Array 对象，方法如下：

```
Array 对象 = new Array(数组大小)
```

例如，下面的语句可以创建一个由 3 个元素组成的数组 cars。

```
var cars = new Array(3);
```

通过下面的方法访问数组元素：

```
数组元素值 = 数组名[索引]
```

例如：

```
var cars = new Array(3);
cars[0] = "Audi";
cars[1] = "BMW";
cars[2] = "Volvo";
```

方法二：在创建数组对象的时候给元素赋值。

```
var cars = new Array("Audi","BMW","Volvo");
```

方法三：直接赋值。

```
var cars = ["Audi","BMW","Volvo"];
```

注意　创建对象时用的是小括号"()"，而直接赋值时用的是中括号"[ ]"。

2. 数组遍历

可以使用 for 语句遍历数组的所有索引，然后使用数组名[索引]方法访问每个数组元素。

【例 4-11】 使用 for 语句遍历数组。

```
< HTML >
< HEAD >< TITLE >使用 for 语句遍历数组</TITLE ></HEAD >
< BODY >
< Script LANGUAGE = JavaScript >
    var MyStr;
    MyArr = new Array(3);
    MyArr[0] = "蔬菜";
    MyArr[1] = "水果";
    MyArr[2] = "饮料";
    for(var i = 0;i < MyArr.length; i++)
    document.write(MyArr[i] + "< br/>");
</Script >
</BODY >
</HTML >
```

浏览结果如下:

```
蔬菜
水果
饮料
```

另外,for…in 循环也可用来遍历数组的每个元素,改写上例如下:

```
< Script LANGUAGE = JavaScript >
    var MyStr;
    MyArr = new Array(3);
    MyArr[0] = "蔬菜";
    MyArr[1] = "水果";
    MyArr[2] = "饮料";
    for(m in MyArr){                  //m 为数组的 key
    document.write(MyArr[m] + "< br/>");}
</Script >
```

浏览结果同上。

【例 4-12】 给定任意一个字符串,使用 for…in 语句统计字符出现的个数。

```
< HTML >
< HEAD >< TITLE >使用 for 语句遍历数组</TITLE ></HEAD >
< BODY >
< Script LANGUAGE = JavaScript >
function charNum(str){
    var charObj = [];                     //空的 Array 数组
    for(i = 0,len = str.length;i < len;i++){
        if(charObj[str[i]]){
            charObj[str[i]]++;
        }else{
            charObj[str[i]] = 1;
        }
    }
    var strTem = "";                      //临时变量
    for(value in charObj){
        strTem += '"' + value + '"的个数:' + charObj[value] + '\n';
    }
    return strTem;
}
```

```
document.write(charNum("Hello"));
</Script>
</BODY>
</HTML>
```

浏览结果如下：

```
"H"的个数:1 "e"的个数:1 "l"的个数:2 "o"的个数:1
```

3. 数组排序

使用 Array 类的 sort()方法可以对数组元素进行排序,sort()方法返回排序后的数组。

语法如下：

```
arrayObject.sort(sortby)
```

参数 sortby 可选,用于规定排序顺序,sortby 必须是函数。

如果调用该方法时没有使用参数,将按字母顺序对数组中的元素进行排序,说得更精确点,是按照字符编码的顺序进行排序。

【例 4-13】 对数组排序的例子。

```
< HTML >
< HEAD >< TITLE >排序数组元素</TITLE></HEAD >
< BODY >
< Script LANGUAGE = JavaScript >
var arr = new Array(6);
arr[0] = "George";
arr[1] = "Johney";
arr[2] = "Thomas";
arr[3] = "James";
arr[4] = "Adrew";
arr[5] = "Martin";
document.write("排序前" + arr + "< br />");
document.write("排序后" + arr.sort());
</Script>
</BODY>
</HTML>
```

浏览结果如下：

```
排序前 George,Johney,Thomas,James,Adrew,Martin
排序后 Adrew,George,James,Johney,Martin,Thomas
```

数组元素为整数时,sort()方法并没有按数值大小真正排序,而是按字符编码顺序排序。下面举例说明：

```
< html >
< body >
< script type = "text/javascript">
  var arr = new Array(6);
  arr[0] = 10; arr[1] = 5; arr[2] = 40;
  arr[3] = 25;arr[4] = 111; arr[5] = 1;
  document.write(arr + "< br />")
  document.write(arr.sort())
```

```
</script>
</body>
</html>
```

浏览结果如下：

```
10,5,40,25,111,1
1,10,111,25,40,5
```

请注意，上面的代码没有按照数值的大小对数字进行排序，而是按字符编码顺序排序。如果想按照其他标准进行排序，就需要提供排序比较函数(参数 sortby)，该函数要比较两个值，然后返回一个用于说明这两个值的相对顺序的数字。比较函数应该具有两个参数 a 和 b，其返回值如下：

- 若 a 小于 b，在排序后的数组中 a 应该出现在 b 之前，则返回一个小于 0 的值。
- 若 a 等于 b，则返回 0。
- 若 a 大于 b，则返回一个大于 0 的值。

对上例增加一个排序比较函数 sortNumber(a，b)，代码如下：

```
< html >
< body >
< script type = "text/javascript">
    function sortNumber(a, b)              //排序比较函数
    {
        return a - b;
    }
    var arr = new Array(6) ;
    arr[0] = 10; arr[1] = 5; arr[2] = 40;
    arr[3] = 25; arr[4] = 111; arr[5] = 1;
    document.write(arr + "< br />")
    document.write(arr.sort(sortNumber))
</script>
</body>
</html>
```

浏览结果如下：

```
10,5,40,25,111,1
1,5,10,25,40,111
```

4. 数组的操作

(1) push()方法。

往数组后面添加数组，并返回数组新长度。

```
var a = ["aa","bb","cc"];
document.write(a.push("dd"));              //输出 4
document.write(a);                         //输出 aa,bb,cc,dd
```

而 unshift()方法可向数组的开头添加一个或更多元素，并返回新的长度。

(2) pop()方法和 shift()方法。

pop()方法删除数组最后一个元素，并返回该元素。而 shift()方法用于把数组的第一个元素从其中删除，并返回第一个元素的值。

```
var a = ["aa","bb","cc"];
document.write(a.pop());                      //输出 cc
document.write(a.shift ());                    //输出 aa
```

（3）slice()方法。

可从已有的数组中返回选定的元素的一个新数组,语法如下:

```
arrayObject.slice(start,end)
```

返回一个新数组包含从 start 到 end(不包括 end 元素)的 arrayObject 中的元素。参数
start 必需。规定从何处开始选取。如果是负数,那么它规定从数组尾部开始算起的位置。
也就是说,—1 指最后一个元素,—2 指倒数第二个元素,以此类推。

end 可选。规定从何处结束选取。该参数是数组片段结束处的数组下标。如果没有指
定该参数,那么切分的数组包含从 start 到数组结束的所有元素。如果这个参数是负数,那
么它规定的是从数组尾部开始算起的元素,例如:

```
var a = ['a','b','c','d','e','f','g'];
document.write(a.slice(1,2) + "< br />");      //输出 b
document.write(a.slice(2) + "< br />");         //输出 c,d,e,f,g
document.write(a.slice( - 4) + "< br />");      //输出 d,e,f,g
document.write(a.slice( - 6, - 2) + "< br />"); //输出 b,c,d,e
```

a. slice(1,2)返回从下标为 1 开始,到下标为 2 之间的元素,注意并不包括下标为 2 的元
素,所以仅有'b'。

a. slice(2)只有一个参数,则默认到数组最后元素,所以为'c','d','e','f','g'。

a. slice(—4)中—4 是表示倒数第 4 个元素,所以返回倒数的 4 个元素。

a. slice(—6,—2)从倒数第 6 个开始,截取到倒数第 2 个元素前,则返回 b,c,d,e。

（4）join()方法。

用于把数组中的所有元素连接起来放入一个字符串,语法如下:

```
arrayObject.join(separator)
```

separator 指定要使用的分隔符。如果省略该参数,则使用逗号作为分隔符。

```
< script type = "text/javascript">
    var arr = new Array(3);
    arr[0] = "George"; arr[1] = "John"; arr[2] = "Thomas";
    document.write(arr.join("."));             //输出 George.John.Thomas
</script>
```

5. 二维数组

数组中的元素又是数组就称为二维数组,创建二维数组的方法如下:

方法一:首先创建一个一维数组,然后该一维数组的所有元素再创建一维数组。

```
var persons = new Array(3);                    //创建一个一维数组
persons[0] = new Array(2);                     //每个元素 persons[0]又是一维数组
persons[1] = new Array(2);                     //每个元素 persons[1]又是一维数组
persons[2] = new Array(2);                     //每个元素 persons[2]又是一维数组
persons[0][0] = "zhangsan";
persons[0][1] = 25;
persons[1][0] = "lisi";
```

```
persons[1][1] = 22;
persons[2][0] = "wangwu";
persons[2][1] = 32;
```

方法二：首先创建一个一维数组，然后该一维数组的所有元素直接赋值。

```
var persons = new Array(3);
persons[0] = ["zhangsan", 25];
persons[1] = ["lisi", 21];
persons[2] = ["wangwu", 32];
```

方法三：直接赋值。

```
var persons = [["zhangsan", 25], ["lisi", 21], ["wangwu", 32]];
```

二维数组或多维数组的长度是多少？测试下面的代码：

```
document.write("persons.length = " + persons.length);
```

输出的结果是：persons.length＝3。

也就是说，二维数组的 length 属性返回的是二维数组第一维的长度，而不是二维数组中元素的个数。

计算二维数组的元素个数，可以创建嵌套 for 循环语句来遍历二维数组，例如：

```
var persons = [["zhangsan", 25], ["lisi", 21], ["wangwu", 32]];
function getArr2ElementNum(arr) {
    var eleNum = 0;
    for(var i = 0; i < arr.length; i++) {          //二维数组遍历
    for(var j = 0; j < arr[i].length; j++) {
        eleNum++;
        }
    }
    return eleNum;
}
alert(getArr2ElementNum(persons));               //返回 persons 二维数组的元素个数 6
```

二维数组的元素使用如下：

```
数组名[第一维索引][第二维索引]
```

例如，输出并计算二维数组元素的和。

```
< HTML >
< HEAD >< TITLE >输出并计算二维数组元素的和</TITLE></HEAD >
< BODY >
< Script Language = "JavaScript">
    var sum = 0;
    var arr = new Array();                        //先声明第一维
    for(var i = 0;i < 3;i++){                     //第一维长度为 3
        arr[i] = new Array();                     //再声明第二维
        for(var j = 0;j < 5;j++){                 //第二维长度为 5
            arr[i][j] = i * 5 + j + 1;
        }
    }
    //遍历二维数组 arr
    for(var i = 0;i < arr.length;i++){
```

```
        for(var j = 0;j < arr[i].length;j++){
            document.write(arr[i][j]);          //输出元素值
            sum = sum + arr[i][j];
        }
        document.write("< br/>");               //换行
    }
    document.write("二维数组元素的和:" + sum);
</Script >
</BODY >
</HTML >
```

结果：

```
1,2,3,4,5,
6,7,8,9,10,
11,12,13,14,15,
二维数组元素的和:120
```

数组中的元素又是二维数组就称为三维数组,以此类推多维数组。多维数组的 length
属性永远返回第一维数组的元素个数。多维数组的遍历类似二维数组采用多个嵌套 for 循
环语句来遍历。

4.5.6　Math 对象

Math 对象是针对一个已创建好的 Math 类的实例,因此不能使用 new 运算符。其提供
一些属性是数学中常用的常量,包括 E(自然对数的底,约为 2.718)、LN2(2 的自然对数)、
LN10(10 的自然对数)、LOG2E(以 2 为底的 e 的对数)、LOG10E(以 10 为底的 e 的对数)、
PI(圆周率)、SQRT1_2(1/2 的平方根)、SQRT2(2 的平方根)等。Math 对象提供的一些方
法是数学中常用的函数,如 sin()、random()、log()等。Math 对象的常用方法见表 4-6。

表 4-6　Math 对象的常用方法

方　　法	具　体　描　述
abs()	返回数值的绝对值
acos()	返回数值的反余弦值
asin()	返回数值的反正弦值
atan()	返回数值的反正切值
atan2()	返回由 X 轴到(y,x)点的角度(以弧度为单位)
ceil()	返回大于等于其数字参数的最小整数
cos()	返回数值的余弦值
exp()	返回 e(自然对数的底)的幂
floor()	返回小于等于其数字参数的最大整数
log()	返回数字的自然对数
max()	返回给出的两个数值表达式中的较大者
min()	返回给出的两个数值表达式中的较小者
pow()	返回底表达式的指定次幂
random()	返回介于 0~1 的伪随机数
round()	返回与给出的数值表达式最接近的整数
sin()	返回数字的正弦值

71

续表

方　　法	具 体 描 述
sqrt()	返回数字的平方根
tan()	返回数字的正切值

【例 4-14】 演示使用 Math 对象。

```
< HTML >
< HEAD >< TITLE >演示使用 Math 对象</TITLE ></HEAD >
< BODY >
< Script Language = "JavaScript">
    var today;
    document.write("Math.abs( -1) = " + Math.abs( -1) + "< BR >");
    document.write("Math.ceil(0.60) = " + Math.ceil(0.60) + "< BR >");
    document.write("Math.floor(0.60) = " + Math.floor(0.60) + "< BR >");
    document.write("Math.max(5,7) = " + Math.max(5,7) + "< BR >");
    document.write("Math.min(5,7) = " + Math.min(5,7) + "< BR >");
    document.write("Math.random() = " + Math.random() + "< BR >");
    document.write("Math.round(0.60) = " + Math.round(0.60) + "< BR >");
    document.write("Math.sqrt(4) = " + Math.sqrt(4) + "< BR >");
</Script >
</BODY >
</HTML >
```

浏览结果如下：

```
Math.abs( -1) = 1
Math.ceil(0.60) = 1
Math.floor(0.60) = 0
Math.max(5,7) = 7
Math.min(5,7) = 5
Math.random() = 0.9517934215255082
Math.round(0.60) = 1
Math.sqrt(4) = 2
```

4.5.7　Object 对象

Object 是一个在 JavaScript 中经常使用的类型,而且 JavaScript 中的所有类都是继承自 Object 的。虽只是简单地使用了 Object 对象来存储数据(如用户单击的坐标位置 x, y),其实 Object 对象包含了很多有用的属性和方法,这里介绍 Object 对象的基本用法。

1. 创建 Object 对象实例

创建 Object 对象的方式通常有两种方式：构造函数和对象字面量。

方式一：构造函数。

```
var person = new Object();
person.name = "zhangsan";
person.age = 25;
```

这种方式使用 new 关键字,接着跟上 Object 构造函数,再来给对象实例动态添加上不同的属性。这种方式相对来说比较烦琐,一般推荐使用对象字面量来创建对象。

方式二：对象字面量。

对象字面量很好理解,使用键/值的形式直接创建对象,简洁方便。

```
var person = {
    name: "zhangsan",
    age: 25
};
```

这种方式直接通过大括号"{}"将对象的属性包括起来,使用键/值的方式创建对象属性,每个属性之间用逗号隔开。

2. Object 对象实例的属性和方法

不管通过哪种方式创建了对象实例后,该实例都会拥有下面的属性和方法,下面将会一一说明。

(1) constructor 属性。

constructor 属性是保存当前对象的构造函数,前面的例子中,constructor 保存的就是 Object()方法。

```
var person = new Object();
person. name = "zhangsan";
person. age = 25;
console. log(person. constructor);              //输出 function Object(){}
```

(2) hasOwnProperty(propertyName)方法。

hasOwnProperty()方法接收一个字符串参数,该参数表示属性名称,用来判断该属性是否在当前对象实例中。来看看下面这个例子:

```
var arr = [ ];
console. log(arr. hasOwnProperty("length"));       //True
console. log(person. hasOwnProperty("age"));       //True
console. log(person. hasOwnProperty("length"));    //False
```

在这个例子中,首先定义了一个数组 arr,通过 hasOwnProperty()方法判断 length 属性是 arr 自己的属性。而通过 hasOwnProperty()方法判断 person 没有 length 的属性。

(3) isPrototypeOf(Object)方法。

isPrototypeOf 用于判断指定对象 object1 是否存在于另一个对象 object2 的原型链中,如果是则返回 True,否则返回 False,格式如下:

```
object1.isPrototypeOf(object2);
```

(4) propertyIsEnumerable(propertyName)方法。

通过这个方法可以检测出这个对象成员是否是可遍历的,如果是可遍历出来的,证明这个对象就是可以利用 for…in 循环语句进行遍历的。

格式如下:

```
obj.propertyIsEnumerable(propertyName);
```

如果 propertyName 存在于 obj 中且可以使用一个 for…in 循环语句穷举出来,那么 propertyIsEnumerable 属性返回 True。如果 object 不具有所指定的属性或者所指定的属性不是可列举的,那么 propertyIsEnumerable 属性返回 False。典型地,预定义的属性不是可列举的,而用户定义的属性总是可列举的。

（5）toString()方法。

返回对象对应的字符串：

```
var obj = new Object();
console.log(obj.toLocaleString());              //[object Object]
var date = new Date();
console.log(date.toLocaleString());             //2022/2/15 下午 5:13:12
```

（6）valueOf()方法。

返回对象的原始值，可能是字符串、数值或 bool 值等，看具体的对象。

```
var person = {
    name: "zhangsan",
    age: 25
};
console.log(person.valueOf());          //Object {name: "zhangsan", age: 25}
var arr = [1,2,3,4,5];
console.log(arr.valueOf());             //[1, 2, 3, 4, 5]
var date = new Date();
console.log(date.valueOf());            //1487149947479
```

如代码所示，3 个不同的对象实例调用 valueOf()方法返回不同的数据。

4.6 HTML DOM 编程

JavaScript 使用两种主要的对象模型：浏览器对象模型（BOM）和文档对象模型（DOM），前者 BOM 提供了访问浏览器各个功能部件，如浏览器窗口本身、浏览历史等的操作方法；后者 DOM 则提供了访问浏览器窗口内容，如文档、图片等各种 HTML 元素以及这些元素包含的文本的操作方法。

4.6.1 HTML DOM 框架

HTML DOM 定义了访问和操作 HTML 文档的标准方法。在 DOM 模型中，它以树的形式对这个文档进行描述，其中各 HTML 的每个元素（标记）都作为一个对象，如图 4-6 所示。它把 HTML 文档表现为带有元素、属性和文本的树结构（节点树）。具体来讲，DOM 节点树中的节点有元素节点、文本节点和属性节点这 3 种不同的类型。

1. 元素节点

在 HTML 文档中，各 HTML 元素如< body >、< p >、< ul >等构成文档结构模型的一个元素对象。在节点树中，每个元素对象构成了一个元素节点。

2. 文本节点

在节点树中，元素节点构成树的枝条，而文本则构成树的叶子。如果一份文档完全由空白元素构成，它将只有一个框架，本身并不包含什么内容。没有内容的文档是没有价值的，而绝大多数内容由文本提供。在下面语句中：

```
< p > Welcome to < em > DOM </em > World! </p >
```

包含"Welcome to""DOM""World!"这 3 个文本节点。

3. 属性节点

HTML 文档中的元素或多或少都有一些属性,便于准确、具体地描述相应的元素,便于进行进一步的操作,例如:

```
< h1 class = "Sample"> Welcome to DOM World!</h1 >
< ul id = "purchases">…</ul >
```

这里 class="Sample"、id="purchases"都属于属性节点。因为所有的属性都是放在元素标记里,所以属性节点总是包含在元素节点中。

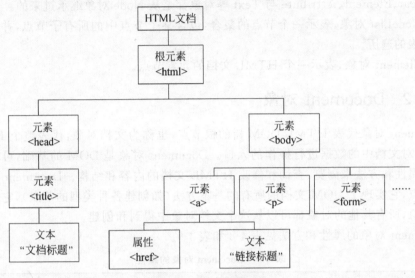

图 4-6　DOM 树结构

从图 4-6 中可以看出,html 为根元素对象,可代表整个文档。head 和 body 两个分支是两个元素节点,位于同一层次,为兄弟关系,存在同一父元素对象,但又有各自的子元素对象。title 元素节点包含有"文档标题"文本子节点,a 元素节点包含有 href 属性节点和"链接标题"文本节点。

文档对象模型(DOM)中各个节点被视为各种类型的 Node 对象。每个 Node 对象都有自己的属性和方法,利用这些属性和方法可以遍历整个文档树。由于 HTML 文档的复杂性,DOM 定义了 nodeType 表示节点的类型。表 4-7 列出了 DOM 常用的 6 种节点类型。

表 4-7　DOM 常用的 6 种节点类型

节点类型	nodeType 常量	nodeType 值	备注
Element	Node. ELEMENT_NODE	1	元素节点
Attr	Node. ATTRIBUTE_NODE	2	节点属性
Text	Node. TEXT_NODE	3	文本节点
Comment	Node. COMMENT_NODE	8	注释的文本
Document	Node. DOCUMENT_NODE	9	文档
DocumentFragment	Node. DOCUMENT_FRAGMENT_NODE	11	文档片段

DOM 树的根节点是个 Document 对象,JavaScript 操作 HTML 文档的时候,Document 即指向整个文档,< body >、< table >等节点类型即为 Element。Comment 类型的节点则是指文档的注释。

利用 DOM,开发人员可以动态地创建 HTML 文档,可以遍历、增加、删除、修改 HTML 文档内容。DOM 提供的 API 与编程语言无关,所以对一些 DOM 标准中没有明确定义的接口,其具体实现在不同的平台或语言中可能有所差别。当使用 DOM 处理 HTML 文档时,将主要用到下列 4 个核心对象。

(1) Document 对象,表示一个 HTML 文档的根节点,代表整个 HTML 文档。Document 对象可创建属于该文档的各种节点,或将外部文档的节点导入该文档。

(2) Node 对象,表示 HTML 文档的一个节点。Node 对象是其他大多数对象的父类,如 Document、Element、Attribute 与 Text 等对象都是从 Node 对象继承过来的。

(3) NodeList 对象,表示一个节点的集合,包含某个节点中的所有子节点,并且支持对该节点列表的遍历。

(4) Element 对象,表示一个 HTML 文档的元素节点。

4.6.2 Document 对象

视频讲解

Document 对象代表 HTML DOM 树的根节点,也称为文档对象,代表整个 HTML 文档,提供了对文档中的数据进行操作的入口。Document 对象是 DOM 的基础,可以利用它所包含的属性和方法来浏览、查询和修改 HTML 文档的内容和结构。Document 表示了树的顶层节点,它实现了 DOM 文档的所有的基本方法(如创建各种类型的节点),它创建了一个文档对象,所有其他的对象都可以从这个文档对象中得到和创建。

Document 对象的属性和方法见表 4-8 和表 4-9。

表 4-8 Document 对象的属性

属 性	具 体 描 述
body	提供对文档中 body 元素的访问
cookie	设置或返回与当前文档有关的所有 cookie
domain	返回下载当前文档的服务器域名
lastModified	返回文档最后被修改的日期和时间
referrer	返回载入当前文档的 URL
title	返回当前文档的标题(HTML title 元素中的文本)
URL	返回当前文档的 URL

表 4-9 Document 对象的方法

方 法	具 体 描 述
close()	关闭用 document.open()方法打开的输出流,并显示选定的数据
getElementById()	根据指定的 Id 属性值得到对应的 DOM 对象
getElementsByName()	根据指定的 Name 属性值得到对应的 DOM 对象
getElementsByTagName()	返回指定标记名的对象的集合
open()	打开一个流,以收集来自 document.write()或 document.writeln()方法的输出
write()	向文档写入 HTML 表达式或 JavaScript 代码
writeln()	等同于 write()方法,不同的是在每个表达式之后写一个换行符
createElement()	在文档中创建一个元素节点
createAttribute()	创建属性节点
createTextNode()	创建新的文本节点

【例 4-15】 获取文本框的内容。

```
<html>
<head>
<script type="text/javascript">
function getValue()
{
    var x = document.getElementById("myinput")          //获取文本框节点
    alert(x.value)                                      //显示文本框的内容
}
</script>
</head>
<input type="text" id="myinput">
<button type="button" name="" onclick="getValue()"/>获取文本框的内容</button>
</form>
</html>
```

getElementById()方法是 DOM 中频繁使用的一个方法。它获取 HTML 文档的一个特定元素并且返回一个对它的引用。为了获取元素,此元素必须具有一个 ID 属性。

当只获取一个元素时,getElementById()方法工作得很好,但是当需要同时获取超过一个的元素时,就发现 getElementsByTagName()方法更合适。后者是通过数组或者列表的格式返回指定标记类型的所有元素。

例如,document. getElementsByTagName("p")返回所有标记为<p>的元素。

4.6.3 Node(节点)对象

Node 是文档对象模型中的基本对象,元素、属性、注释、处理指令和其他的文档组件都可以认为是 Node 对象。事实上,Document 对象本身也是一个 Node 对象。

Node 对象的 attributes 和 childNodes 属性对于遍历 DOM 树是非常有用的,它们是与当前节点相关的节点的集合。另外,其他几个属性,如 firstChild、lastChild、nextSibling 等,也可为在树中遍历时导航。典型的 Node 节点对象及其属性含义如图 4-7 所示。

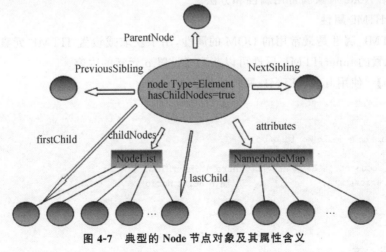

图 4-7 典型的 Node 节点对象及其属性含义

Node 对象支持的方法可以用来操纵当前节点及其子节点,这些方法包括创建、选择、插入、删除和 XSL 变换子节点等操作。

Node 对象的常用属性和方法见表 4-10 和表 4-11。

表 4-10 Node 对象的常用属性

属　　性	描　　述
attributes	如果该节点是一个 Element，则以 NamedNodeMap 形式返回该元素的属性
childNodes	以 Node[] 的形式存放当前节点的子节点。如果没有子节点，则返回空数组。可通过数组索引方式访问，如 childNodes[2]
firstChild	以 Node 的形式返回当前节点的第一子节点。如果没有子节点，则为 Null
innerHTML	用于获取或设置 HTML 元素的内容
lastChild	以 Node 的形式返回当前节点的最后一子节点。如果没有子节点，则为 Null
nextSibling	以 Node 的形式返回当前节点的下一兄弟节点。如果没有这样的节点，则返回 Null
nodeName	节点的名字，Element 节点则代表 Element 的标记名称。例如，<p>元素返回 p
nodeType	代表节点的类型。1 表示此节点是元素；2 表示属性(attribute)；3 表示文本项
nodeValue	返回一个字符串，表示文本项节点的值。如果是其他类型的节点，返回 Null
parentNode	以 Node 的形式返回当前节点的父节点。如果没有父节点，则为 Null
previousSibling	以 Node 的形式返回紧挨当前节点、位于它之前的兄弟节点。如果没有这样的节点，则返回 Null

表 4-11 Node 对象的常用方法

方　　法	描　　述
appendChild()	通过把一个节点增加到当前节点的 childNodes[]组，给文档树增加节点
cloneNode()	复制当前节点，或者复制当前节点以及它的所有子孙节点
hasChildNodes()	如果当前节点拥有子节点，则返回 True
insertBefore()	给文档树插入一个节点，位置在当前节点的指定子节点之前。如果该节点已经存在，则删除之再插入到它的位置
removeChild()	从文档树中删除并返回指定的子节点
replaceChild()	从文档树中删除并返回指定的子节点，用另一个节点替换它

下面介绍 Node 对象的常用属性和方法。

1. innerHTML 属性

innerHTML 属性是最常用的 DOM 的属性，用于获取或设置 HTML 元素的内容。例如，使用 p 元素的 innerHTML 属性可以获取或设置 p 元素的内容。

【例 4-16】 使用 innerHTML 属性的例子。

```
<html>
<body>
<p id = "intro">Hello World!</p>
<script>
var txt = document.getElementById("intro").innerHTML;
document.write(txt);              //输出 Hello World!
</script>
</body>
</html>
```

浏览结果如下：

```
Hello World!
Hello World!
```

2. firstChild 属性和 lastChild 属性

firstChild 属性可返回 DOM 节点对象的第一子节点。lastChild 属性可返回 DOM 节点对象的最后一子节点。

【例 4-17】　使用 firstChild 属性和 lastChild 属性的例子。

```html
<html>
<body>
<div id="abc"><p>DIV 的子对象 1</p><p>DIV 的子对象 2</p><p>DIV 的子对象 3</p></div>
<script language="javascript">
    var node1 = document.getElementById('abc');                //Node 对象
    document.write(node1.hasChildNodes() + "<BR>");            //输出 True
    var nodes = node1.childNodes;                               //当前节点 node1 的子节点数组
    document.write("子节点数量:" + nodes.length + "<BR>");      //子节点数量
    for(var i = 0, len = nodes.length; i < len; i++){          //遍历所有子节点
        if(nodes[i].nodeType == 1){                             //元素节点
            document.write("第" + i + "个子节点:" + nodes[i].innerHTML + "<BR>");
                                                                //输出第 i 节点内容

        }
    }
    document.write(nodes[1].innerHTML + "<BR>");                //输出 "DIV 的子对象 2"
    document.write(node1.firstChild + "<BR>");                 //输出 [object HTMLParagraphElement]
    document.write(node1.firstChild.nodeType + "<BR>");        //输出 1,1 表示此节点类型是元素
    document.write(node1.lastChild + "<BR>");                  //输出 [object HTMLParagraphElement]
    document.write(node1.lastChild.innerHTML + "<BR>");        //输出 "DIV 的子对象 3"
</script>
</body>
</html>
```

浏览结果如下：

```
true
子节点数量:3
第 0 个子节点:DIV 的子对象 1
第 1 个子节点:DIV 的子对象 2
第 2 个子节点:DIV 的子对象 3
DIV 的子对象 2
[object HTMLParagraphElement]
1
[object HTMLParagraphElement]
DIV 的子对象 3
```

> **注意**　　IE 8.0 及其以下版本的浏览器会忽略节点间的空白节点（空格、回车和 Tab 键），遵循 W3C 规范的浏览器（Chrome、Firefox、Safari 等）则会把这些空白作为文本节点处理。所以上例中<div id="abc">中的信息不能有空格、回车等，否则会多出许多文本节点。

3. appendChild()方法

appendChild()方法用于把新的子节点添加到指定节点中，并将添加的节点放在最后。
语法如下：

```
nodeObject.appendChild(newchild)
```

appendChild()方法返回新的子节点对象。

【例4-18】 使用appendChild()方法给<div id="abc">再添加1个段落<p>的例子。

```
<html>
<HEAD><TITLE>演示使用appendChild()方法的例子</TITLE></HEAD>
<body>
<div id="abc"><p>DIV的子对象1</p><p>DIV的子对象2</p><p>DIV的子对象3</p></div>
<div id="board"></div>
<script type="text/javascript">
    var p=document.getElementById("abc");            //获取Id为"abc"的元素
    var e=document.createElement("p");               //产生新的元素节点e
    e.innerHTML="DIV的子对象4";                       //设置元素节点的文字内容
p.appendChild(e);                                    //添加子节点e
</script>
</body>
</html>
```

程序中产生新的元素节点e,设置元素节点的文字内容为"DIV的子对象4"。在id="abc"的div元素中通过appendChild()方法增加此节点e(即1个段落<p>)。浏览结果如下:

```
DIV的了对象1
DIV的子对象2
DIV的子对象3
DIV的子对象4
```

4. removeChild()方法

removeChild()方法可从子节点列表中删除某一节点,语法如下:

```
nodeObject.removeChild(node)
```

参数node指定要删除的节点。

例如,删除id="demo"的节点的语句为:

```
var thisNode=document.getElementById("demo");
thisNode.parentNode.removeNode(thisNode);
```

通过thisNode.parentNode获取thisNode的父节点,从父节点中删除thisNode节点。

【例4-19】 使用removeChild()方法删除<div id="abc">中1个段落<p>的例子。

```
<html>
<HEAD><TITLE>演示使用removeChild()方法的例子</TITLE></HEAD>
<body>
<div id="abc"><p>DIV的子对象1</p><p>DIV的子对象2</p><p>DIV的子对象3</p></div>
<div id="board"></div>
<script type="text/javascript">
    var p=document.getElementById("abc");            //获取Id为"abc"的元素
    var nodes=p.childNodes;
    p.removeChild(nodes[0]);                          //删除第一个子节点e
</script>
</body>
</html>
```

浏览结果如下,可见第一个<p>DIV的子对象1</p>元素被删除了。

DIV 的子对象 2
DIV 的子对象 3

【例 4-20】　演示删除节点本身的例子。

```
< html >
< HEAD >< TITLE >演示删除节点本身</TITLE ></HEAD >
< body >
< div id = "demo">
< div id = "thisNode">单击删除我</div >
</div >
< script type = "text/javascript">
    document.getElementById("thisNode").onclick = function(){
        this.parentNode.removeChild(this);
    }
</script >
</body >
</html >
```

浏览后单击"单击删除我"div 块,则此 div 块消失。

5. replaceChild()方法

replaceChild()方法用于替换子节点,语法如下:

```
nodeObject.replaceChild(new_node,old_node)
```

参数 new_node 指定新的节点,参数 old_node 指定被替换的节点。

6. insertBefore()方法

insertBefore()方法用于在指定的子节点前面插入新的子节点,语法如下:

```
parentElement.insertBefore(newElement, targetElement);
```

newElement 是要插入的新的子节点,targetElement 是要在其前面插入新节点的子节点,parentElement 是 newElement 和 targetElement 的父节点。

插入成功返回 True,失败返回 False。

例如,在 id＝"dome" 的节点前面添加节点的语句为:

```
var ele_div = document.createElement("div");          //新的子节点
var thisNode = document.getElementById("demo");        //指定的子节点
thisNode.parentNode.insertBefore(ele_div , thisNode);  //插入
```

> **注意**　insertBefore()方法添加节点时,不但要知道当前节点,还要知道当前节点的父节点。一般情况下,可以通过当前节点的 parentNode 属性获取父节点。

【例 4-21】　使用 insertBefore()方法在指定节点前面不断增加新节点。

```
< html >
< body >
< div id = "demo">
< div id = "thisNode">单击这里添加新节点</div >
</div >
< script type = "text/javascript">
document.getElementById("thisNode").onclick = function(){
```

```
        var ele_div = document.createElement("div");
        var ele_text = document.createTextNode("这是新节点");
        ele_div.appendChild(ele_text);
        this.parentNode.insertBefore(ele_div , this);
}
</script>
</body>
</html>
```

浏览后单击"单击这里添加新节点"div 块,则此 div 块前不断增加"这是新节点"的
div 块。

7. getAttribute()方法

getAttribute()方法用于读取对应属性的属性值,语法如下:

```
属性值 = node Object.getAttribute(属性名)
```

【例 4-22】 使用 getAttribute()方法的例子。

```
<! DOCTYPE HTML >
< html >
< head >
< meta http - equiv = "Content - Type" content = "text/html; charset = gb2312" />
< title > getAttribute </title >
</head >
< body >
< div id = "div1">
< div id = "div2"> div2 </div >
< div id = "div3"> div3 </div >
</div >
< script language = "javascript">
        var list = document.getElementsByTagName("div");
        var mydiv = list["div2"].getAttribute("id");
        alert('用 list["div2"]取到第二个 id 属性的属性值:' + mydiv);
</script >
</body >
</html >
```

8. setAttribute()方法

把指定属性设置或修改为指定的值,语法如下:

```
node obiect.setAttribute(属性名,值)
```

【例 4-23】 使用 setAttribute()方法的例子。将"style"属性值改成"color:yellow"。

```
<! DOCTYPE HTML >
< html >
< head >< title > setAttribute </title ></head >
< body >
< script language = "JavaScript">
        function change() {
                var input = document.getElementById("p1");
                input.setAttribute("style", "color:yellow");
                alert(input.getAttribute("style"));
        }
```

```
</script>
<p id = "p1" style = "color:red;">你好</p>
<input type = "button" value = "改变颜色" onclick = "change();">
</body>
</html>
```

单击"改变颜色"按钮,则"你好"的文字颜色从红色变成黄色。

4.6.4 NodeList 对象

NodeList 对象是有顺序关系的一组节点(如某一节点的子节点列表)。在 DOM 中,对文档的改变,会直接反映到相关的 NodeList 对象中,而不需 DOM 应用程序再做其他额外的操作。

NodeList 对象通常可以通过以下 3 种途径得到:访问某一节点的 childNodes 属性(例 4-17中使用过)、调用 selectNodes()方法,以及执行一个 Document 对象的 getElementByTagName()方法。

【例 4-24】 使用 getElementByTagName()方法得到 NodeList 对象的例子。

```
<html>
<body>
<div id = "div1"><p id = "p1">我是第一个 P</p><p id = "p2">我是第二个 P</p></div>
<script language = "JavaScript">
    var str = document.getElementsByTagName("p")[1].innerHTML;
    document.write("1:" + str + "<BR>");              //输出我是第二个 P,因为索引从 0 开始
    var arr = document.getElementsByTagName("p");
    for(var i = 0; i < arr.length; i++)               //循环遍历
        document.write(arr[i].innerHTML + "<BR>");
    var node = document.getElementById("div1");
    var node1 = document.getElementsByTagName("p")[1]; //从获取到的元素再获取
    document.write("2:" + node1.innerHTML + "<BR>");   //输出我是第二个 P
</script>
</body>
</html>
```

浏览结果如下:

```
1: 我是第二个 P
我是第一个 P
我是第二个 P
2: 我是第二个 P
```

本章介绍了 DOM(文档对象模型),它是 JavaScript 脚本与 HTML 文档之间联系的纽带。支持 DOM 的浏览器在载入 HTML 文档时按照 DOM 规范将文档节点化形成节点树,JavaScript 通过 DOM 提供的诸如 getElementById()、removeAttribute()等方法,可对节点树中的任何已节点化的元素进行访问和修改属性等操作,并通过 createTextNode()、appendChild()等方法迅速生成新节点并进行相关操作,甚至动态生成指定的 HTML 文档。

4.7 ES6 简介

由于 JavaScript 规范已经有很多年没有进行大规模的改动,ES6 一经推出就引起了广

视频讲解

泛的关注。主流浏览器新版本(如 Chrome51 版、Safari10、Firefox53)已经能够支持大部分的 ES6 API,用户可以放心地使用。本节对最常用的语法进行简单介绍。

4.7.1 变量相关

ES2015(ES6)新增加了两个重要的 JavaScript 关键字: let 和 const。

1. let

let 声明的变量只在 let 所在的代码块(一对大括号内部的代码)内有效,也称为块作用域。let 只能声明同一个变量一次而 var 可以声明多次。

```
{
    let a = 0;
    var b = 1;
}
console.log(a);                    //ReferenceError: a is not defined
console.log(b);                    //1
```

for 循环计数器很适合用 let 声明。

```
var j = 5;
for(let j = 0; j < 10; j++) {
    console.log(j);
}
console.log(j);                    //5,不受影响
```

2. const

const 声明一个只读的常量,一旦声明,常量的值就不能被改变。

```
const PI = 3.1415926;
```

4.7.2 数据类型

ES6 数据类型除了 Number、String、Boolean、Object、null 和 undefined,ES6 引入了一种新的数据类型 Symbol,表示独一无二的值,例如:

```
//Symbol 声明的变量是唯一的
let a1 = Symbol();
let a2 = Symbol();
console.log(a1 === a2);         //False
```

Symbol 可以接收一个字符串作为参数,为新创建的 Symbol 提供描述,用来显示在控制台或者作为字符串的时候使用,便于区分。

```
let name = Symbol("key1");
console.log(name);              //Symbol(Key1)
console.log(typeof(name));     //输出类型"symbol"
```

但是注意即使两个 Symbol 有相同字符串参数,它们也并不相等。

```
let a3 = Symbol('a3');
let a4 = Symbol('a3');
console.log(a3 === a4);         //False
```

由于每一个 Symbol 的值都是不相等的,所以 Symbol 作为对象的属性名,可以保证属性不重名。Symbol 作为属性名用法:

```
let name = Symbol("key1");
//作为对象的属性名写法1
let a = {};                    //对象a
a[name] = "kk";
console.log(a);                //{Symbol(key1): "kk"}
//作为对象的属性名写法2
let a = {
    [name]: "kk"
};
console.log(a);                //{Symbol(key1): "kk"}
```

注意 Symbol 值作为属性名时,该属性是公有属性不是私有属性,可以在类的外部访问。但是不会出现在 for…in、for…of 的循环中,也不会被 Object. keys()、Object. getOwnPropertyNames()方法返回。如果要读取到一个对象的 Symbol 属性,可以通过 Object. getOwnPropertySymbols()和 Reflect. ownKeys()方法取到。

另外,在 ES5 中使用字符串表示常量。例如:

```
const COLOR_RED = "red";
const COLOR_YELLOW = "yellow";
const COLOR_BLUE = "blue";
const MY_BLUE = "blue";
```

使用字符串不能保证常量是独特的,但是 ES6 使用 Symbol 定义常量,这样就可以保证这一组常量的值都不相等。

```
const COLOR_RED = Symbol("red");
const COLOR_YELLOW = Symbol("yellow");
const COLOR_BLUE = Symbol("blue");
const MY_BLUE = Symbol("blue");
```

4.7.3 对象

ES6 允许对象的属性直接写变量,这时候属性名是变量名,属性值是变量值。

```
var age = 12;
var name = "Amy";
var person = {age, name};      //{age: 12, name: "Amy"}
```

以上写法等同于:

```
var person = {age: age, name: name};
```

方法名也可以简写。

```
var person = {
    sayHi(){                        //直接创建对象
        console.log("Hi");
    }
}
person.sayHi();                //"Hi"
```

以上写法等同于：

```
var person = {
    sayHi:function(){
        console.log("Hi");
    }
}
person.sayHi();                                          //"Hi"
```

4.7.4 class 类

ES6 引入了 class(类)这个概念，通过 class 关键字可以定义类。该关键字的出现使得其在对象写法上更加清晰，更像是一种面向对象的语言。实际上 class 的本质仍是 function，它让对象原型的写法更加清晰、更像面向对象编程的语法。例如，ES5 中定义一个 Person 类：

```
function Person(name,age) {                    //构造函数
    this.name = name;                          //定义一个属性 name
    this.age = age;                            //定义一个属性 age
    this.say = function(){                     //定义一个方法 say()
        console.log("我的名字是 " + this.name + ", " + "今年" + this.age + "岁");
    }
}
```

ES6 中改用 class 定义 Person 类如下：

```
class Person{                    //定义了一个名字为 Person 的类
    constructor(name,age){       //constructor 是一个构造方法,用来接收参数
        this.name = name;        //this 代表的是实例对象
        this.age = age;
    }
    say(){                       //这是一个类的方法,注意千万不要加上 function
        return "我的名字叫" + this.name + "今年" + this.age + "岁";
    }
}
var obj = new Person("xmj",48);
console.log(obj.say());          //我的名字叫 xmj 今年 48 岁了
```

类的方法内部如果含有 this，它默认指向类的实例。

由下面代码可以看出类实质上就是一个函数，类自身指向的就是构造函数。所以可以认为 ES6 中的类其实就是构造函数的另外一种写法。

```
console.log(typeof Person);                              //function
console.log(Person === Person.prototype.constructor);   //True
```

以下代码说明构造函数的 prototype 属性，在 ES6 的类中依然存在着。

```
console.log(Person.prototype);                           //输出的结果是一个对象
```

实际上类的所有方法都定义在类的 prototype 属性上。当然也可以通过 prototype 属性对类添加方法，如下：

```
Person.prototype.addFn = function(){
    return "我是通过 prototype 新增加的方法,名字叫 addFn";
}
var obj = new Person("xmj",48);
console.log(obj.addFn());          //我是通过 prototype 新增加的方法,名字叫 addFn
```

还可以通过 Object.assign()方法来为对象动态增加方法。

```
Object.assign(Person.prototype,{
    getName:function(){
        return this.name;
    },
    getAge:function(){
        return this.age;
    }
})
var obj = new Person("xmj",48);
console.log(obj.getName());          //xmj
console.log(obj.getAge());           //48
```

constructor()方法是类的构造函数,通过 new 命令生成对象实例时,自动调用该方法。

```
class Box{
    constructor(){
        console.log("今天天气好晴朗");      //当实例化对象时该行代码会执行.
    }
}
var obj = new Box();                      //输出今天天气好晴朗
```

　　一个类必须有 constructor()构造方法,如果没有显式定义,则一个空的 constructor()构造方法会被默认添加在 class 类中。constructor 方法默认返回实例对象 this。
　　在 ES6 中,类的 constructor 构造方法中定义的属性可以称为实例属性(即定义在 this 对象上)。constructor 外声明的属性都是定义在原型上的,可以称为原型属性(即定义在 class 上),会被所有对象实例都共享。hasOwnProperty()函数用于判断属性是否是实例属性。其结果是一个布尔值,True 说明是实例属性,False 说明不是实例属性。in 操作符会在通过对象能够访问给定属性时返回 True,无论该属性存在于实例中还是原型中。

```
class Box{
    constructor(num1,num2){
        this.num1 = num1;              //实例属性
        this.num2 = num2;              //实例属性
    }
    sum(){
        return num1 + num2;
    }
}
var box = new Box(12,88);
console.log(box.hasOwnProperty("num1"));      //True
console.log(box.hasOwnProperty("num2"));      //True
console.log(box.hasOwnProperty("sum"));       //False
console.log("num1" in box);                   //True
console.log("num2" in box);                   //True
console.log("sum" in box);                    //True
console.log("say" in box);                    //False
```

Box 类的所有实例共享一个原型对象,它们的原型都是 Box. prototype,所以 proto 属性是相等的。

```
var p1 = new Box(2,3);
var p2 = new Box(30,20);
console.log(p1.__proto__ === p2.__proto__ );           //True
```

class 可以通过 extends 关键字实现继承,让子类继承父类的属性和方法。ES6 规定,子类必须在 constructor()方法中调用 super()函数,否则就会报错。除了私有属性(私有属性前面加♯),父类的所有属性和方法,都会被子类继承。

```
< script type = "text/javascript">
    class Person {                                     //定义了一个名字为 Person 的类
        …… //见前文
    }
    class ItStudent extends Person {                   //子类 ItStudent
        constructor(name, age, major) {
            super(name, age);                          //调用 super()函数
            this.major = major;
        }
        play(str) {
            console.log("我会玩" + str);
        }
        program() {
            console.log("我研究方向是:" + this.major);  //major 前必需写上 this
        }
    }
    const It1 = new ItStudent("张三", 23, '大数据');
    console.log(It1.name);                             //张三
    console.log(It1.say());                            //我的名字叫张三今年 23 岁
    It1.play("足球");                                  //我会玩足球
    It1.program();                                     //我研究方向是:大数据
</script>
```

4.7.5　箭头函数

ES6 标准新增了一种新的函数 Arrow Function(箭头函数)。箭头函数的定义用的就是一个箭头。

1. 书写语法

箭头=>左边为函数输入参数,而右边是惊醒的操作以及返回的值,例如:

```
x = > x * x
```

上面的箭头函数相当于:

```
function (x) {
    return x * x;
}
```

箭头函数相当于匿名函数,并且简化了函数定义。箭头函数有两种格式,一种像上面的,只包含一个表达式,连{ … }和 return 都省略掉了。还有一种可以包含多条语句,这时候就不能省略{ … }和 return。

```
x = >{
    if(x > 0) {
        return x * x;
    }
    else {
        return - x * x;
    }
}
```

如果参数不是一个,就需要用小括号()括起来。

```
//两个参数:
(x, y) = > x * x + y * y
```

如果要返回一个对象,就要注意,如果是单表达式,这么写的话会报错。

```
x = >{foo: x}          //Syntax Error:
```

因为和函数体的{ ... }有语法冲突,所以要改为:

```
x = >({foo: x})        //ok
```

2. this 相关

箭头函数看上去是匿名函数的一种简写,但实际上,箭头函数和匿名函数有个明显的区别:箭头函数没有自己的 this,箭头函数会捕获其所在上下文的 this 值,作为自己的 this。可以解决由于 JavaScript 嵌套函数中 this 指向的问题。

嵌套函数中的 this 并不指向外层函数的 this,如果想访问外层函数的上下文环境 this 需要保存到一个变量中,一般常用的是 that 或者 self,箭头函数可以解决这个问题,this 总是指向外层函数的 this。下面举例说明。

```
function Person(){
    this. age = 0;
    setInterval(() = > {
        this. age++;           //this 正确地指向 p 实例
    }, 1000);
}
var p = new Person();
```

箭头函数不会创建自己的 this,它只会从自己的作用域链的上一层继承 this。因此,在上面的代码中,传递给 setInterval()函数内的 this 与封闭函数中的 this 值相同。以上例子就可以很清楚的看出箭头函数和普通函数中 this 的区别。

使用Canvas画图

  HTML4 的画图能力很弱,通常只能在网页中显示指定的图像文件。HTML5 提供了 Canvas 元素,可以在网页中定义一个画布,然后使用 Canvas 绘图方法在画布中画图。在游戏开发中大量使用 Canvas 画图。本章介绍在 HTML5 中如何使用 Canvas 画图。

5.1   Canvas 元素

  Canvas 就是画布,可以在其上进行任何线或图形绘制及填充等一系列的操作。Canvas 是 HTML5 出现的新元素,它有自己的属性、方法和事件,其中就有绘图的方法。JavaScript 能够调用 Canvas 绘图方法来进行绘制。另外,Canvas 不仅提供简单的二维矢量绘图,也提供了三维的绘图,以及图片处理等一系列的 API 支持。

5.1.1   Canvas 元素的定义语法

  Canvas 元素的定义语法如下:

```
< canvas id = "xxx" height = … width = …>…</canvas >
```

Canvas 元素的常用属性如下:

  id 是 Canvas 元素的标识; height 是 Canvas 画布的高度,单位为 px; width 是 Canvas 画布的宽度,单位为 px。

  例如,在 HTML 文件中定义一个 Canvas 画布,id 为 myCanvas,高度和宽度各为 100px,代码如下:

```
< canvas id = "myCanvas" height = 100 width = 100 >
您的浏览器不支持 canvas。
</canvas >
```

<canvas>和</canvas>之间的字符串指定当浏览器不支持 Canvas 时显示的字符串。

 Internet Explorer 9、Firefox、Opera、Chrome 和 Safari 支持 Canvas 元素。Internet Explorer 8 及其之前版本不支持 Canvas 元素。

5.1.2　使用 JavaScript 获取网页中的 Canvas 对象

在 JavaScript 中，可以使用 document.getElementById()方法获取网页中的对象，语法如下：

```
document.getElementById(对象 id)
```

例如，获取定义的 myCanvas 对象的代码如下：

```
< canvas id = "myCanvas" height = 100 width = 100 >
您的浏览器不支持 canvas.
</canvas >
< script type = "text/javascript">
var c = document.getElementById("myCanvas");
</script >
```

得到的对象 c 即为 myCanvas 对象。要在其中绘图还需要获得 myCanvas 对象的 2D 上下文对象，代码如下：

```
var ctx = c.getContext("2d");          //获得 myCanvas 对象的 2D 上下文对象
```

Canvas 绘制图形都是依靠 Canvas 对象的上下文对象。上下文对象用于定义如何在画布上绘图。顾名思义，2D 上下文支持在画布上绘制 2D 图形、图像和文本。

5.2　坐标与颜色

5.2.1　坐标系统

在实际的绘图中，开发者所关注的一般都是指设备坐标系，此坐标系以像素（px）为单位，像素指的是屏幕上的亮点。每个像素都有一个坐标点与之对应，左上角的坐标设为(0,0)，向右为 X 正轴，向下为 Y 正轴。一般情况下以(x,y)代表屏幕上某个像素的坐标点，其中水平以 X 坐标值表示，垂直以 Y 坐标值表示。例如，在图 5-1 所示的坐标系统中画一个点，该点的坐标是(4,3)。

计算机作图是在一个事先定义好的坐标系统中进行的，这与日常生活中的绘图方式有着很大的区别。图形的大小、位置等都与绘图区或容器的坐标有关。

5.2.2　颜色的表示方法

1. 颜色关键字

W3C 的 HTML4.0 标准仅支持 16 种颜色名，它们是 aqua、black、blue、fuchsia、gray、green、lime、maroon、navy、olive、purple、red、silver、teal、white、yellow。如果需要使用其他的颜色，则要使用十六进制的颜色值。

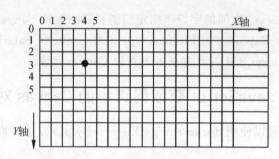

图 5-1 Canvas 坐标的示意图

2. 十六进制颜色值

可以使用一个十六进制的字符串表示颜色,格式为♯RGB。其中,R 表示红色分量,G 表示绿色分量,B 表示蓝色分量。每种颜色的最小值是 0(十六进制:♯00)。最大值是 255(十六进制:♯FF)。例如,♯FF0000 表示红色,♯00FF00 表示绿色,♯0000FF 表示蓝色,♯A020F0 表示紫色,♯FFFFFF 表示白色,♯000000 表示黑色。

3. RGB 颜色值

RGB 颜色值可以使用 rgb(红色分量、绿色分量、蓝色分量)形式表示颜色。表 5-1 是十六进制颜色值与 RGB 颜色值的对照表。

表 5-1　十六进制颜色值与 RGB 颜色值的对照表

Color HEX	Color RGB	颜色	Color HEX	Color RGB	颜色
♯000000	rgb(0,0,0)	黑色	♯00FFFF	rgb(0,255,255)	青色
♯FF0000	rgb(255,0,0)	红色	♯FF00FF	rgb(255,0,255)	深红
♯00FF00	rgb(0,255,0)	绿色	♯C0C0C0	rgb(192,192,192)	灰色
♯0000FF	rgb(0,0,255)	蓝色	♯FFFFFF	rgb(255,255,255)	白色
♯FFFF00	rgb(255,255,0)	黄色	♯FF8000	rgb(255,128,0)	桔黄

5.3　绘制图形

5.3.1　绘制直线

在 JavaScript 中可以使用 Canvas API 绘制直线,具体过程如下:

(1)在网页中使用 Canvas 元素定义一个 Canvas 画布,用于绘画。

```
var c = document.getElementById("myCanvas");          //获取网页中的 Canvas 对象
```

(2)使用 JavaScript 获取网页中的 Canvas 对象,并获取 Canvas 对象的 2D 上下文 ctx。使用 2D 上下文可以调用 Canvas API 绘制图形。

```
var ctx = c.getContext("2d");                         //获取 Canvas 对象的上下文
```

(3)调用 beginPath()方法,指示开始绘图路径,即开始绘图,语法如下:

```
ctx.beginPath();
```

(4)调用 moveTo()方法将坐标移至直线起点,moveTo()方法的语法如下:

```
ctx.moveTo(x,y);
```

其中,x 和 y 为要移动至的坐标。

（5）调用 lineTo()方法绘制直线,lineTo()方法的语法如下：

```
ctx.lineTo(x,y);
```

其中,x 和 y 为直线的终点坐标。

（6）调用 stroke()方法绘制图形的边界轮廓,stroke()方法的语法如下：

```
ctx.stroke();
```

【例 5-1】　使用连续画线的方法绘制一个三角形,代码如下：

```
<!DOCTYPE html>
<html>
<body>
<canvas id = "myCanvas" height = 200 width = 200>您的浏览器不支持 Canvas。</canvas>
<script type = "text/javascript">
function drawtriangle()
{
    var c = document.getElementById("myCanvas");     //获取网页中的 Canvas 对象
    var ctx = c.getContext("2d");                    //获取 Canvas 对象的上下文
    ctx.beginPath();                                 //开始绘图路径
    ctx.moveTo(100,0);                               //将坐标移至直线起点
    ctx.lineTo(50,100);                              //绘制直线
    ctx.lineTo(150,100);                             //绘制直线
    ctx.lineTo(100,0);                               //绘制直线
    ctx.closePath();          //闭合路径不是必需的,如果线的终点与起点重合,则自动闭合
    ctx.stroke();                                    //通过线条绘制轮廓(边框)
}
window.addEventListener("load", drawtriangle, true);
</script>
</body>
</html>
```

例 5-1 的运行结果如图 5-2 所示。

图 5-2　Canvas 绘制一个三角形

【例 5-2】　一个通过画线绘制复杂菊花图形的例子。

```
<!DOCTYPE html>
<html>
<body>
<canvas id = "myCanvas" height = 1000 width = 1000>您的浏览器不支持 Canvas。</canvas>
<script type = "text/javascript">
function drawline()
{
    var c = document.getElementById("myCanvas");          //获取网页中的 Canvas 对象
```

```
        var ctx = c.getContext("2d");              //获取 Canvas 对象的上下文
        var dx = 150;
        var dy = 150;
        var s = 100;
        ctx.beginPath();                            //开始绘图路径
        var x = Math.sin(0);
        var y = Math.cos(0);
        var dig = Math.PI/15 * 11;
        for(var i = 0; i < 30; i++){
            var x = Math.sin(i * dig);
            var y = Math.cos(i * dig);
            //用三角函数计算顶点
            ctx.lineTo(dx + x * s, dy + y * s);
        }
        ctx.closePath();
        ctx.stroke();
    }
    window.addEventListener("load", drawline, true);
</script>
</body>
</html>
```

例 5-2 的运行结果如图 5-3 所示。

图 5-3 Canvas 绘制复杂图形

5.3.2 绘制矩形

可以通过调用 rect ( )、strokeRect ( )、fillRect ( ) 和 clearRect()这 4 个 API 方法在 Canvas 画布中绘制矩形。其中,前两个方法用于绘制矩形边框,调用 fillRect()方法可以填充指定的矩形区域,调用 clearRect()方法可以擦除指定的矩形区域。

1. rect()方法

rect()方法用于创建矩形,rect()方法的语法如下:

```
rect(x, y, width, height)
```

参数说明如下:

x 是矩形的左上角的 X 坐标;y 是矩形的左上角的 Y 坐标;width 是矩形的宽度;height 是矩形的高度。

【例 5-3】 使用 rect()方法绘制矩形边框的例子。

```
< canvas id = "myCanvas" height = 500 width = 500 >您的浏览器不支持 Canvas。</canvas>
< script type = "text/javascript">
function drawRect()
{
    var c = document.getElementById("myCanvas");    //获取网页中的 Canvas 对象
    var ctx = c.getContext("2d");                   //获取 Canvas 对象的上下文
    ctx.beginPath();                                //开始绘图路径,绘制起始点
    ctx.rect(20,20, 100, 50);
    ctx.stroke();                                   //通过线条绘制轮廓(边框)
}
```

```
window.addEventListener("load", drawRect, true);
</script>
```

2. strokeRect()方法

strokeRect()方法绘制矩形（无填充），strokeRect()方法的语法如下：

```
strokeRect(x, y, width, height)
```

参数的含义与 rect()方法的参数相同。strokeRect()方法与 rect()方法的区别在于调用 strokeRect()方法时不需要使用 beginPath()和 stroke()方法即可绘图。

3. fillRect()和 clearRect()方法

fillRect()方法绘制"被填充"的矩形，fillRect()方法的语法如下：

```
fillRect(x, y, width, height)
```

参数的含义与 rect()方法的参数相同。

clearRect()方法清除给定矩形内的图像。

```
clearRect(x, y, width, height)
```

参数的含义与 rect()方法的参数相同。

【例 5-4】 Canvas 绘制一个矩形和一个填充矩形的例子。

```
<!DOCTYPE html>
<html>
<body>
<canvas id="demoCanvas" width="500" height="500">您的浏览器不支持 Canvas。</canvas>
<!-- 下面将演示一种绘制矩形的 demo -->
<script type="text/javascript">
    var c = document.getElementById("demoCanvas");      //获取网页中的 Canvas 对象
    var context = c.getContext('2d');                   //获取上下文
    context.strokeStyle = "red";                        //指定绘制线样式、颜色
    context.strokeRect(10, 10, 190, 100);               //绘制矩形线条,内容是空的
    //以下填充矩形
    context.fillStyle = "blue";
    context.fillRect(110,110,100,100);                  //绘制填充矩形
</script>
</body>
```

5.3.3 绘制圆弧

可以调用 arc()方法绘制圆弧，语法如下：

```
arc(centerX, centerY, radius, startingAngle, endingAngle, antiClockwise);
```

参数说明如下：

centerX＝圆弧圆心的 X 坐标；centerY＝圆弧圆心的 Y 坐标；radius＝圆弧的半径；startingAngle＝圆弧的起始角度；endingAngle＝圆弧的结束角度；antiClockwise＝是否按逆时针方向绘图。

例如，使用 arc()方法绘制圆心为(50,50)，半径为 100 的圆弧。圆弧的起始角度为 60°，

圆弧的结束角度为 180°。

```
ctx.beginPath();                                        //开始绘图路径
ctx.arc(50, 50, 100, 1/3 * Math.PI, 1 * Math.PI, false);
ctx.stroke();
```

【例 5-5】 使用 arc()方法画圆的例子。

```
< canvas id = "myCanvas" height = 500 width = 500 >您的浏览器不支持 Canvas。</canvas >
< script type = "text/javascript">
function draw()
{
    var c = document.getElementById("myCanvas");    //获取网页中的 Canvas 对象
    var ctx = c.getContext("2d");                   //获取 Canvas 对象的上下文
    var radius = 100;
    var startingAngle = 0;
    var endingAngle = 2 * Math.PI;
    ctx.beginPath();                                //开始绘图路径
    ctx.arc(150, 150, radius, startingAngle, endingAngle, false);
    ctx.stroke();
}
window.addEventListener("load", draw, true);
</script >
```

5.4 描边和填充

5.4.1 描边

通过设置 Canvas 的上下文 2D 对象的 strokeStyle 属性可以指定描边的颜色,通过设置上下文 2D 对象的 lineWidth 属性可以指定描边的宽度。

例如,通过设置描边颜色和宽度来绘制红色线条宽度为 10px 的圆。

```
ctx.lineWidth = 10;                                 //描边宽度为 10px
ctx.strokeStyle = "red";                            //描边颜色红色
ctx.arc(50, 50, 100, 0, 2 * Math.PI, false);
ctx.stroke();
```

5.4.2 填充图形内部

通过设置 Canvas 的上下文 2D 对象的 fillStyle 属性可以指定填充图形内部的颜色。

【例 5-6】 填充图形内部的例子。

```
< canvas id = "myCanvas" height = 500 width = 500 >您的浏览器不支持 Canvas。</canvas >
< script type = "text/javascript">
function draw()
{
    var c = document.getElementById("myCanvas");    //获取网页中的 Canvas 对象
    var ctx = c.getContext("2d");                   //获取 Canvas 对象的上下文
    ctx.fillStyle = "yellow";                       //填充图形内部的颜色为黄色
    ctx.fillRect(65,65, 100, 100);                  //矩形的宽度和高度为 100px,内部填充黄色
```

```
}
window.addEventListener("load", draw, true);
</script>
```

5.4.3 渐变颜色

1. 创建 CanvasGradient 对象

CanvasGradient 是用于定义画布中的一个渐变颜色的对象。如果要使用渐变颜色,则先需要创建一个 CanvasGradient 对象。可以通过下面两种方法创建 CanvasGradient 对象。

（1）以线性颜色渐变方式创建 CanvasGradient 对象。

使用 Canvas 的上下文 2D 对象 createLinearGradient()方法可以线性颜色渐变方式创建 CanvasGradient 对象,createLinearGradient()方法的语法如下:

```
createLinearGradient(xStart, yStart, xEnd, yEnd)
```

参数 xStart 和 yStart 是渐变的起始点的坐标,参数 xEnd 和 yEnd 是渐变的结束点的坐标,例如:

```
var g1 = ctx.createLinearGradient(0, 0, 300, 100);
```

（2）以放射颜色渐变方式创建 CanvasGradient 对象。

使用 Canvas 的上下文 2D 对象 createRadialGradient()方法可以放射颜色渐变方式创建 CanvasGradient 对象,createRadialGradient()方法的语法如下:

```
createRadialGradient(xStart, yStart, radiusStart, xEnd, yEnd, radiusEnd)
```

参数 xStart 和 yStart 是开始圆的圆心的坐标,radiusStart 是开始圆的半径;参数 xEnd 和 yEnd 是结束圆的圆心的坐标,radiusEnd 是结束圆的半径。

2. 为渐变对象设置颜色

创建 CanvasGradient 对象后,还需要为其设置颜色基准,可以通过 CanvasGradient 对象的 addColorStop()方法在渐变中的某一点添加一个颜色变化。渐变中其他点的颜色将以此为基准,addColorStop()方法的语法如下:

```
addColorStop(offset, color)
```

参数 offset 是一个范围在 0.0~1.0 的浮点值,表示渐变的开始点和结束点之间的一部分。offset 为 0 对应开始点,offset 为 1 对应结束点。color 指定 offset 显示的颜色。沿着渐变某一点的颜色是根据这个值以及任何其他的颜色色标来插值的。

```
var canvas = document.getElementById("myCanvas");      //获取网页中的 Canvas 对象
var ctx = canvas.getContext('2d');
var g1 = ctx.createLinearGradient(0, 0, 300, 100);
g1.addColorStop(0, 'rgb(0,0,255)');                    //蓝
g1.addColorStop(0.4, 'rgb(255,255,255)');              //白
g1.addColorStop(1, 'rgb(255,0,0)');                    //红
```

程序代码的运行结果示意图如图 5-4 所示。

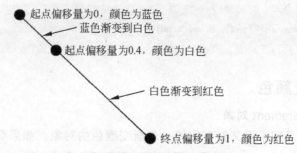

图 5-4　程序代码的运行结果示意图

3. 设置描边样式为渐变颜色

只要将前面创建的 CanvasGradient 对象赋值给用于绘图的 Canvas 的上下文 2D 对象的 strokeStyle 属性,即可使用渐变颜色进行描边,例如:

```
var c = document.getElementById("myCanvas");          //获取网页中的 Canvas 对象
var ctx = c.getContext("2d");                         //获取 Canvas 对象的上下文
var Colordiagonal = ctx.createLinearGradient(10,10, 100,10);
ctx.strokeStyle = Colordiagonal;
ctx.stroke();                                         //关闭绘图路径
```

【例 5-7】　使用黄、绿、红的放射渐变颜色填充一个圆。

```
<canvas id = "myCanvas" height = 500 width = 500>您的浏览器不支持 Canvas。</canvas>
<script type = "text/javascript">
function draw()
{
    var c = document.getElementById("myCanvas");          //获取网页中的 Canvas 对象
    var ctx = c.getContext("2d");                         //获取 Canvas 对象的上下文
    //对角线上的渐变
    var Colordiagonal = ctx.createRadialGradient(100,100, 0, 100,100, 100);
    Colordiagonal.addColorStop(0, "red");
    Colordiagonal.addColorStop(0.5, "green");
    Colordiagonal.addColorStop(1, "yellow");
    var centerX = 100;
    var centerY = 100;
    var radius = 100;
    var startingAngle = 0;
    var endingAngle = 2 * Math.PI;
    ctx.beginPath();                                      //开始绘图路径
    ctx.arc(centerX, centerY, radius, startingAngle, endingAngle, false);
    ctx.fillStyle = Colordiagonal;
    ctx.stroke();
    ctx.fill();
}
window.addEventListener("load", draw, true);
</script>
```

例 5-7 的运行结果如图 5-5 所示。

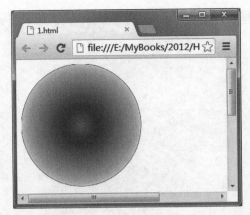

图 5-5 使用黄、绿、红的放射渐变颜色填充一个圆

5.4.4 透明颜色

在指定颜色时,可以使用 rgba()方法定义透明颜色,格式如下:

```
rgba(r,g,b, alpha)
```

其中,r 表示红色集合,g 表示绿色集合,b 表示蓝色集合。r、g、b 都是十进制数,取值范围为
0~255。alpha 的取值范围为 0~1,用于指定透明度,0 表示完全透明,1 表示不透明。

【例 5-8】 使用透明颜色填充 10 个连串的圆,模拟太阳光照射的光环。

```
<canvas id = "myCanvas" height = 500 width = 500>您的浏览器不支持 Canvas。</canvas>
<script type = "text/javascript">
function draw()
{
    var canvas = document.getElementById("myCanvas");
    if(canvas == null)
            return false;
    var context = canvas.getContext("2d");
        //先绘制画布的底图
        context.fillStyle = "yellow";
        context.fillRect(0,0,400,350);
        //用循环绘制 10 个圆形
        var n = 0;
        for(var i = 0 ;i < 10;i++){
            //开始创建路径,因为圆本质上也是一个路径,这里向 Canvas 说明要开始画了,这是起点
            context.beginPath();
            context.arc(i * 25, i * 25, i * 10,0,Math. PI * 2,true);
            context.fillStyle = "rgba(255,0,0,0.25)";
            context.fill();                     //填充刚才所画的圆形
        }
    }
window.addEventListener("load", draw, true);
</script>
```

例 5-8 的运行结果如图 5-6 所示。

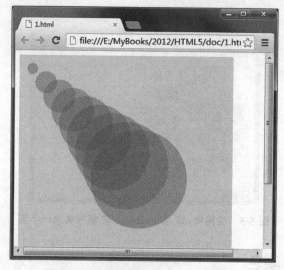

图 5-6　透明颜色填充 10 个连串的圆

5.5　绘制图像与文字

5.5.1　绘制图像

在画布上绘制图像的 Canvas API 是 drawImage()方法,语法如下:

```
drawImage(image, x, y)
drawImage(image, x, y, width, height)
drawImage(image, sourceX, sourceY, sourceWidth, sourceHeight, destX, destY, destWidth,
destHeight)
```

参数说明:

image,所要绘制的图像,必须是表示＜img＞标记或者图像文件的 Image 对象,或者是 Canvas 元素。

x 和 y,要绘制的图像的左上角位置;width 和 height,绘制图像的宽度和高度。

sourceX 和 sourceY,图像将要被绘制的区域的左上角;sourceWidth 和 sourceHeight, 被绘制的原图像区域;destX 和 destY,所要绘制的图像区域的左上角的画布坐标; destWidth 和 destHeight,图像区域在画布上绘制成的大小。

【例 5-9】 以不同形式显示一本图书封面 cover.jpg。

```
< canvas id = "myCanvas" height = 1000 width = 1000 >您的浏览器不支持 Canvas。</canvas >
< script type = "text/javascript">
function draw( )
{
    var c = document.getElementById("myCanvas");      //获取网页中的 Canvas 对象
    var ctx = c.getContext("2d");                     //获取 Canvas 对象的上下文
    var imageObj = new Image();                       //创建图像对象
    imageObj.src = "cover.jpg";
    imageObj.onload = function(){
```

```
                ctx.drawImage(imageObj, 0, 0);              //原图大小显示
                ctx.drawImage(imageObj, 250, 0, 120, 160);    //原图一半大小显示
    //从原图(0,100)位置开始截取中间一块宽240×高160px的区域,原大小显示在屏幕(400,0)处
                ctx.drawImage(imageObj, 0, 100, 240, 160, 400, 0, 240, 160);
        };
    }
    window.addEventListener("load", draw, true);
    </script>
```

例 5-9 的运行结果如图 5-7 所示。

图 5-7　以不同形式显示一本图书的封面

5.5.2　组合图形

在绘制图形时,如果画布上已经有图形,就涉及一个问题:两个图形如何组合。可以通过 Canvas 的上下文 2D 对象的 globalCompositeOperation 属性来设置组合方式。globalCompositeOperation 属性的可选值如表 5-2 所示。

表 5-2　globalCompositeOperation 属性可选值

可　选　值	描　　述
source-over	默认值,新图形会覆盖在原有内容之上
destination-over	在原有内容之下绘制新图形
source-in	新图形会仅仅出现与原有内容重叠的部分,其他区域都变成透明的
destination-in	原有内容中与新图形重叠的部分会被保留,其他区域都变成透明的
source-out	只有新图形中与原有内容不重叠的部分会被绘制出来
destination-out	原有内容中与新图形不重叠的部分会被保留
source-atop	新图形中与原有内容重叠的部分会被绘制,并覆盖于原有内容之上
destination-atop	原有内容中与新内容重叠的部分会被保留,并会在原有内容之下绘制新图形
lighter	两图形中重叠部分作加色处理
darker	两图形中重叠部分作减色处理
xor	重叠的部分会变成透明
copy	只有新图形会被保留,其他都被清除掉

【例 5-10】　一个矩形和圆的重叠效果。

```
<canvas id = "myCanvas" height = 500 width = 500>您的浏览器不支持 Canvas。</canvas>
<script type = "text/javascript">
```

```
function draw()
{
    var c = document.getElementById("myCanvas");            //获取网页中的 Canvas 对象
    var ctx = c.getContext("2d");                           //获取 Canvas 对象的上下文
    ctx.fillStyle = "blue";
    ctx.fillRect(0,0, 100, 100);                            //填充蓝色的矩形
    ctx.fillStyle = "red";
    ctx.globalCompositeOperation = "source - over";
    var centerX = 100;
    var centerY = 100;
    var radius = 50;
    var startingAngle = 0;
    var endingAngle = 2 * Math.PI;
    ctx.beginPath();                                        //开始绘图路径
    ctx.arc(centerX, centerY, radius, startingAngle, endingAngle, false);    //绘制圆
    ctx.fill();
}
window.addEventListener("load", draw, true);
</script>
```

图 5-8 **source-over 取值效果**

例 5-10 中蓝色正方形先画,红色圆形后画,source-over 取值效果如图 5-8 所示。

其余取值效果如图 5-9 所示。

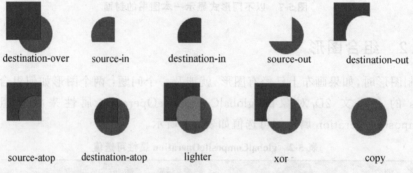

图 5-9 **globalCompositeOperation 属性的不同取值效果**

5.5.3 输出文字

可以使用 strokeText()方法在画布的指定位置输出文字,语法如下:

```
strokeText(string text, float x, float y)
```

参数说明如下:
string 为所要输出的字符串;x 和 y 是要输出的字符串的位置坐标。
例如:

```
var c = document.getElementById("myCanvas");            //获取网页中的 Canvas 对象
var ctx = c.getContext("2d");                           //获取 Canvas 对象的上下文
ctx.strokeText("中原工学院", 100, 100);                   //在(100, 100)处显示"中原工学院"
```

1. 设置字体

可以通过 Context.font 属性来设置输出字符串的字体,格式如下:

```
Context.font = "字体大小 字体名称"
```

例如：

```
var c = document.getElementById("myCanvas");        //获取网页中的 Canvas 对象
var ctx = c.getContext("2d");                       //获取 Canvas 对象的上下文
ctx.font = "40 隶书";
ctx.strokeText("中原工学院", 100, 100);
```

2. 设置对齐方式

可以通过 Context.TextAlign 属性来设置输出字符串的对齐方式，可选值为"left"（左对齐）、"center"（居中对齐）和"right"（右对齐）。

例如：

```
ctx.TextAlign = "center";
```

3. 设置边框宽度和颜色

可以通过设置 Canvas 的上下文 2D 对象的 strokeStyle 属性指定输出文字的颜色。

```
ctx.strokeStyle = "blue";
ctx.font = "40pt 隶书";
ctx.strokeText("中原工学院", 100, 100);
```

4. 填充字体内部

使用 strokeText()方法输出的文字是中空的，只绘制了边框。如果要填充文字内部，可以使用 fillText()方法，语法如下：

```
fillText(string text, float x, float y)
```

可以使用 Context.fillStyle 属性指定填充的颜色。

```
ctx.fillStyle = "blue";
```

【例 5-11】 渐变填充文字。

```
< canvas id = "myCanvas" height = 500 width = 500 >您的浏览器不支持 Canvas。</canvas >
< script type = "text/javascript">
function draw(){
    var c = document.getElementById("myCanvas");        //获取网页中的 Canvas 对象
    var ctx = c.getContext("2d");                       //获取 Canvas 对象的上下文
    var Colordiagonal = ctx.createLinearGradient(100,100, 300,100);
    Colordiagonal.addColorStop(0, "yellow");
    Colordiagonal.addColorStop(0.5, "green");
    Colordiagonal.addColorStop(1, "red");
    ctx.fillStyle = Colordiagonal;
    ctx.font = "60pt 隶书";
    ctx.fillText("中原工学院", 100, 100);
}
window.addEventListener("load", draw, true);
</script >
```

例 5-11 的运行结果如图 5-10 所示。

图 5-10　渐变填充文字

5.6　图形的操作

5.6.1　保存和恢复绘图状态

调用 Context.save()方法可以保存当前的绘图状态。Canvas 状态是以堆(stack)的方式保存绘图状态的,绘图状态包括如下内容。

- 当前应用的操作(如移动、旋转、缩放或变形)。
- strokeStyle、fillStyle、globalAlpha、lineWidth、lineCap、lineJoin、miterLimit、shadowOffsetX、shadowOffsetY、shadowBlur、shadowColor、globalCompositeOperation 等属性的值。
- 当前的裁切路径(clipping path)。

调用 Context.restore()方法可以从堆中弹出之前保存的绘图状态。

Context.save()方法和 Context.restore()方法都没有参数。

【例 5-12】　保存和恢复绘图状态。

```
< canvas id = "myCanvas" height = 500 width = 500 ></canvas >
< script type = "text/javascript">
function draw() {
var ctx = document.getElementById('myCanvas').getContext('2d');
ctx.fillStyle = 'red'
ctx.fillRect(0,0,150,150);                //使用红色填充矩形
ctx.save();                               //保存当前的绘图状态
ctx.fillStyle = 'green'
ctx.fillRect(45,45,60,60);                //使用绿色填充矩形
ctx.restore();                            //恢复之前保存的绘图状态,即 ctx.fillStyle = 'red'
ctx.fillRect(60,60,30,30);                //使用红色填充矩形
}
window.addEventListener("load", draw, true);
</script >
```

例 5-12 的运行结果如图 5-11 所示。

图 5-11　保存和恢复绘图状态

5.6.2　图形的变换

1. 平移 translate(x,y)

参数 x 是坐标原点向 X 轴方向平移的位移,参数 y 是坐标原点向 Y 轴方向平移的位移。

2. 缩放 scale(x,y)

参数 x 是 X 坐标轴缩放比例,参数 y 是 Y 坐标轴缩放比例。

3. 旋转 rotate(angle)

参数 angle 是坐标轴旋转的角度(角度变化模型和画圆的模型一样)。

4. 变形 setTransform()

可以调用 setTransform()方法对绘制的 canvas 图形进行变形,语法如下:

```
context.setTransform(m11, m12, m21, m22, dx, dy);
```

假定点(x, y)经过变形后变成了(X, Y),则变形的转换公式如下:

$$X = m11 \times x + m21 \times y + dx$$
$$Y = m12 \times x + m22 \times y + dy$$

【例 5-13】 图形的变换例子。

```
< canvas id = "myCanvas" height = 250 width = 250>您的浏览器不支持 Canvas。</canvas>
< script type = "text/javascript">
function draw(){
    var canvas = document.getElementById("myCanvas");      //获取网页中的 Canvas 对象
    var context = canvas.getContext("2d");                 //获取 Canvas 对象的上下文
    context.save();                                        //保存了当前 Context 的状态
    context.fillStyle = "#EEEEFF";
    context.fillRect(0, 0, 400, 300);
    context.fillStyle = "rgba(255,0,0,0.1)";
    context.fillRect(0, 0, 100, 100);                      //正方形
    //平移 1 缩放 2 旋转 3
    context.translate(100, 100);                           //坐标原点平移(100, 100)
    context.scale(0.5, 0.5);                               //X,Y 轴缩至原来的一半
    context.rotate(Math.PI / 4);                           //旋转 45°
    context.fillRect(0, 0, 100, 100);                      //平移缩放旋转后的正方形
    context.restore();                                     //恢复之前保存的绘图状态
    context.beginPath();                                   //开始绘图路径
    context.arc(200, 50, 50, 0, 2 * Math.PI, false);       //绘制圆
    context.stroke();
    context.fill();
}
window.addEventListener("load", draw, true);
</script>
```

例 5-13 的运行结果如图 5-12 所示。

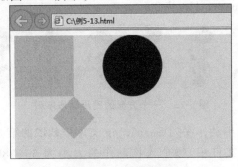

图 5-12 图形的变换

5.7 HTML5 Canvas 动画实例

在开发在线游戏时,绘制动画是非常重要的。本节介绍一个使用 Canvas API 实现的动画实例——游戏人物的跑步动画。

5.7.1 动画的概念及原理

1. 动画

动画是通过一幅幅静止的、内容不同的画面(即帧)快速播放来呈现的,使人们在视觉上产生生动的感觉。这是利用了人类眼睛的视觉暂留原理。利用人的这种生理特性可制作出具有高度想象力和表现力的动画影片。

2. 原理

人们在看画面时,画面会在大脑视觉神经中停留大约 1/24 秒,如果每秒更替 24 个画面或更多,那么前一个画面还没在人脑中消失之前,下一个画面进入人脑,人们就会觉得画面动起来了,它的基本原理与电影、电视一样,都是视觉原理。

在计算机上要实现动画效果,除了绘图外,还需要解决下面两个问题。

(1) 定期绘图,也就是每隔一段时间就调用绘图函数进行绘图。动画是通过多次绘图实现的,一次绘图只能实现静态图像。

可以使用 setInterval() 函数设置一个定时器,语法如下:

```
setInterval(函数名,时间间隔)
```

时间间隔的单位是毫秒(ms),每经过指定的时间间隔系统都会自动调用指定的函数完成绘画。

(2) 清除先前绘制的所有图形。物体已经移动开来,可原来的位置上还保留先前绘制的图形,这样当然不行。解决这个问题最简单的方法是使用 clearRect(x, y, width, height)方法清除画布中指定区域的内容。

图 5-13 是一个方向(一般都是 4 个方向)的跑步动作序列图。假如想获取一个姿态的位图,可利用 Canvas 的上下文 2D 对象的 drawImage(image, sourceX, sourceY, sourceWidth, sourceHeight, destX, destY, destWidth, destHeight)方法将源位图上某个区域(sourceX, sourceY, sourceWidth, sourceHeight)复制到目标区域的(destX, destY)坐标处,显示大小为(destWidth, destHeight)。

图 5-13　一个方向的跑步动作序列

【**例 5-14**】 实现从跑步动作序列 Snap1.jpg 文件中截取的第 3 个动作(帧)。

分析:在 Snap1.jpg 文件中,每个人物动作的大小为 60×80 px,所以截取源位图的 sourceX=120, sourceY=0, sourceWidth=60, sourceHeight=80 就是第 3 个动作(帧)。

```
< canvas id = "myCanvas" height = 250 width = 250 >您的浏览器不支持 Canvas。</canvas >
< script type = "text/javascript">
function draw()
{
    var canvas = document.getElementById("myCanvas");          //获取网页中的 Canvas 对象
    var context = canvas.getContext("2d");                     //获取 Canvas 对象的上下文
    var imageObj = new Image();                                //创建图像对象
    imageObj.src = "Snap1.jpg";
    imageObj.onload = function(){
    //从原图(120, 0)位置开始截取中间一块 60×80px 的区域,原大小显示在屏幕(0,0)处
    ctx.drawImage(imageObj, 120, 0, 60, 80, 0, 0, 60, 80);
    };
}
window.addEventListener("load", draw, true);
</script >
```

例 5-14 的运行结果如图 5-14 所示,在页面上仅仅显示第 3 个动作。

图 5-14 静态显示第 3 个动作

5.7.2 游戏人物的跑步动画

【例 5-15】 实现游戏人物的跑步动画。
首先定义一个 Canvas 元素,画布的长度和宽度都是 300px,代码如下:

```
<! DOCTYPE html >
< html >
< head >
< title >HTML5 Canvas 实现游戏人物的跑步动画</title >
</head >
< body >
< canvas id = "canvasId" width = "300" height = "300"></canvas >
</body >
</html >
```

在 JavaScript 代码中定义一个 Image 对象,用于显示 Snap1.jpg。然后定义一个 init()
函数,初始化 Image 对象,并设置定时器,代码如下:

```
< script type = "text/javascript">
    var imageObj = new Image();
    var x = 300;
    var n = 0;                              //计数器
    function init(){
        imageObj.src = 'Snap1.jpg';
        imageObj.onload = function(){        //图片加载成功
            setInterval(draw,100);}         //定时器,每隔 0.1 秒执行一次 draw()函数
    };
//此处省略 draw()函数的代码
    window.addEventListener("load", init, true);
</script >
```

107

使用了定时器,每隔100毫秒就会在Snap1.jpg图片截取一张60×80px大小的小图并绘制出来,且每次向左移15px,直到最左端时重新从右侧开始,不停循环,就可见游戏人物在屏幕上不停地奔跑。

下面分析draw()函数的实现。例5-14中仅仅显示人物的第三个动作,而为了实现动画,需要clearRect(x,y,width,height)不断清除先前绘制的动作图形,再绘制后续的动作。所以需要一个计数器n,记录当前绘制到第几动作(帧)了。

```
function draw()
{
    var canvas = document.getElementById("myCanvas");      //获取网页中的 Canvas 对象
    var ctx = canvas.getContext("2d");                     //获取 Canvas 对象的上下文
    ctx.clearRect(0,0,300,300);                            //清除 Canvas 画布
    //从原图(60 * n)位置开始截取中间一块 60×80px 的区域,显示在屏幕(x,0)处
    ctx.drawImage(imageObj, 60 * n, 0, 60, 80, x, 0, 60, 80);
    if(n > = 8){
        n = 0;
    }else{
        n++;
    }
    if(x > = 0){
        x = x - 30;                                        //前移 30px
    }else{
        x = 300;                                           //回到右侧
    }
}
```

例5-15的运行结果是一个游戏人物不停且重复地从右侧跑到左侧的动画。

5.7.3 雪花飘落动画

在HTML5中制作雪花飘落动画,需要使用Canvas画圆arc(x,y,r,start,stop)以构成圆形雪花;网页加载时,需要生成一定数量(如200个)的不同半径及位置的雪花,故半径、坐标为随机数;雪花在飘落过程中,其半径不变,坐标在一定幅度内变化。

制作雪花飘落动画,首先产生一个画布Canvas。

```
< script type = "text/javascript">
    var canvas = document.getElementById("myCanvas")
    var context = canvas.getContext("2d")                  //2d 即指二维平面
    var w = window.innerWidth
    var h = window.innerHeight
    canvas.width = w;
    canvas.height = h;
```

然后再生成200个雪花的对象组。当生成雪花时,每个雪花半径、位置都不同。如果把每个雪花当成一个对象,那么这个对象的属性就包含半径、坐标(X、Y)。一个雪花对象可以写成var snowOject={x: 1,y: 10,r: 5},代表一个坐标为(1,10)、半径为5的圆形雪花。

注意 本示例中由于半径和坐标都为随机数,故使用Math. random()方法分别为200个雪花生成半径、坐标(X、Y);动画有200个雪花,所以为了方便后面操作,就用一个数组保存这200个雪花对象。

```
var count = 200                          //雪花的个数
var snows = [ ]                          //雪花对象数组
for(var i = 0 ; i < count; i++){
    snows.push({
        x:Math.random() * w,             //Math.random()用于生成 0~1 的随机数
        y:Math.random() * h,
        r:Math.random() * 5,
    })
}
```

在绘制时设置雪花的样式。

```
function draw(){
    context.clearRect(0,0,w,h)
    context.beginPath()
    for(var i = 0; i < count; i++){
        var snow = snows[i];
        context.fillStyle = "rgb(255,255,255)"        //设置雪花的样式
        context.shadowBlur = 10;
        context.shadowColor = "rgb(255,255,255)";
        //moveTo 移动到指定的坐标
        context.moveTo(snow.x, snow.y);
        //使用 Canvas arc()创建一个圆形
        //x,y,r:圆的中心的 x 坐标和 y 坐标, r 为半径
        //0, Math.PI * 2 起始弧度和结束弧度
        context.arc(snow.x, snow.y, snow.r, 0, Math.PI * 2);
    }
    context.fill();                                    //画布填充
    move();
}
```

move()函数让雪花它们飘动起来,就是雪花不停地移动位置。超出页面则重新设置位置和雪花大小。

```
function move(){
    for(var i = 0; i < count; i++){
        var snow = snows[i];
        snow.y += (7 - snow.r)/10                      //从上往下飘落
        snow.x += ((5 - snow.r)/10)                    //从左到右飘落
        if(snow.y > h){                                //超出页面
            snows[i] = {
                x:Math.random() * w,
                y:Math.random() * h,
                r:Math.random() * 5,
            }
        }
    }
}
```

最后设置刷新频率。

```
setInterval(draw,10);                 //每隔 10 毫秒刷新一次
</script>
```

页面中定义一个 Canvas 元素，画布的长度和宽度都是 300px。

```
< body >
    < canvas id = "myCanvas" height = 500 width = 500 class = "my">您的浏览器不支持 Canvas
</canvas>
</body>
```

例子的运行结果如图 5-15 所示。

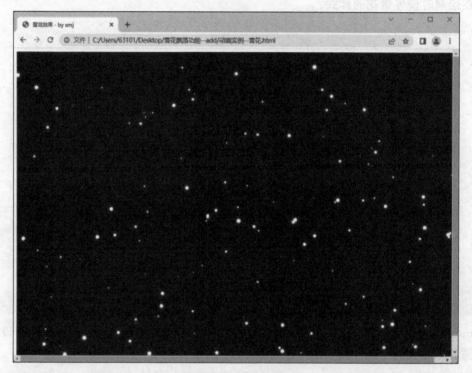

图 5-15　雪花飘落

第**6**章

CSS3和jQuery动画

CSS3 可以创建动画,也可以取代许多网页动画图像,如 Flash 动画和 JavaScript。同样,jQuery 可以很方便地在 HTML 元素上实现动画效果,如显示、隐藏、淡入淡出和滑动等。这无疑可以使页面活泼起来,实现很多吸引眼球的特效。本章学习这两种动画。

6.1　CSS3 语法基础

CSS 即 Cascading Style Sheet(层叠样式表)。在网页制作时采用层叠样式表技术,可以有效地对页面的布局、字体、颜色、背景和其他效果实现更加精确地控制。CSS3 是 CSS 技术的升级版本,CSS3 语言开发是朝着模块化发展的,更多新的模块被加入进来。这些模块包括盒子模型、列表模块、超链接方式、语言模块、背景和边框、文字特效、多栏布局等。

使用 CSS 的好处在于用户只需要一次性定义文字的显示样式,就可以在各个网页中统一使用了,这样既避免了用户的重复劳动,也可以使系统的界面风格统一。

6.1.1　CSS 基本语句

CSS 层叠样式表一般由若干条样式规则组成,以告诉浏览器应怎样去显示一个文档。而每条样式规则都可以看作是一条 CSS 的基本语句。

一条 CSS 的基本语句的结构如下:

```
选择器{
    属性名:值;
    属性名:值;
    …
}
```

例如:

```
div{
width:100px;
font - size:16pt;
color:red
}
```

其中,width 设置宽度,把 div 元素宽度设置为 100px;font-size 设置字体大小,把字体设置为 16 点;color 设置文字的颜色,颜色设置为红色。

基本语句都包含一个选择器(Selector),用于指定在 HTML 文档中哪种 HTML 标记元素(如 body、p 或 h3)套用大括号内的属性设置。每个属性带一个值,共同描述这个选择器应该如何显示在浏览器中。

6.1.2 在 HTML 文档中应用 CSS 样式

1. 内部样式表

在网页中可以使用 style 元素定义一个内部样式表,指定该网页内元素的 CSS 样式。

【例 6-1】 使用内部样式表。

```
< HTML >
< HEAD >
< STYLE type = "text/css">
    A {color: red}
    P {background - color: yellow; color:white}
</STYLE >
</HEAD >
< BODY >
< A href = "http://www.zut.edu.cn"> CSS 示例</A >
<P>你注意到这一段文字的颜色和背景颜色了吗?</P>
</BODY ></HTML >
```

2. 样式表文件

一个网站包含很多网页,通常这些网页都使用相同的样式,如果在每个网页中重复定义样式表,那显然是很麻烦的。可以定义一个样式表文件,样式表文件的扩展名为.css(如style.css),然后在所有网页中引用样式表文件,应用其中定义的样式表。

在 HTML 文档中可以使用 link 元素引用外部样式表。

【例 6-2】 演示外部样式表的使用。

创建一个 style.css 文件,内容如下:

```
A {color: red}
P {background - color: blue; color:white}
```

引用 style.css 的 HTML 文档的代码如下:

```
< HTML >
< HEAD >
< link rel = "stylesheet" type = "text/css" href = "style.css" />
</HEAD >
< BODY >
< A href = " http://www.zut.edu.cn "> CSS 示例</A >
<P>你注意到这一段文字的颜色和背景颜色了吗?</P>
</BODY ></HTML >
```

6.1.3　CSS 选择器

在 CSS 中,选择器用于选择需要添加样式的元素。选择器主要有 3 种。

1. 标记选择器

一个完整的 HTML 页面是由很多不同的标记元素组成的,如 body、p 或 h3。而标记选择器,则决定哪些标记元素采用相应的 CSS 样式。

例如,在 style.css 文件中对 p 标记样式的声明如下:

```
p{
font – size:12px;
background:#900;
color:090;
}
```

页面中所有 p 标记的背景都是#900(红色),文字大小均是 12px,颜色均为#090(绿色),这在后期维护中,如果想改变整个网站中 p 标记背景的颜色,只需要修改 background 属性就可以了。

2. 类别选择器

在定义 HTML 元素时,可以使用 class 属性指定元素的类别。在 CSS 中可以使用.class 选择器选择指定类别的 HTML 元素,方法如下:

```
.类名
{
    属性:值;…属性:值;
}
```

在 HTML 中,标记元素可以定义一个 class 的属性,代码如下:

```
< div class = "demoDiv">这个区域字体颜色为红色</div>
< p class = "demoDiv">这个段落字体颜色为红色</p>
```

CSS 的类选择器根据类名来选择,前面以“.”来标志,代码如下:

```
.demoDiv{
color:#FF0000;
}
```

通过浏览器浏览,可以发现所有 class 属性为 demoDiv 的元素都应用了这个样式。其中包括页面中的 div 元素和 p 元素。

3. ID 选择器

使用 ID 选择器可以根据 HTML 元素的 ID 选取 HTML 元素。所谓 ID,就是相当于 HTML 文档中的元素的“身份证”,以保证其在一个 HTML 文档中具有唯一性。这给使用 JavaScript 等脚本编写语言的应用带来了方便。要将一个 ID 包括在样式定义中,需要“#”号作为 ID 名称的前缀。例如,将 id="highlight"的元素设置背景为黄色的代码如下:

```
#highlight{background – color:yellow;}
```

6.2 CSS3 动画

CSS3 动画效果有变形(transform)、过渡变换(transition)和动画(animation)。

6.2.1 变形

CSS3 变形可以旋转、缩放、扭曲(反过来)、移动和拉伸元素,语法形式如下:

```
transform: rotate | scale | skew | translate | matrix;
```

其中,rotate:旋转,scale:缩放,skew:扭曲,translate:移动,matrix:矩阵变形。

(1) rotate:顺时针旋转元素一个给定的度数。负值是允许的,这时表示元素是逆时针旋转。

【例 6-3】 旋转< div >元素 30°。

```
< html >
< head >
< style >
div{
    width:200px;      height:100px;
    background - color:yellow;
    /* 旋转 div */
    transform:rotate(30deg);                  /* 标准语法 */
    - ms - transform:rotate(30deg);           /* IE 9 */
    - webkit - transform:rotate(30deg);       /* Safari and Chrome */
}
</style>
</head>
< body >
< div > Hello </div >
</body ></html >
```

浏览器效果如图 6-1 所示。rotate 值(30deg)使元素< div >顺时针旋转 30°。

(2) scale 使元素按比例增加或减少,取决于宽度(X 轴)和高度(Y 轴)的参数。

图 6-1 旋转< div >元素 30°

【例 6-4】 按比例缩放 div 元素。

```
div
{
- ms - transform:scale(2,3);                  /* IE 9 */
- webkit - transform: scale(2,3);             /* Safari */
transform: scale(2,3);                        /* 标准语法 */
}
```

scale(2,3)转变 div 元素宽度为原来大小的 2 倍,高度为原来大小的 3 倍。

(3) skew:扭曲。

语法如下:

```
transform: skew(angle[,angle]);
```

它包含两个参数值,分别表示 X 轴和 Y 轴倾斜的角度,如果第二个参数为空,则默认为 0,参数为负表示向相反方向倾斜。

skewX(angle)表示只在 X 轴(水平方向)倾斜。

skewY(angle)表示只在 Y 轴(垂直方向)倾斜。

【例 6-5】 将 div 元素在 X 轴和 Y 轴上倾斜 30°和 20°。

```
div
{
transform: skew(30deg,20deg);              /* 标准语法 */
-ms-transform: skew(30deg,20deg);          /* IE 9 */
-webkit-transform: skew(30deg,20deg);      /* Safari and Chrome */
}
```

以上 skew(30deg,20deg)表示将 div 元素在 X 轴和 Y 轴上倾斜 30°和 20°。

(4) translate:可以将元素沿水平方向(X 轴)和垂直方向(Y 轴)移动,具体可以分为以下 3 种情况。

translateX(x):元素仅在水平方向移动(X 轴移动)。

translateY(y):元素仅在垂直方向移动(Y 轴移动)。

transklate(x,y):元素在水平方向和垂直方向同时移动(X 轴和 Y 轴同时移动)。

其中,参数 x 表示元素在水平方向(X 轴)的移动距离,当 x 为正时,表示元素在水平方向向右移动(X 轴正方向);当 x 为负时,表示元素在水平方向向左移动(X 轴负方向)。参数 y 表示元素在垂直方向(Y 轴)的移动距离,当 y 为正时,表示元素在垂直方向向下移动;当 y 为负时,表示元素在垂直方向向上移动。

在 W3C 规定中,坐标系中 X 轴正方向向右,Y 轴正方向向下。移动单位为 px、em 或百分比等。当参数 x、y 为百分比时,相当于以元素本身宽度、高度的百分比计算移动距离。

注意　在 CSS3 中,所有变形方法都是属于 transform 属性,因此所有关于变形的方法前面都要加上"tranform:",以表示"变形"处理。

例如:

```
transform:translate(0,100%);
```

表示从元素的当前位置沿 Y 轴方向,向下移动整个元素高度的距离。

```
transform:translate(-20px,0):
```

表示从元素的当前位置沿 X 轴方向,向左移动 20px。

(5) matrix:将 2D 变换方法合并成一个。matrix 有 6 个参数,包含旋转、缩放、移动(平移)和倾斜功能。

【例 6-6】 利用 matrix()方法旋转 div 元素 30°。

```
div
{
transform:matrix(0.866,0.5,-0.5,0.866,0,0);           /* 标准语法 */
-ms-transform:matrix(0.866,0.5,-0.5,0.866,0,0);       /* IE 9 */
-webkit-transform:matrix(0.866,0.5,-0.5,0.866,0,0);   /* Safari and Chrome */
}
```

6.2.2　过渡变换

CSS3 过渡是元素从一种样式逐渐改变为另一种样式的效果,transition 主要包含 5 个属性值,如表 6-1 所示。

表 6-1　transition 的主要属性

属　　性	描　　述
transition	简写属性,用于在一个属性中设置 4 个过渡属性
transition-property	规定应用过渡的 CSS 属性的名称
transition-duration	定义过渡效果花费的时间,默认是 0
transition-timing-function	规定过渡效果的时间曲线,默认是 ease
transition-delay	规定过渡效果何时开始,默认是 0

CSS3 过渡必须规定两项内容:指定要添加效果的 CSS 属性和效果的持续时间。

【例 6-7】　应用于宽度属性的过渡效果,时长为 2 秒。

```
div
{
    transition:width 2s;            /* 应用于宽度属性,效果过程 2 秒 */
    - webkit - transition:width 2s;  /* Safari */
}
```

如果未指定期限,transition 将没有任何效果,因为默认值是 0。
一个典型的 CSS 属性的变化是用户鼠标放在一个元素上时。

【例 6-8】　规定当鼠标指针悬浮于 div 元素上时宽度会发生变化。

```
div:hover                                          /* hover 可以触发执行动画过渡 */
{
    width:300px;
}
```

当鼠标光标移动到该元素时,它逐渐改变它原有的宽度。

【例 6-9】　在一个例子中演示使用所有过渡属性。

```
< html >
< head >
< meta charset = "utf - 8">
< style >
div
{
    width:100px;
    height:100px;
    background:red;
    transition - property:width;            /* 应用于宽度属性 */
    transition - duration:1s;               /* 效果过程 1 秒 */
    transition - timing - function:linear;   /* 过渡效果的时间曲线 */
    transition - delay:2s;                   /* 效果延时 2 秒 */
    /* Safari 是操作系统 macOS X 中的浏览器 */
    - webkit - transition - property:width;
    - webkit - transition - duration:1s;
    - webkit - transition - timing - function:linear;
    - webkit - transition - delay:2s;
}
div:hover
{
    width:200px;
```

```
}
</style>
</head>
<body>
<div></div>
<p>鼠标移动到 div 元素上,查看过渡效果。</p>
<p><b>注意:</b>过渡效果需要等待两秒后才开始。</p>
</body></html>
```

当然,div 样式可以如下简写:

```
div
{
    transition:width 1s linear 2s;
    -webkit-transition:width 1s linear 2s;          /* Safari */
}
```

与上面的例子有相同的过渡效果,只是使用了简写的 transition 属性。

6.2.3　动画

动画(Animation)是使元素从一种样式逐渐变化到另一种样式的效果。可用百分比来规定变化发生的时间,或用关键词"from"和"to",等同于 0% 和 100%。0% 是动画的开始,100% 是动画的完成。

【例 6-10】　当动画为 25% 和 50% 时改变背景色,然后当动画 100% 完成时再次改变。

```
<html>
<head>
<style>
div
{
    width:100px;      height:100px;
    background:red;
    animation:myfirst 5s;
}
@keyframes myfirst
{
    0%      {background:red;}
    25%     {background:yellow;}
    50%     {background:blue;}
    100%    {background:red;}
}
</style>
</head>
<body>
<div></div>
<p><b>注释:</b>当动画完成时,会变回初始的样式。</p>
</body></html>
```

Animation 中的"@keyframes"起到关键帧的作用,使用过 Flash 的读者可能对这个并不陌生。如果要控制第一个时间段执行什么动作,第二个时间段执行什么动作(转换到 Flash 中,就是第一帧要执行什么动作,第二帧要执行什么动作),则需要这样的一个"关键帧"来控制。那么 CSS3 的 Animation 就是由 keyframes 这个属性来实现这样的效果。

@keyframes 具有自己的语法规则,它的命名是由"@keyframes"开头的,后面紧接着是这个"动画的名称"加上一对大括号"{}",括号中就是一些不同时间段样式规则,有点像CSS 的样式写法。对于一个"@keyframes"中的样式规则是由多个百分比构成的,如 0%～100%可以在这个规则中创建多个百分比,分别给每一个百分比中需要有动画效果的元素加上不同的属性,从而让元素达到一种不断变化的效果(如移动,改变元素颜色、位置、大小、形状等)。需要注意的是,可以使用"from""to"来代表一个动画是从哪开始,到哪结束,也就是说"from"相当于"0%",而"to"相当于"100%"。

【例 6-11】 Animation 中同时改变背景色和位置。

```
@keyframes myfirst
{
    0%      {background: red; left:0px; top:0px;}
    25%     {background: yellow; left:200px; top:0px;}
    50%     {background: blue; left:200px; top:200px;}
    75%     {background: green; left:0px; top:200px;}
    100%    {background: red; left:0px; top:0px;}
}
@-webkit-keyframes myfirst /* Safari 与 Chrome */
{
    0%      {background: red; left:0px; top:0px;}
    25%     {background: yellow; left:200px; top:0px;}
    50%     {background: blue; left:200px; top:200px;}
    75%     {background: green; left:0px; top:200px;}
    100%    {background: red; left:0px; top:0px;}
}
```

下面使用 CSS3 的 Animation 动画制作一个雪花飘落的特效。这里雪花采用现成两种图片表示。程序使用定时器每隔 0.5 秒产生一幅雪花图片,雪花在 5 秒后消失。运行效果如图 6-2 所示。

```
<!DOCTYPE HTML>
<html>
    <head>
        <meta charset="UTF-8" />
        <title> snowing snow </title>
        <style>
            body{
                background: #eee;
            }
            @keyframes mysnow{
                0%{bottom:100%;opacity:0;}
                50%{opacity:1;transform: rotate(1080deg);}
                100%{transform: rotate(0deg);opacity: 0;bottom:0;}
            }
            .roll{
                position:absolute;
                opacity:0;
                animation: mysnow 5s;
                height:80px;
            }
            .div{position:fixed;}
        </style>
```

```
</head>
<body>
    <div id = "snowzone">
        雪花飘落
    </div>
</body>
<script>
    function snow(left,height,src){
        var div = document.createElement("div");          //产生一个新的<div>元素
        var img = document.createElement("img");          //产生一个新的<img>元素
        div.appendChild(img);                             //将img加入div分区中
        img.className = "roll";
        img.src = src;                                    //图片文件名
        div.style.left = left + "px";                     //设置div位置
        div.style.height = height + "px";
        div.className = "div";
        //DOM对象找到<div id = "snowzone">,往里面添加新产生的<div>子元素
        document.getElementById("snowzone").appendChild(div);
        setTimeout(function(){
            document.getElementById("snowzone").removeChild(div);
        },5000);                                          //新产生的div在5秒后消失
    }
    setInterval(function(){
        var left = Math.random() * window.innerWidth;
        var height = Math.random() * window.innerHeight;
        //两张图片分别为"s1.png"和"s2.png",随机挑选一张图片
        var src = "s" + Math.floor(Math.random() * 2 + 1) + ".png";
        snow(left,height,src);
    },500);                                               //0.5秒产生一个雪花
</script>
<html>
```

图 6-2　Animation 制作一个雪花飘落的特效

119

表 6-2 列出 Animation 的主要属性。

表 6-2 Animation 的主要属性

属　　性	描　　述
animation	所有动画属性的简写属性,除了 animation-play-state 属性
animation-name	规定@keyframes 动画的名称
animation-duration	规定动画完成一个周期所花费的时间(秒或毫秒),默认是 0
animation-timing-function	规定动画的速度曲线,默认是 ease
animation-delay	规定动画何时开始,默认是 0
animation-iteration-count	规定动画被播放的次数,默认是 1
animation-direction	规定动画是否在下一个周期逆向播放,默认是 normal
animation-play-state	规定动画是否正在运行或暂停,默认是 running

【例 6-12】 myfirst 动画中演示使用 Animation 所有的属性。

```html
<html>
<head>
<meta charset="utf-8">
<style>
div
{
    width:100px;
    height:100px;
    background:red;
    position:relative;
    animation-name:myfirst;                     /* 规定@keyframes 动画的名称 */
    animation-duration:5s;                      /* 动画的持续时间为 5s */
    animation-timing-function:linear;
    animation-delay:2s;
    animation-iteration-count:infinite;  /* 动画无限次数地播放 */
    animation-direction:alternate;             /* 动画在奇数次正向播放,在偶数次反向播放 */
    animation-play-state:running;
    /* Safari and Chrome: */
    -webkit-animation-name:myfirst;
    -webkit-animation-duration:5s;
    -webkit-animation-timing-function:linear;
    -webkit-animation-delay:2s;
    -webkit-animation-iteration-count:infinite;
    -webkit-animation-direction:alternate;
    -webkit-animation-play-state:running;
}
@keyframes myfirst
{
    0%      {background:red; left:0px; top:0px;}
    25%     {background:yellow; left:200px; top:0px;}
    50%     {background:blue; left:200px; top:200px;}
    75%     {background:green; left:0px; top:200px;}
    100%    {background:red; left:0px; top:0px;}
}
```

```
@ - webkit - keyframes myfirst / * Safari and Chrome * /
{
    0 %      {background:red; left:0px; top:0px;}
    25 %     {background:yellow; left:200px; top:0px;}
    50 %     {background:blue; left:200px; top:200px;}
    75 %     {background:green; left:0px; top:200px;}
    100 %    {background:red; left:0px; top:0px;}
}
</style>
</head>
< body >
< div >大家好</div >
</body>
</html>
```

运行后可以看到 $100 \times 100px$ 的正方形方块在沿着一个 $200 \times 200px$ 的正方形的四边循环移动。

当然,div 样式可以如下简写:

```
div
{
    animation: myfirst 5s linear 2s infinite alternate;
    / * Safari 与 Chrome: * /
    - webkit - animation: myfirst 5s linear 2s infinite alternate;
}
```

效果与上面的动画相同,但是使用了简写的动画 Animation 属性。

6.3　jQuery 基础

视频讲解

jQuery 是一个开源的、轻量级的 JavaScript 脚本库,它能够将一些工具方法或对象方法封装在类库中,并提供强大的功能函数和丰富的用户界面设计能力。近年来,jQuery 在 Web 前端开发技术中已经广为人知。本节介绍 jQuery 的基础知识。

jQuery 库可以通过一行简单的标记被添加到网页中。

引用 jQuery 官网在线脚本的方法如下:

```
< script src = "https://code. jquery. com/jquery - 3.1.1. min. js"></script >
< script >
    //jQuery 语句
…
</script >
```

当然,可以把 jquery. js 下载到本地,如下引用本地的 jQuery 脚本。

```
< script src = "jquery. js"></script >
< script >
    //jQuery 语句
…
</script >
```

6.3.1 认识 jQuery 语法

jQuery 语法是为选取 HTML 元素而编制的,可以对元素执行某些操作,jQuery 的基本语法如下:

```
$(selector).action()
```

美元符号 $ 定义 jQuery,选择符(selector)选取相应 HTML 元素,action()方法是执行对元素的某种操作。

示例:

$(this).hide()方法,用于隐藏当前元素。

$("p").hide()方法,用于隐藏所有段落。

$(".test").hide()方法,用于隐藏类别 class="test"的所有元素。

$("♯test").hide()方法,用于隐藏所有 id="test"的元素。

6.3.2 元素的属性与文本内容控制

1. attr()方法

使用 attr()方法可以访问匹配的 HTML 元素的指定属性,语法如下:

```
attr(属性名)
```

attr()方法的返回值就是 HTML 元素的属性值。

假如网页中有<img id="id_img" src="01.jpg">,则 $("♯id_img").attr("src")可以获取<img >的"src"属性值。

attr()方法的主要使用方法如表 6-3 所示。

表 6-3   attr()方法的主要使用方法

用　　　法	说　　　明
attr(properties)	以键/值对的形式设置匹配元素的一组属性。例如,可以使用下面的代码设置所有 img 元素的 src、title 和 alt 属性: $("img").attr({ 　src:"/images/hat.gif", 　title:"jQuery", 　alt:"jQueryLogo"});
attr(key,value)	以键/值对的形式设置匹配元素的指定属性,其中 key 指定属性名,value 指定属性值。例如,可以使用下面的代码禁用所有按钮: $("button").attr("disabled",true);
attr(key,fn)	以回调函数的形式设置匹配元素的指定属性为计算值,其中 key 指定属性名,fn 指定返回属性值的函数。例如: $("img").attr("src",function(){ 　return "/images/" + this.title; });

2. 使用 removeAttr()方法删除 HTML 元素的属性

removeAttr()方法的语法如下：

```
removeAttr(属性名);        //其中属性名是要移除的属性
```

removeAttr()方法可以移除一个或多个属性。如需移除若干个属性,可使用空格分隔属性名。

例如,下面代码移除所有<p>元素的样式属性。

```
<script>
 $(document).ready(function(){
     $("button").click(function(){
         $("p").removeAttr("style");
     });
});
</script>
<p style="font-size:120%;color:red">这是一个段落.</p>
<p style="font-weight:bold;color:blue">这是另一个段落。</p>
```

程序运行后,段落文字变成默认字体效果。

3. 使用 text()方法设置 HTML 元素的文本内容

text()方法的语法如下：

```
text(文本内容)
```

【例 6-13】　在图片上单击后在 div 中显示出图片的文件名。

```
<!DOCTYPE html>
<html>
<head>
<script src="jquery.js"></script>
<script>
    $(document).ready(function(){
        $("#id_img").click(function() {
            $("#div_filename").text($("#id_img").attr("src"));
            });
        });
</script>
</head>
<body>
<img id="id_img" src="01.jpg">
<div id="div_filename">div_filename</div>
</body>
```

上例程序中 $("#id_img").attr("src")获取 src 属性值后,通过 text()方法设置 HTML 元素<div>的内容。所以当单击图片时,<div>中显示出图片的文件名"01.jpg"。

6.3.3　CSS 样式控制

在 jQuery 中,可以通过 DOM 对象设置 HTML 元素的 CSS 样式。

1. 使用 css()方法获取和设置 CSS 属性

使用 css()方法获取 CSS 属性的语法如下：

```
值 = jQuery 对象.css(属性名);
```

使用 css()方法设置 CSS 属性的语法如下：

```
jQuery 对象.css(属性名,值);
```

例如：

```
$ ("p").css("border","3px solid red");
```

2. 与 CSS 类别有关的方法

（1）addClass()方法。

使用 addClass()方法可以为匹配的 HTML 元素添加类别属性,语法如下：

```
jQuery 对象.addClass(className)
```

className 是要添加的类别名称。

【例 6-14】 向第一个<p>元素添加一个类别 intro。

```
<!DOCTYPE html>
<html>
<head>
<meta charset = "utf - 8">
<script src = "jquery.js"></script>
<script>
$ (document).ready(function(){
    $ ("button").click(function(){
        $ ("p:first").addClass("intro"); //向第一个<p>元素添加一个类别 intro
    });
});
</script>
<style>
.intro{
    font - size:150 % ;
    color:red;
}
</style>
</head>
<body>
<p>这是一个段落.</p>
<p>这是另一个段落.</p>
<button>添加类名</button>
</body>
</html>
```

单击后给第一个<p>元素添加一个 CSS 类名.intro,所以字体放大到150%,字体颜色为红色。

（2）hasClass()方法。

使用 hasClass()方法可以判断匹配的元素是否拥有指定的类别,语法如下：

```
jQuery 对象.hasClass(className)
```

如果匹配的元素拥有名为 className 的类别,则 hasClass()方法返回 True；否则返回 False。

（3）removeClass()方法。

使用 removeClass()可以为匹配的 HTML 元素删除指定的 class 属性,语法如下：

```
jQuery 对象.removeClass(className)
```

className 是要删除的类别名称。

【例 6-15】 演示用 removeClass()方法来移除一个类别 intro,并使用 addClass()方法添加一个新的类别名 main。

```
< html >
< head >
< meta charset = "utf - 8">
< script src = "jquery. js"></script >
< script >
 $ (document). ready(function(){
     $ ("button"). click(function(){
         $ ("p:last"). removeClass("intro"). addClass("main");
     });
});
</script >
< style >
. intro{color:red;}
. main{background - color:yellow;}
</style >
</head >
< body >
<p>这是另一个段落.</p>
< p class = "intro">这是一个段落.</p>
< button >修改第二个<p>元素的类名</button >
</body >
</html >
```

单击"修改第二个< p >元素的类名"按钮后,可见第二个段落的字体的颜色红色消失而出现背景色黄色。

(4) toggleClass()方法。

检查匹配的 HTML 元素中指定的 class 类别。如果不存在则添加 class 类别;如果已存在则将其删除。也就是执行切换操作,语法如下:

```
jQuery 对象.toggleClass(className)
```

className 是要切换的类别名称。

【例 6-16】 toggleClass()方法使用实例。

```
< html >< head >
< meta charset = "utf - 8">
< script src = "jquery. js"></script >
< script >
 $ (document). ready(function(){
     $ ("button"). click(function(){
         $ ("p"). toggleClass("main");
     });
});
</script >
< style >
. main{
    font - size:120 % ;
```

```
        color:red;
    }
</style></head>
<body>
<button>转换<p>元素的"main"类</button>
<p>这是一个段落。</p>
<p>这是另一个段落。</p>
<p><b></p>
</body>
</html>
```

 单击按钮多次来查看切换的效果。

3. 获取和设置 HTML 元素的尺寸

（1）height()方法。

获取和设置元素的高度。

获取高度的语法如下：

```
value = jQuery 对象.height();
```

设置高度的语法如下：

```
jQuery 对象.height(value);
```

（2）width()方法。

获取和设置元素的宽度。

获取宽度的语法如下：

```
value = jQuery 对象.width();
```

设置宽度的语法如下：

```
jQuery 对象.width(value);
```

【例 6-17】 通过两个按钮获取 HTML 段落、文档的高度信息。

```
<html>
<head>
<style>
    button{font - size:12px; margin:2px;}
    p{width:150px; border:1px red solid;}
    div{color:red; font - weight:bold;}
</style>
<script src = "jquery.js"></script>
</head>
<body>
<button id = "getp">获取段落尺寸</button>
<button id = "getd">获取文档尺寸</button>
<div> </div>
<p>用于测试尺寸的段落。</p>
<script>
    function showHeight(ele, h) {
        $ ("div").text(ele + "的高度为" + h + "px.");
```

```
    }
    $("#getp").click(function () {
        showHeight("段落", $("p").height());
    });
    $("#getd").click(function () {
        showHeight("文档", $(document).height());
    });
</script>
</body>
</html>
```

4. 获取和设置元素的位置

（1）offset()方法。

获取和设置元素在当前窗口中的相对偏移（坐标）。

获取坐标的语法如下：

```
value = jQuery 对象.offset();
```

设置坐标的语法如下：

```
jQuery 对象.offset(value);
```

（2）position()方法。

获取和设置元素相对父元素的偏移（坐标）。

获取坐标的语法如下：

```
value = jQuery 对象.position();
```

设置坐标的语法如下：

```
jQuery 对象.position(value);
```

6.3.4　元素的操作

jQuery 可以用于增加新元素、删除元素和内容。

1. 增加新元素

通过 jQuery 可以很容易地添加新元素。添加新元素的 4 个 jQuery 方法。

（1）append()方法用于在被选元素的结尾插入新元素，可以通过参数接收多个的新元素。

（2）prepend()方法用于在被选元素的开头插入新元素。

（3）after()方法用于在被选元素之后插入新元素。

（4）before()方法用于在被选元素之前插入新元素。

例如：

```
$("p").append("<p>Text.</p>");          //jQuery append()方法在被选元素的结尾插入内容
var txt1 = "<p>Text.</p>";               //以 HTML 创建新元素
var txt2 = $("<p></p>").text("Text.");   //以 jQuery 创建新元素
var txt3 = document.createElement("p");  //以 DOM 创建新元素
txt3.innerHTML = "Text.";
$("p").append(txt1,txt2,txt3);           //append()方法追加多个新元素
```

2. 删除元素和内容

如需删除元素和内容,一般可使用以下两个 jQuery 方法。

(1) remove()方法用于删除被选元素(及其子元素)。

(2) empty()方法用于从被选元素中删除子元素。

例如:

```
$("#div1").remove();          //删除被选中 ID 是 div1 的元素
```

下面代码实现使用 empty()方法将< div id="div1">中的所有内容清空。

```
<script>
$(document).ready(function(){
    $("button").click(function(){
        $("#div1").empty();
    });
});
</script>
</head>
<body>
<div id="div1" style="height:100px;width:300px;border:1px solid black;background-color:
yellow;">
    This is some text in the div.
    <p>This is a paragraph in the div.</p>
    <p>This is another paragraph in the div.</p>
</div>
<button>清空 div 元素</button>
```

6.3.5 事件和 Event 对象

jQuery 支持的事件包括键盘事件、鼠标事件、表单事件、文档加载事件和浏览器事件等,jQuery 可以很方便地使用 Event 对象对触发的元素事件进行处理。

1. 事件处理函数

事件处理函数指触发事件时调用的函数,可以通过下面的方法指定事件处理函数。

```
jQuery 选择器. 事件名(function() {
<函数体>
…
} );
```

例如,前面多次使用 $(document). ready()方法指定文档对象的 ready 事件处理函数。ready 事件在文档对象就绪的时候被触发。

2. Event 对象

根据 W3C 标准,jQuery 的事件系统支持 Event 对象。Event 对象的主要属性如表 6-4 所示。

表 6-4 Event 对象的主要属性

属　性	说　明

currentTarget	触发事件的当前元素。例如,下面的代码在单击 p 元素时将弹出一个显示 true 的对话框:
	`$("p").click(function(event){`
	`alert(event.currentTarget === this);      //True`
	`});`

续表

属　　性	说　　明
data	传递给正在运行的事件处理函数的可选数据
delegateTarget	正在运行的事件处理函数绑定的元素
namespace	触发事件时指定的命名空间
pageX/pageY	鼠标与文档边缘的距离
relatedTarget	事件涉及的其他 DOM 元素(如果有的话)
result	返回事件处理函数的最后返回值
target	初始化事件的 DOM 元素
timeStamp	浏览器创建事件的时间与 1970 年 1 月 1 日的时间差,单位为 ms
type	事件类型
which	用于键盘事件和鼠标事件,表示按下的键或鼠标按钮

【例 6-18】 通过鼠标移动事件获取鼠标位置坐标信息。

```html
<html>
<head>
<style>
    div{color:red;}
</style>
<script type = "text/javascript" src = "jquery.js"></script>
</head>
<body>
<div id = "mouse"></div>
<script>
$(document).mousemove(function(event){
$("#mouse").text("鼠标 event.pageX: " + event.pageX + ", event.pageY: " + event.pageY);
});
</script>
</body>
</html>
```

程序在 document 对象的 mousemove 事件的处理函数中显示 Event 对象的 pageX 和 pageY 属性值。当移动鼠标时,会在页面中显示鼠标 的位置信息,如图 6-3 所示。

鼠标event.pageX: 329, event.pageY: 41

图 6-3　在页面中显示鼠标的位置信息

3. 绑定事件处理函数

可以使用 bind()方法为每一个匹配元素的特定事件(如 click)绑定一个事件处理函数。事件处理函数会接收到一个事件对象。

bind()方法的语法如下:

```
bind(type,[data],fn)
```

参数说明如下。

type:事件类型。

data:可选参数,作为 event.data 属性值传递给事件对象的额外数据对象。

fn:绑定到指定事件的事件处理函数。

【例 6-19】 通过使用 bind()方法给按钮绑定事件处理函数。

```html
<html>
<head>
```

```
< script type = "text/javascript" src = "/jquery/jquery.js"></script>
< script type = "text/javascript">
 $ (document).ready(function(){
     $ ("button").bind("click",function(){
         $ ("p").hide();
     });
});
</script>
</head>
< body >
< p > This is a paragraph.</p>
< button >请单击这里</button>
</body>
</html>
```

当单击按钮后,段落文字"This is a paragraph."被隐藏起来。

【例 6-20】 通过使用 bind()方法给按钮绑定事件处理函数并附加数据。

```
< html >
< head >
< script type = "text/javascript" src = "jquery.js"></script>
< script >
    function handler(event) {
        alert(event.data.sex);
    }
    $ (document).ready(function(){
        $ ("input").bind("click", {sex: "男"}, handler);
    });
</script>
</head>
< body >
< input id = "name"></input >
</body>
</html>
```

在 click 单击事件中,附加参数名为 sex,参数值为"男"的信息。单击后输入框出现如图 6-4 所示的界面。

图 6-4　显示附加信息

4. 键盘事件

jQuery 提供的键盘事件如表 6-5 所示。

表 6-5　jQuery 提供的键盘事件

方　法	说　明
focusin()	绑定到 focusin 事件处理函数的方法,focusin 事件当光标进入 HTML 元素时触发
focusout()	绑定到 focusout 事件处理函数的方法,focusout 事件当光标离开 HTML 元素时触发

续表

方　　法	说　　明
keydown()	绑定到 keydown 事件处理函数的方法,keydown 事件当按下按键时触发
keypress()	绑定到 keypress 事件处理函数的方法,keypress 事件当按下并放开按键时触发
keyup()	绑定到 keyup 事件处理函数的方法,keyup 事件当放开按键时触发

【例 6-21】　键盘事件实例。

```html
< html >
< head >
< script type = "text/javascript" src = "jquery.js"></script>
< script type = "text/javascript">
$ (document).ready(function(){
    $ ("input").keydown(function(){
        $ ("input").css("background-color","#FFFFCC");
    });
    $ ("input").keyup(function(){
        $ ("input").css("background-color","#D6D6FF");
    });
});
</script>
</head>
< body>请随意键入一些字符:< input type = "text" /></body>
</html>
```

当在输入框中输入内容,此时发生 keydown 和 keyup 事件时,输入框会改变颜色。

【例 6-22】　获取按键的 ASCII 码。

```html
< html >
< head >
< script type = "text/javascript" src = "jquery.js"></script>
< script type = "text/javascript">
$ (document).ready(function(){
    $ ("input").keydown(function(event){
        $ ("div").html("Key: " + event.which);
    });
});
</script>
</head>
< body>请随意键入一些字符:< input type = "text" />
<p>当您在上面的框中键入文本时,下面的 div 会显示键位序号。</p>
< div />
</body>
</html>
```

event.which 属性指示按了哪个键或鼠标按钮。当在输入框中输入字符时,下面的 div 会显示对应的 ASCII,效果如图 6-5 所示。

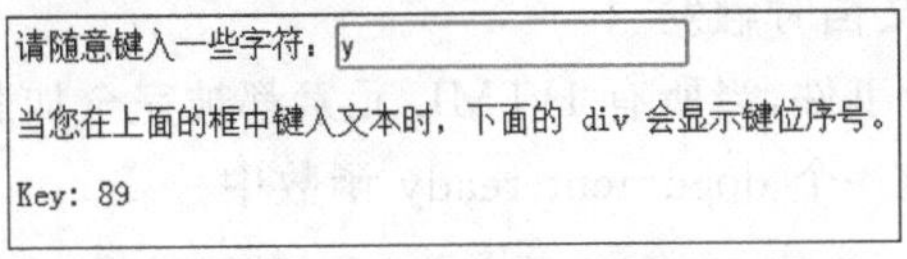

请随意键入一些字符: y

当您在上面的框中键入文本时, 下面的 div 会显示键位序号。

Key: 89

图 6-5　获取按键的 ASCII

131

5. 鼠标事件

jQuery 提供的鼠标事件如表 6-6 所示。

表 6-6　jQuery 提供的鼠标事件

方　　法	说　　明
click()	绑定到 click 事件处理函数的方法，click 事件当单击鼠标时触发
dblclick()	绑定到 dblclick 事件处理函数的方法，dblclick 事件当双击鼠标时触发
hover()	指定鼠标光标进入和离开指定元素时的处理函数
mousedown()	绑定到 mousedown 事件处理函数的方法，mousedown 事件当按下鼠标按键时触发
mouseenter()	绑定到鼠标进入元素的事件处理函数
mouseleave()	绑定到鼠标离开元素的事件处理函数
mousemove()	绑定到 mousemove 事件处理函数的方法，mousemove 事件当移动鼠标时触发
mouseout()	绑定到 mouseout 事件处理函数的方法，mouseout 事件当鼠标光标离开被选元素时触发。不论鼠标光标离开被选元素还是任何子元素，都会触发 mouseout 事件；而只有在鼠标光标离开被选元素时，才会触发 mouseleave 事件
mouseover()	绑定到 mouseover 事件处理函数的方法，当鼠标光标位于元素上方时触发此事件

【例 6-23】　当鼠标光标进入、离开元素时，改变元素的背景色。

```
< html >
< head >
< script type = "text/javascript" src = "jquery.js"></script>
< script type = "text/javascript">
$(document).ready(function(){          //文档就绪 ready 事件
    $("p").mouseenter(function(){      //鼠标光标进入元素 p 的事件
        $("p").css("background-color","yellow");
    });
    $("p").mouseleave(function(){      //鼠标光标离开元素 p 的事件
        $("p").css("background-color","#E9E9E4");
    });
});
</script>
</head>
< body >
< p style = "background-color:#E9E9E4">请把鼠标光标移动到这个段落上</p>
</body>
</html>
```

当鼠标光标离开<p>元素时，会发生 mouseleave 事件。该事件大多数时候会与mouseenter 事件一起使用。

6. 文档加载事件

jQuery 提供的文档加载事件有 load、ready 和 unload 事件。

(1) load 事件当加载文档时触发。

(2) ready 是文档就绪事件，当所有 HTML 元素都被完全加载时执行。

所有 jQuery 函数位于一个 document ready 函数中。

```
$(document).ready(function(){
    //此处填写页面加载完成后要执行的操作
});
```

这是为了防止文档在完全加载（就绪）之前运行 jQuery 代码，如果在文档没有完全加载之前就运行函数，则操作可能失败。

与以上写法效果相同的简洁写法如下：

```
$ (function(){
    //此处填写页面加载完成后要执行的操作
});
```

以上两种方式都可以实现文档就绪后执行 jQuery 方法。

（3）unload 事件当离开一个页面或卸载一个页面时触发。然而不管怎样，此事件不能够阻止页面的离开。从 jQuery 1.8 起被废弃，可以绑定 beforeunload 事件给 $（window）对象来阻止页面的离开、卸载或导航到其他站点。

【例 6-24】　页面离开时弹出警告。

```
<html>
<head>
<script type = "text/javascript" src = "http://code.jquery.com/jquery-
3.1.1. min.js"></script>
<script type = "text/javascript">
$ (document).ready(function(){
    //jQuery
    $ (window).bind('beforeunload', function() {
    var message = "I'm really going to miss you if you go.";
    return message;
    });
});
</script>
</head>
<body>
<p>当您单击<a href = "http://w3school.com.cn">这个链接</a>时，会触发一个警告框。</p>
</body>
</html>
```

用户单击链接时，会弹出"要离开此网站吗？系统可能不会保存你的更改"提醒对话框，并能选择"离开"或"留下"。

6.4　jQuery 动画

jQuery 动画包括显示和隐藏、淡入淡出、滑动、自定义动画等。

6.4.1　显示和隐藏 HTML 元素

1. 以动画效果显示 HTML 元素

使用 show()方法可以动画效果显示指定的 HTML 元素，语法如下：

```
.show( [duration ] [,easing ] [, complete ] )
```

参数说明如下。

duration：指定动画效果运行的时间长度，单位为 ms，默认值为 nomal(400ms)。可选值包括"slow"和"fast"。在指定的速度下,元素在从隐藏到完全可见的过程中,会逐渐地改变其高度、宽度、外边距、内边距和透明度等。

easing:指定设置不同动画点中动画速度的 easing 函数(也称为动画缓冲函数或缓动函数),内置的 easing 函数包括 swing(摇摆缓冲)和 linear(线性缓冲)。jQuery 的扩展插件中可以提供更多的 easing 函数。

complete:指定动画效果执行完后调用的函数。

show()方法仅适用于通过 jQuery 隐藏的元素或在 CSS 中声明 style="display:none"的元素,不适用于 style="visibility:hidden"的元素。

【例 6-25】 使用 show()方法以动画形式显示 HTML 元素的实例。

```html
<html>
<head>
<script src="jquery.js"></script>
</head>
<body>
<button>显示图片</button>
<img src="01.jpg" style="display: none">
<script>
    $("button").click(function() {
        $("img").show("slow");
    });
</script>
</body>
</html>
```

在页面中单击"显示图片"按钮,则"01.jpg"图片会以动画形式显示出来,效果如图 6-6 所示。

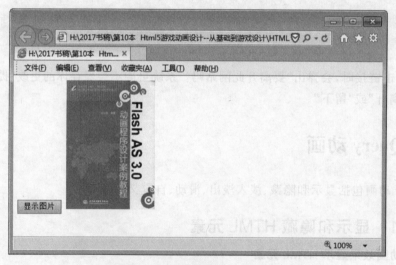

图 6-6 动画形式显示 img 元素

2. 隐藏 HTML 元素

使用 hide()方法可以隐藏指定的 HTML 元素,语法如下:

```
.hide( [duration ] [, easing ] [, complete ] )
```

参数的含义与 show()方法中完全相同,可参照理解。

【例 6-26】 使用 hide()方法隐藏指定的 HTML 元素的实例。

```
< html >
< head >
< script src = "jquery. js"></script >
</head >
< body >
< button >隐藏图片</button >
< img src = "01. jpg" >
< script >
 $ ("button"). click(function() {
     $ ("img"). hide("slow");
});
</script >
</body >
</html >
```

3. 切换 HTML 元素的显示和隐藏状态

使用 toggle()方法可以切换 HTML 元素的显示和隐藏状态,语法如下:

```
. toggle( [duration ] [, easing ] [, complete ] )
```

参数的含义与 show()方法中完全相同,可参照理解。在例 6-26 中将 hide 替换为 toggle,即可体验 toggle()方法的效果。

6.4.2 淡入淡出效果

在显示幻灯片时,经常使用淡入淡出效果。淡入淡出效果实际上就是透明度的变化,淡入就是由透明到不透明的过程,淡出就是由不透明到透明的过程。

1. 实现淡入效果

使用 fadeIn()方法可以实现淡入效果,语法如下:

```
fadeIn( [duration ] [, easing ] [, complete ] )
```

参数的含义与 show()方法中完全相同,可参照 6.4.1 节理解。

【例 6-27】 使用 fadeIn()方法实现淡入效果。

```
< html >
< head >
< style >
div{margin:3px; width:80px; display:none;
    height:80px; float:left;}
    div # one{background: # f00;}
    div # two{background: # 0f0;}
    div # three{background: # 00f;}
</style >
< script type = "text/javascript" src = "jquery. js"></script >
</head >
< body >
< div id = "one"></div >
< div id = "two"></div >
```

```
< div id = "three"></div>< br >
< button >单击我...</button >
< script >
 $ ("button").click(function() {
     $ ("div:hidden:first").fadeIn("slow");
});
</script >
</body >
</html >
```

页面中定义了3个初始为隐藏的div元素和一个按钮。单击按钮,会以淡入效果显示第一个隐藏的div元素(由选择器 $ ("div:hidden:first")得到)。3个div元素都显示出来的效果如图6-7所示。

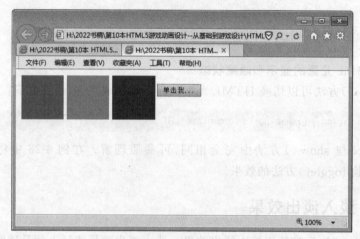

图 6-7   淡入效果显示 div 元素

2. 实现淡出效果

使用 fadeOut()方法可以实现淡出效果,语法如下:

```
fadeOut( [duration ] [, easing ] [, complete ] )
```

参数的含义与 show()方法中完全相同。

fadeOut()方法可以规定动画效果的持续时间,例如:

```
$ ("div").fadeOut(5000)
```

以上代码规定 div 的淡出效果可在 5000 毫秒(5 秒)内完成。

fadeOut()方法也可以在动画完成后调用函数,例如:

```
$ ("div").fadeOut(5000,function(){alert('动画效果完成!')})
```

以上代码能够在动画完成后触发回调函数,弹出一个提示框。

【例 6-28】 使用 fadeOut()方法实现淡出效果。

```
< html >
< head >
< style type = "text/css">
div{
    background: # 060;
```

```
        width:300px;
        height:300px;
        color:red
}
</style>
<script type = "text/javascript" src = "jQuery.js"></script>
<script>
 $ (document).ready(function(){
     $ ("#up").click(function(){
         $ ("div").fadeOut(5000,function(){alert('动画效果完成!')});
     })
 })
</script>
</head>
<body>
<div></div>
<button id = "up">单击查看效果</button>
</body>
</html>
```

3. 直接调节 HTML 元素的透明度

使用 fadeTo()方法可以直接调节 HTML 元素的透明度,语法如下:

```
fadeTo(duration, opacity [, easing ] [, complete ] )
```

参数 opacity 表示透明度,取值范围为 0～1。其他参数的含义与 show()方法中完全相同。

【例 6-29】 使用 fadeTo()方法调节 HTML 元素的透明度的实例。

```
<html>
<head>
<script type = "text/javascript" src = "jquery.js"></script></head>
<body>
<p>单击我,我会变透明.</p>
<p>用于比较.</p>
<script>
 $ ("p:first").click(function() {
     $ (this).fadeTo("slow", 0.4);
});
</script>
</body>
</html>
```

页面中定义两个 p 元素。单击第一个 p 元素,它的淡出效果变得透明(透明度为 0.4)。第二个 p 元素仅用于比较,效果如图 6-8 所示。

4. 以淡入淡出的效果切换显示和隐藏 HTML 元素

使用 fadeToggle()方法可以淡入淡出的效果切换显示和隐藏 HTML 元素,也就是说,如果 HTML 元素原来是隐藏的,则调用 fadeToggle()方法后会逐渐变成显示;如果 HTML 元素原来是显示的,则调用 fadeToggle()方法后会逐渐变成隐藏,fadeToggle()方法的语法如下:

```
fadeToggle(duration, opacity [, easing ] [, complete ] )
```

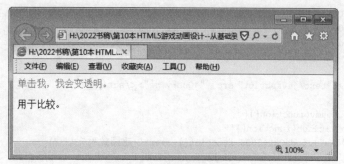

图 6-8　p 元素变得透明

参数的含义与 show()方法中完全相同。

【例 6-30】　使用 fadeToggle()方法以淡入淡出效果切换显示和隐藏 HTML 元素的实例。

```
< html >
< head >
< script type = "text/javascript" src = "jquery.js"></script >
</head >
< body >
< button >线性切换</button >
< button >快速切换</button >
< p >我是 p1.我会以慢速、线性的方式切换显示和隐藏.</p >
< p >我是 p2.我会快速地切换显示和隐藏.</p >
< script >
    $ ("button:first").click(function() {
        $ ("p:first").fadeToggle("slow", "linear");
    });
    $ ("button:last").click(function() {
        $ ("p:last").fadeToggle("fast");
    });
</script >
</body >
</html >
```

　　页面中定义了两个 p 元素和两个按钮。单击"线性切换"按钮,会以慢速、线性的方式切换显示和隐藏第一个 p 元素。单击"快速切换"按钮,会以快速的方式切换显示和隐藏第二个 p 元素,效果如图 6-9 所示。

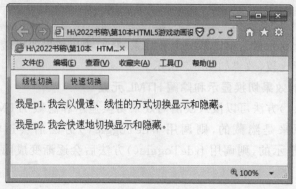

图 6-9　切换效果

6.4.3 滑动效果

1. 以滑动效果显示隐藏的 HTML 元素

使用 SlideDown()方法可以滑动效果显示隐藏的 HTML 元素,语法如下:

```
SlideDown( [duration ] [, easing ] [, complete ] )
```

参数的含义与 show()方法中完全相同,可参照 6.4.1 节理解。

【例 6-31】 使用 SlideDown()方法以滑动效果显示 HTML 元素的实例。

```
<html>
<head>
<style>
    div{background:#de9a44; margin:3px; width:80px;
    height:40px; display:none; float:left;}
</style>
<script type = "text/javascript" src = "jquery.js"></script>
</head>
<body>
单击我!
<div></div>
<div></div>
<div></div>
<script>
    $ (document.body).click(function() {
        if ( $ ("div:first").is(":hidden")) {
            $ ("div").slideDown("slow");
        } else {
            $ ("div").hide();
        }
    });
</script>
</body>
</html>
```

页面中定义了 3 个初始为隐藏的 div 元素。单击"单击我!"时,如果第一个 div 元素是隐藏的($ (div：first).is(：hidden)),则调用 $ (div).slideDown("slow")方法以滑动效果显示 div 元素;否则隐藏 div 元素。3 个 div 元素都显示出来之后的效果如图 6-10 所示。

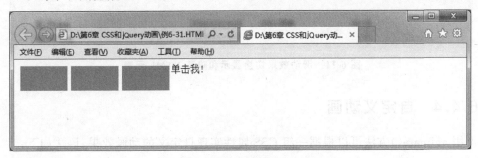

图 6-10 滑动效果显示 div 元素

2. 以滑动效果隐藏 HTML 元素

使用 SlideUp()方法可以滑动效果隐藏 HTML 元素,语法如下:

```
SlideUp ( [duration ] [, easing ] [, complete ] )
```

参数的含义与 show()方法中完全相同。

3．以滑动效果切换显示和隐藏 HTML 元素

使用 SlideToggle()方法可以滑动效果切换显示和隐藏 HTML 元素，语法如下：

```
SlideToggle( [duration ] [, easing ] [, complete ] )
```

参数的含义与 show()方法中完全相同。

【例 6-32】 使用 SlideDown()方法以滑动效果切换显示和隐藏 HTML 元素的实例。

```html
< html >
< head >
< style >
p{width:450px;}
</ style >
< script type = "text/javascript" src = "jquery.js"></ script >
</ head >
< body >
< button >切换</ button >
< p >
使用 SlideToggle()方法可以滑动效果切换显示和隐藏 HTML 元素。
</ p >
< script >
    $ ("button").click(function () {
        $ ("p").slideToggle("slow");
    });
</ script >
</ body >
</ html >
```

以滑动效果切换显示和隐藏 HTML 元素的效果如图 6-11 所示。

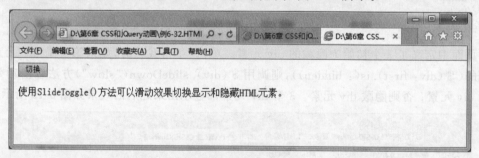

图 6-11　滑动效果切换显示和隐藏 HTML 元素

6.4.4　自定义动画

调用 animate()方法可以根据一组 CSS 属性实现自定义的动画效果，语法如下：

```
$ (selector).animate( properties [, duration ] [, easing ] [, complete ] )
```

参数说明如下。

properties：产生动画效果的 CSS 属性和值，可以使用的 CSS 属性包括

backgroundPosition、borderWidth、borderBottomWidth、borderLeftWidth、borderRightWidth、borderTopWidth、borderSpacing、margin、marginBottom、marginLeft、marginRight、marginTop、outlineWidth、padding、paddingBottom、paddingLeft、paddingRight、paddingTop、height、width、maxHeight、maxWidth、minHeight、maxWidth、font、fontSize、bottom、left、right、top、letterSpacing、wordSpacing、lineHeight、textIndent 等。

duration：指定动画效果运行的时间长度，单位为 ms，默认值为 nomal（400ms）。可选值包括"slow"和"fast"。

easing：指定设置不同动画点中动画速度的 easing 函数（也称为动画缓冲函数或缓动函数），内置的擦除函数包括 swing（摇摆缓冲）和 linear（线性缓冲）。jQuery 的扩展插件中可以提供更多的 easing 函数。

complete：指定动画效果执行完成后调用的函数。

【例 6-33】　animate()方法实现自定义动画的实例。

```
< html >
< head >
< script type = "text/javascript" src = "jquery. js"></script >
< script type = "text/javascript">
 $ (document). ready(function()
    {
    $ ("#btn1"). click(function(){
        $ ("#box"). animate({height:"300px"});
    });
    $ ("#btn2"). click(function(){
        $ ("#box"). animate({height:"100px"});
    });
});
</script >
</head >
< body >
< div id = "box" style = "background: #0000ff;height:100px;width:100px;margin: 6px;">
</div >
< button id = "btn1">变长</button >
< button id = "btn2">恢复</button >
</body >
</html >
```

页面中定义了一个蓝色背景的 div 元素，如图 6-12 所示。单击"变长"按钮，div 元素会拉长。单击"恢复"按钮，div 元素又会恢复成原来的高度。

图 6-12　自定义动画的实例

6.4.5　动画队列

jQuery 可以定义一组动画动作,并把它们放在队列(queue)中顺序执行。队列是一种支持先进先出原则的数据结构(线性表),它只允许在表的前端进行删除操作,在表的后端进行插入操作。图 6-13 所示是队列的示意图。

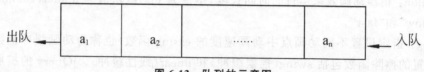

图 6-13　队列的示意图

1. queue()方法

使用 queue()方法可以管理指定动画队列中要执行的函数,语法如下:

```
queue( [queueName ] )
```

参数 queueName 是队列的名称。队列是一个或多个等待运行的函数。一个元素可以有若干队列,大部分通常只有一个"fx" 队列,即默认的 jQuery 队列。

【例 6-34】　使用 queue()方法显示动画队列长度的实例。

```html
<html>
<head>
<script type = "text/javascript" src = "jquery.js"></script>
<script>
    function runIt() {
        var div = $ ("div");
        div.animate({height:300},"slow");
        div.animate({width:300},"slow");
        div.animate({height:100},"slow");
        div.animate({width:100},"slow");
    }
    $ (document).ready(function(){
        $ ("button").click(function(){
            runIt();
            $ ("span").text( $ ("div").queue("fx").length);
        });
    });
</script>
</head>
<body>
<button>开始演示动画</button>
<p>队列长度为: < span></span></p>
<div style = "width:50px;height:50px;position:absolute;background - color: red;"></div>
</body>
</html>
```

runIt()函数中定义了一组动画动作,在 showlt()函数中调用 queue()方法显示默认的动画队列 fx 的长度,效果如图 6-14 所示。

可以使用下面的方法初始化动画队列。

```
queue( [queueName ], newQueue )
```

图6-14　queue()方法的实例

参数 queueName 指定动画队列的名称,参数 newQueue 指定动画队列内容的函数数组。具体使用方法将在例 6-35 中介绍。

2. dequeue()方法

使用 dequeue()方法可以执行匹配元素的动画队列中的下一个函数,同时将其出队,语法如下:

```
dequeue( [queueName] )
```

参数 queueName 是队列的名称。

【例 6-35】　使用 queue()方法执行动画队列的实例。

```
<html>
<head>
<style>
    #count{margin:3px; width:40px; height:40px;
        position:absolute; left:0px; top:60px;
        background:green; display:none;
    }
</style>
<script src="jquery.js"></script>
<script type="text/javascript">
$(function() {
    var div = $('#count');
    var list = [
        function() {div.show("slow"); div.dequeue('testList');},
        function() {div.animate({left:'+=200'},2000); div.dequeue('testList');},
        function() {div.slideToggle(1000); div.dequeue('testList');},
        function() {div.slideToggle("fast");div.dequeue('testList');},
        function() {div.div.hide("slow"); div.dequeue('testList');},
        function() {div.show(1200); div.dequeue('testList');},
        function() {div.slideUp("normal"); div.dequeue('testList');} ];
    div.queue('testList', list);
    $('#btn').bind('click', function() {
div.dequeue('testList');
    });
});
</script>
</head>
```

143

```
< body >
< div id = "count"></div >
< input id = "btn" type = "button" value = "开始" />
</body >
</html >
```

程序中使用 queue()方法定义了一个动画队列 testList,动画队列由函数数组 list 组成。每个动画函数后,调用 div. dequeue('testList')方法从而执行动画队列中下一个动画函数(同时将此动画函数出队)。因此,动画队列中包含的动画会依次被执行。

3. 删除动画队列中的成员

使用 ClearQueue()方法可以删除匹配元素的动画队列中所有未执行的函数,语法如下:

```
ClearQueue( [queueName ] )
```

参数 queueName 是队列的名称。

在例 6-35 中增加一个"停止"按钮,定义代码如下:

```
< button id = "stop">停止</button >
```

增加如下 jQuery 代码,定义单击"停止"按钮的操作。

```
$ ("#stop").click(function () {
    var myDiv = $ ("div");
    myDiv.clearQueue();
});
```

单击"停止"按钮,会在执行完当前动画后停止,同时队列长度变成 0。

4. 延迟动画

使用 delay()方法可以延迟动画队列里函数的执行,语法如下:

```
delay(duration [, queueName ])
```

参数 duration 指定延迟的时间,单位为 ms;参数 queueName 是队列的名称。

【例 6-36】 delay()方法的实例。

```
< html >
< head >
< style >
div{position: absolute; width: 60px; height: 60px; float: left;}
.first{background - color: #3f3; left: 0;}
.second{background - color: #33f; left: 80px;}
</style >
< script type = "text/javascript" src = "jquery. js"></script ></head >
< body >
< p >< button > Run </button ></p >
< div class = "first"></div >
< div class = "second"></div >
< script >
    $ ("button").click(function() {
        $ ("div.first").slideUp(300).delay(800).fadeIn(400);
        $ ("div.second").slideUp(300).fadeIn(400);
    });</script >
```

```
</body>
</html>
```

页面中定义了两个 div 元素。单击 Run 按钮时，div 元素执行 slideUp()方法，然后执行 fadeIn()方法。不同的是，第一个 div 元素执行完 slideUp()方法后，会调用 Delay()方法延迟 800ms，然后执行 fadeIn()方法，效果如图 6-15 所示。

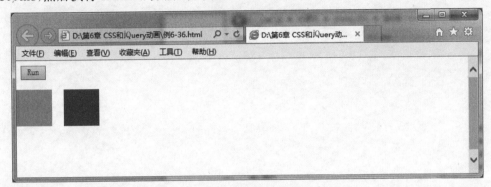

图 6-15　延迟动画的实例

5. 停止正在执行的动画

（1）stop()方法。

使用 stop()方法可以停止正在执行的动画，语法如下：

```
stop( [queueName ] [, clearQueue ] [, jumpToEnd ] )
```

参数说明如下：

queueName 指定队列的名称；clearQueue 指定是否删除队列中的动画，默认为 False，即不删除；jumpToEnd 指定是否立即完成当前的动画，默认为 False。

（2）finish()方法。

使用 finish()方法可以停止正在执行的动画并删除队列里所有的动画，语法如下：

```
finish( [queueName ] )
```

参数 queueName 是队列的名称。finish()方法相当于 ClearQueue()方法加上 stop()方法的效果。

（3）jQuery. fx. off 属性。

将 jQuery. fx. off 属性设置为 True 可以全局性地关闭所有动画（所有效果会立即执行完毕），将其设置为 False 之后，可以重新开启所有动画。

在下面的情况下，可能需要使用 jQuery. fx. off 属性关闭所有动画。

① 在配置比较低的计算机上使用 jQuery。

② 由于动画效果而使网页不可访问。

（4）jQuery. fx. interval 属性。

使用 jQuery. fx. interval 属性可以设置动画的显示帧速，单位为 100ms/帧。

第2部分

实 战 篇

第7章

人物拼图游戏

7.1　人物拼图游戏介绍

视频讲解

　　拼图游戏是指将一幅图片分割成若干拼块并将它们随机打乱顺序,当将所有拼块都放回原位置时,就完成了拼图(游戏结束)。

　　在"游戏"中,单击滑块选择游戏难易,"容易"为 3 行 3 列拼图游戏,中间为一个 4 行 4 列拼图游戏,"难"为 5 行 5 列拼图游戏。拼块以随机顺序排列,玩家用鼠标单击空白块的四周来交换它们的位置,直到所有拼块都回到原位置。

　　拼图游戏的运行界面如图 7-1 所示。

图 7-1　拼图游戏的运行界面

7.2　人物拼图游戏设计的思路

　　HTML5 可以把图片整合到网页中。使用 Canvas 元素可以在这个空白的画布上填充线条,载入图片文件,甚至动画效果。这里制作拼图游戏用来展示 HTML5 Canvas 的图片处理能力。

　　游戏程序首先显示以正确顺序排列的图片缩略图,根据玩家设置的分割数,将图片分割成相应 tileCount 行列数的拼块,并按顺序编号。动态生成一个大小 tileCount×tileCount 的数组 boardParts,用于存放 0、1、2 到 tileCount×tileCount−1 的数,每个数字代表一个拼块。例如,4×4 的游戏拼块编号如图 7-2 所示。

0	4	8	12
1	5	9	13
2	6	10	14
3	7	11	15

打乱元素 →

5	8	2	3
4	15	13	11
1	9	10	0
12	6	14	7

图 7-2　拼块编号示意图

　　游戏开始时,随机打乱这个数组 boardParts,假如 boardParts[0]是 5,则在左上角显示编号是 5 的拼块。根据玩家用鼠标单击的拼块和空白块所在位置,来交换该 boardParts 数组对应的元素,最后依据元素排列顺序来判断是否已经完成游戏。

7.3　人物拼图游戏设计的步骤

1. 游戏页面

```
<!doctype html>
<html>
<head>
<title>拼图游戏</title>
<style>
    .picture {
        border: 1px solid black;
    }
</style>
</head>
<body>
<div id = "title">
    <h2>拼图游戏</h2>
</div>
<div id = "slider">
<form>
    <label>容易</label>
    <input type = "range" id = "scale" value = "4" min = "3" max = "5" step = "1">
    <label>难</label>
    <img id = "source" width = "120px" height = "120px" src = "defa.jpg">
</form>
<br>
</div>
<div id = "main" class = "main">
    <canvas id = "puzzle" width = "480px" height = "480px"></canvas>
</div>
<script src = "sliding.js"></script>
```

```
</body>
</html>
```

在网页中使用 Canvas 标记创建画板。

```
< canvas width = "480px" height = "480px"></canvas >
```

Canvas 的宽度和高度使用像素为单位。如果这两个属性没有被指定,它们的默认宽度为 300px,高度为 150px。

网页中< div id="slider">包括了另一个 HTML5 标记:range input,这个标记< input type="range">可以让用户拖放滑块并选择一个数值。这里设置滑块最小值为 3,最大值为 5。滑块值为 3 表明拼图游戏是 3 行 3 列的,滑块值为 4 表明拼图游戏是 4 行 4 列的,滑块值为 5 表明拼图游戏是 5 行 5 列的。

< img id="source" width="120px" height="120px" src="defa.jpg" >显示原图 defa.jpg 的缩小图,供玩家参照移动拼块。

2. sliding.js 文件

在页面上画图需要使用 Canvas 的上下文环境,通过调用 getContext()方法获取上下文环境。

```
var context = document.getElementById('puzzle').getContext('2d');
```

然后,还需要一个和 Canvas 相同大小的图片'defa.jpg'。

```
var img = new Image();
img.src = 'defa.jpg';
img.addEventListener('load', drawTiles, false);        //load事件监听,即图片加载完成事件
```

加入这个'load'事件是确保图片完成加载后,再把图片放入 Canvas 中。drawTiles()函数绘制打乱的图块。

```
var boardSize = document.getElementById('puzzle').width;     //获取画板(画布)的宽度
var tileCount = document.getElementById('scale').value;      //获取滑块的值
```

boardSize 是 Canvas 的宽度,通过 range input 设置拼图的数量 tileCount,数据范围从 3 到 5(几行几列)。

```
var tileSize = boardSize / tileCount;                        //计算出拼块的大小宽度
```

最后定义 3 个变量,其中两个 Object 对象变量,emptyLoc 保存空白拼图的位置 (emptyLoc.x,emptyLoc.y),clickLoc 记录用户单击的位置(clickLoc.x,clickLoc.y)。而一个 bool 变量 solved 是指拼图是否完成,所有的拼图都找到正确的位置后,设置为 True。

```
var context = document.getElementById('puzzle').getContext('2d');
var img = new Image();
img.src = 'defa.jpg';
img.addEventListener('load',drawTiles,false);         //load事件监听,即图片加载完成事件
var boardSize = document.getElementById('puzzle').width;    //获取画板(画布)的宽度
var tileCount = document.getElementById('scale').value;     //获取滑块的值
var tileSize = boardSize / tileCount;
```

```
var clickLoc = new Object();            //记录被单击拼块的位置
clickLoc.x = 0;                         //列号
clickLoc.y = 0;                         //行号
var emptyLoc = new Object();            //记录空白拼块的位置
emptyLoc.x = 0;
emptyLoc.y = 0;
var solved = false;                     //拼图是否完成,False 为未完成
```

下面实现拼块的随机排列——使用一个一维数组存储每个拼块的编号。每个元素代表一个拼块,初始时元素的数组下标与拼块的编号相同,说明位置正确。所以需要打乱数组的元素顺序,实现拼块的随机排列。而数组的元素顺序打乱使用带有排序函数的 Array. sort() 方法来实现。

```
var boardParts = new Object();
initBoard();                            //初始化拼块,并随机排列
function initBoard() {
    boardParts = new Array(tileCount * tileCount);
    for (var i = 0; i < tileCount * tileCount; i++) {
        boardParts[i] = i;
    }
    shift();                            //拼块的随机排列
}
function sortNumber(a,b) {              //随机排序函数
    return Math. random() > 0.5 ? - 1 : 1;
}
function shift() {                      //拼块的随机排列
    boardParts. sort(sortNumber);
    emptyLoc. x = 0;
    emptyLoc. y = 0;
    solved = false;
}
```

以上就实现了拼块的随机放置。但是真正显示拼块在屏幕上的是 drawTiles() 函数。drawTiles() 函数用于显示各个拼块,该函数判断是否是空白拼图的位置(emptyLoc. x, emptyLoc. y),不是则调用 drawImage() 函数绘制相应图块。

drawImage() 函数最常用的是传入 3 个参数:image 对象,以及图片相对于画布的 x、y 坐标。

```
drawImage(image, x, y);
```

还可以加入两个参数用于设置图片的宽度和高度。

```
drawImage(image, x, y, width, height);
```

最复杂的 drawImage() 函数有 9 个参数,按顺序分别为:图片对象、图片 x 坐标、图片 y 坐标、图片宽、图片高、目标 x 坐标、目标 y 坐标、目标宽和目标高。后 4 个参数主要是为了截取原图部分用来显示。这里把 boardParts 记录的拼块显示在(i * tileSize,j * tileSize)处。

```
//绘制所有拼块
function drawTiles() {
    context.clearRect(0, 0, boardSize, boardSize);
```

```
    for (var i = 0; i < tileCount; i++) {                    //列号
        for (var j = 0; j < tileCount; j++) {                //行号
            var n = boardParts[i * tileCount + j];
            //计算出编号为 n 的拼块在原图的位置坐标(行列号)
            var x = parseInt(n / tileCount); //丢弃小数部分, 保留整数部分
            var y = n % tileCount;
            console.log(x + ":" + Math.floor(n / tileCount) + ":" + y);
            if (i != emptyLoc.x || j != emptyLoc.y || solved == true) {    /* 不是空白拼图的位置且
游戏未结束 */
                /* 或者if( !(i == emptyLoc.x&&j == emptyLoc.y&&solved == false))可能更容易明白 */
                //将编号为 n 的拼块显示在(i * tileSize, j * tileSize)处
                context.drawImage(img, x * tileSize, y * tileSize, tileSize, tileSize, i *
tileSize, j * tileSize, tileSize, tileSize);
            }
        }
    }
}
```

以下是事件定义。

首先为滑块定义触发事件,当它改变了,要重新计算拼块的数量和大小。滑块被移动时触发 onchange 事件,事件中计算拼块宽度大小,重新初始化画布,显示各个拼块。

```
document.getElementById('scale').onchange = function() {
    tileCount = this.value;
    tileSize = boardSize / tileCount;          //计算拼块宽度大小
    initBoard();                               //重新初始化拼块,并随机排列
    drawTiles();                               //显示各个拼块
};
```

追踪鼠标经过的拼块以及哪个拼块被单击。画板中移动鼠标的 onmousemove 事件中,计算出鼠标所在网格坐标 clickLoc.x, clickLoc.y。

```
document.getElementById('puzzle').onmousemove = function(e) {
    clickLoc.x = Math.floor((e.pageX - this.offsetLeft) / tileSize);
    clickLoc.y = Math.floor((e.pageY - this.offsetTop) / tileSize);
};
```

画布中单击鼠标的 onmousemove 事件中,计算出鼠标所在网格坐标 clickLoc.x, clickLoc.y 与空块位置间隔,如果间距为 1 则移动被单击的拼块。

```
document.getElementById('puzzle').onclick = function() {
    if (distance(clickLoc.x, clickLoc.y, emptyLoc.x, emptyLoc.y) == 1) {
        slideTile(emptyLoc, clickLoc);          //交换被单击的拼块与空块位置
        drawTiles();                            //显示各个拼块
    }
    if (solved) {                               //如果成功
        setTimeout(function() {alert("你成功了!");}, 500);
    }
};
function distance(x1, y1, x2, y2) {
    return Math.abs(x1 - x2) + Math.abs(y1 - y2);
}
```

注意,一些浏览器会在重画画布之前弹出对话框,为了防止弹出,一定要用延迟。

```
setTimeout(function() {alert("你成功了!");}, 500);
```

设置延迟 0.5 秒后再弹出提示框"你成功了!"。

slideTile(emptyLoc,clickLoc)是移动被单击的拼块 clickLoc 到空块位置 emptyLoc。移动拼图的做法是：交换对应的 boardParts 元素，然后把单击位置设置成空块位置。

```
function slideTile(emptyLoc, clickLoc) {
    if (!solved) {
        var t;
        t = boardParts[emptyLoc.x * tileCount + emptyLoc.y];
        boardParts[emptyLoc.x * tileCount + emptyLoc.y] = boardParts[clickLoc.x * tileCount
+ clickLoc.y];
        boardParts[clickLoc.x * tileCount + clickLoc.y] = t;
        emptyLoc.x = clickLoc.x;              //emptyLoc 重新记录空白块位置
        emptyLoc.y = clickLoc.y;
        checkSolved();                        //检查是否成功
    }
}
```

一旦拼图移动了，还要检查一下拼图是否全部在正确的位置。checkSolved()函数检查是否成功。如果有一个拼块不正确，函数就会返回 False，否则返回 True。

```
function checkSolved() {
    var flag = true;
    for (var i = 0; i < tileCount * tileCount; i++) {
        if (boardParts[i] != i)              //判断元素排列顺序
            flag = false;
    }
    solved = flag;
}
```

至此，完成拼图游戏的设计。

扑克翻牌游戏

8.1　扑克翻牌游戏介绍

视频讲解

　　扑克翻牌游戏就是桌面 24 张牌,玩家翻到两张相同扑克牌则消去,如果 2 分钟仍然没有翻到两张相同扑克牌则游戏失败。

　　扑克翻牌游戏的运行界面如图 8-1 所示。

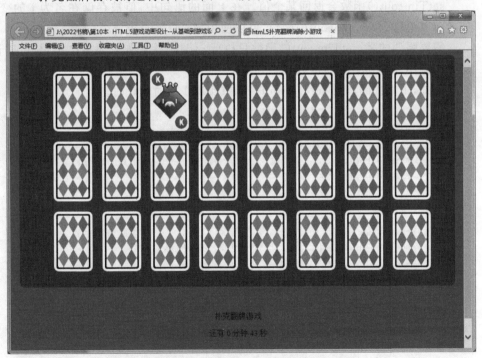

图 8-1　扑克翻牌游戏的运行界面

8.2 扑克翻牌游戏设计的思路

8.2.1 HTML5 倒计时功能

HTML5 倒计时功能可以使用 setTimeout() 函数或者 setInterval() 函数来实现。

1. 使用 setTimeout() 函数实现倒计时功能

setTimeout() 函数会在一个指定的延迟时间之后调用一个函数或执行一段指定的代码。它的应用非常广泛。例如,希望用户在浏览器某个页面一段时间后弹出一个对话框,或者是单击某个元素后隔几秒再删除这个元素。

setTimeout() 函数的语法如下:

```
setTimeout(code,millisec)
```

例如:

```
var t = setTimeout("javascript 语句", 毫秒)
```

setTimeout() 函数的第一个参数 code 是含有 JavaScript 语句的字符串。这个语句可以是"alert('5 seconds!')"的形式,或者是对函数的调用,如"alertMsg()"。第二个参数 millisec 指从当前起等待多少毫秒后执行第一个参数 code。

setTimeout() 函数会返回某个值。在上面的语句中,值被存储在名为 t 的变量中。假如希望取消这个 setTimeout() 函数,可以使用 clearTimeout(t) 来实现。

需要强调的是,setTimeout() 函数只执行 code 一次。如果要多次调用,可以让 code 自身再次调用 setTimeout() 函数。

例如,下面代码调用 setTimeout() 函数实现 1 小时倒计时。

```
< body >
< div id = "timer"></div>
< script type = "text/javascript" language = "javascript">
var d1 = new Date();                                //年月日时分秒
var d2 = d1.getTime() + 60 * 60 * 1000
var endDate = new Date(d2);
function daoJiShi()
{
    var now = new Date();                           //获取当前时间
    //now 返回自 1970 年 1 月 1 日 00:00:00 以来的总毫秒数
    var oft = Math.round((endDate - now)/1000)
    var ofd = parseInt(oft/3600/24);               //天
    var ofh = parseInt((oft % (3600 * 24))/3600);  //小时
    var ofm = parseInt((oft % 3600)/60);           //分
    var ofs = oft % 60;                            //秒
    document.getElementById('timer').innerHTML = '还有' + ofd + '天' + ofh + '小时' + ofm + '分钟'
+ ofs + '秒';
    if(ofs < 0){
    document.getElementById('timer').innerHTML = '倒计时结束!';return;
    };
    setTimeout('daoJiShi()',1000);                 //自身再次调用 daoJiShi()函数
```

```
};
daoJiShi();
</script>
</body>
```

2. 使用 setInterval() 函数实现倒计时功能

由于 setTimeout() 函数只能执行代码 code 一次,想要多次调用 code 可以使用 setInterval() 函数。setInterval() 函数可按照指定的周期(以毫秒计)来调用需要重复执行的函数代码。

setInterval() 函数的语法如下:

```
setInterval(function,interval[,arg1,arg2,…,argn])
```

其中,function 参数可以是一个匿名函数或是一个函数名,interval 是设定的调用 function 的时间间隔,单位为毫秒(默认值为 10 毫秒),arg1,arg2,…,argn 为可选参数,是传递给 function 的参数。

下面的例子是每隔 1 秒调用一次匿名函数。

```
setInterval(function(){trace("每隔 1 秒钟我就会显示一次")},1000);
```

其中,function(){}是没有函数名的函数,称为匿名函数,后面的 1000 是时间间隔,单位是毫秒,即 1 秒。

下面的例子用于展示如何带参数运行。

```
function show1(){
    trace("每隔 1 秒显示一次");
}
function show2(str){                                //带参数函数 show2()
    trace(str);
}
setInterval(show1,1000);
setInterval(show2,2000,"每隔 2 秒我就会显示一次");        //调用带参数函数 show2()
```

setInterval() 函数会不停地调用函数,直到 clearInterval() 函数被调用或窗口被关闭。由 setInterval() 函数返回的 ID 值可用作 clearInterval(ID) 函数的参数。在游戏开发中,常常使用 setInterval() 函数制作游戏动画或其他间隔性渲染效果。

```
var intervalID = setInterval(show1,1000);
clearInterval(intervalID);                         //取消该定时设置
```

例如,下面代码用 setInterval() 函数实现 1 小时倒计时。

```
<body>
<div id = "timer"></div>
<script type = "text/javascript" language = "javascript">
var d1 = new Date();                               //年月日时分秒
var d2 = d1.getTime() + 60 * 60 * 1000
var endDate = new Date(d2);
function daoJiShi()
{
```

```
    var now = new Date();
    var oft = Math.round((endDate - now)/1000);
    var ofd = parseInt(oft/3600/24);
    var ofh = parseInt((oft % (3600 * 24))/3600);
    var ofm = parseInt((oft % 3600)/60);
    var ofs = oft % 60;
    document.getElementById('timer').innerHTML = '还有' + ofd + '天' + ofh + '小时' + ofm + '分钟' +
ofs + '秒';
    if(ofs < 0){
        document.getElementById('timer').innerHTML = '倒计时结束！';return;
    };
};
setInterval('daoJiShi()',1000); //每隔1秒调用一次
</script>
</body>
```

8.2.2 扑克牌的显示与隐藏

游戏中使用的扑克牌牌面及背面采用1张图片(deck.png)存储,如图8-2所示。其中
上面4行分别为4种花色的扑克牌,最后一行是扑克牌背面,每行高度为120px。如何分割
显示某一张扑克牌,这里使用CSS3技术来实现。

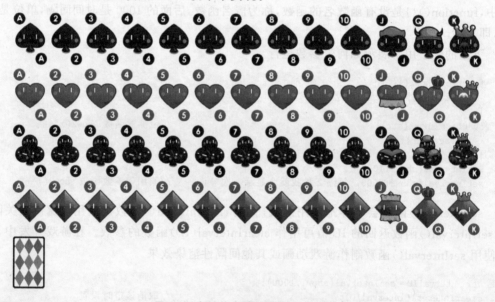

图 8-2 存储扑克牌的图片 deck.png

例如,显示扑克牌背面图案可按如下代码写CSS类别。

```
.front
{
    width: 80px; height: 120px;
    background - image: url("../images/deck.png");
    background - position: 0 - 480px;
    z - index: 10;
}
```

类别.front 的背景图片是 deck.png，background-position 设置背景图片的位置。例如，background-position：0 0；表示背景图片的左上角将与容器元素的左上角对应。该设置与 background-position：left top；或者 background-position：0% 0%；设置的效果是一致的。

而 background-position：0 −480px；表示图片以容器左上角为参考向左偏移 0px，向上偏移 480px，从而正好是扑克牌背面图片区域。

z-index 属性设置元素的堆叠（显示）顺序。拥有更高堆叠顺序的元素总是会处于堆叠顺序较低的元素前面。z-index 的值越大，元素的堆叠层级越高。

background 简写属性可在一个声明中设置所有的背景属性。可以设置如下属性：background-color、background-position、background-size、background-repeat、background-origin、background-clip、background-attachment、background-image。如果不设置其中的某个值，也是允许的。例如：

```
background: #999 url("../images/deck.png")0 − 480px;
background: #ff0000 url('smiley.gif');
```

显示扑克牌牌面图案可按如下代码写 CSS 类别。

```
.back
{
    width: 80px; height: 120px;
    background: #efefef url("../images/deck.png");
    − webkit − transform − rotateY( − 180deg);          //其中 − 180deg 是旋转的角度
    z − index: 8;
}
```

其中：

.cardAJ{background − position: − 800px 0;}

background-position：−800px 0；表示图片以容器左上角为参考向左偏移 800px，由于图片中每张牌宽度为 80px，所以正好显示出黑桃 J。

.cardBJ{background − position: − 800px − 120px;}

background-position：−800px − 120px；表示图片以容器左上角为参考向左偏移 800px，向上偏移 120px，所以正好显示出红桃 J。

.cardCJ{background − position: − 800px − 240px;}

background-position：−800px − 240px；表示图片以容器左上角为参考向左偏移 800px，向上偏移 240px，所以正好显示出梅花 J。

.cardDJ{background − position: − 800px − 360px;}

background-position：−800px − 360px；表示图片以容器左上角为参考向左偏移 800px，向上偏移 360px，所以正好显示出方块 J。

因此，< div class＝"backcardAJ "/>就能显示出黑桃 J，< div class＝"back cardBJ "/>就能显示出红桃 J，< div class＝"back cardCJ "/>就能显示出梅花 J，< div class＝"back cardDJ "/>就能显示出方块 J。同理，可以显示出其他牌的牌面，仅 background-position 中的偏移量

不同。

z-index 设置为 8,所以牌面显示在扑克牌背面下方,被隐藏。

8.2.3　扑克牌的删除

扑克牌的删除利用设置透明度来实现。

```
.card-removed/*移除牌*/
{
    opacity: 0;
}
```

opacity：0 设置 div 的不透明度为 0。Opacity 取值从 0.0(完全透明)到 1.0(完全不透明)。也可以使用 visibility：hidden 来实现,这两个效果都是让元素不显示,但 visibility：hidden 是让元素不可见,但仍会占据页面上的空间。

8.2.4　添加删除类别 Class

扑克牌的显示、隐藏和删除都是 CSS 中类别 Class。需要将这些类别设置到 HTML 的标记元素(如< div >)上,jQuery 中的 addClass 方法用于添加类别 Class,而 removeClass 方法用于删除类别 Class。

addClass(className)中的 className 为一个字符串,为指定元素添加这个 className 类别。removeClass(className)指定元素移除的一个或多个用空格隔开的样式名或类别。

举例说明:

有一个< div >:

```
< div class = "menu">
    < a href = "www.zut.edu.cn">中原工学院</a>
    < a href = "www.zzu.edu.cn">郑州大学</a>
</div>
```

使用 jQuery 实现,当单击"中原工学院"的时候自动添加 class = "select",代码自动变成:

```
< div class = "menu">
    < a class = "select" href = "www.zut.edu.cn">中原工学院</a>
    < a href = "www.zzu.edu.cn">郑州大学</a>
</div>
```

然后,单击"郑州大学",代码又变成:

```
< div class = "menu">
    < a href = "www.zut.edu.cn">中原工学院</a>
    < a class = "select" href = "www.zzu.edu.cn">郑州大学</a>
</div>
```

jQuery 可以用下述代码实现:

```
$ (document).ready(function(){
    $ ("a").click(function(){
```

```
        $("a").each(function(){ $(this).removeClass("select")}),//删除"select"类别
        $(this).addClass("select"),//当前被单击的<a>元素增加"select"类别
        return false})
})
```

　　jQuery 代码中 $("a")选择所有的<a>元素,在<a>元素的单击事件中,each()方法遍历所有的<a>元素并删除<a>元素上的"select"类别。 $(this)代表当前被单击的<a>元素,$(this).addClass("select")是给当前被单击的<a>元素增加"select"类别。

8.3　扑克翻牌游戏设计的步骤

8.3.1　设计 CSS(matchgame.css)

　　根据程序设计的思路,设计如下的 CSS 文件。

```css
body
{
    text - align: center;
    background - image: url("../images/bg.jpg");
}
#game
{
    width: 502px; height: 462px;
    margin: 0 auto;
    border: 1px solid #666;
    border - radius: 10px;
    background - image: url("../images/table.jpg");
    position: relative;
    display: - webkit - box;
    - webkit - box - pack:center;
    - webkit - box - align:center;
}
#cards //所有的扑克牌显示区域
{
    width: 380px; height: 400px; position: relative; margin:30px auto;
}
.card
{
    width: 80px; height: 120px; position: absolute;
}
.face
{
    width:100 % ;
    height:100 % ;
    border - radius:10px;
    position: absolute;
    - webkit - backface - visibility: hidden;
    - webkit - transition:all .3s;
}
.front
{
    background: #999 url("../images/deck.png")0 - 480px;
```

```
        z - index: 10;
    }
    .back
    {
        background: #efefef url("../images/deck.png");
        -webkit-transform: rotateY(-180deg);
        z-index: 8;
    }
    .face:hover
    {
        -webkit-box-shadow: 0 0 40px #aaa;
    }
    //牌面定位样式
    .cardAJ{background-position: -800px 0;}
    .cardAQ{background-position: -880px 0;}
    .cardAK{background-position: -960px 0;}
    .cardBJ{background-position: -800px -120px;}
    .cardBQ{background-position: -880px -120px;}
    .cardBK{background-position: -960px -120px;}
    .cardCJ{background-position: -800px -240px;}
    .cardCQ{background-position: -880px -240px;}
    .cardCK{background-position: -960px -240px;}
    .cardDJ{background-position: -800px -360px;}
    .cardDQ{background-position: -880px -360px;}
    .cardDK{background-position: -960px -360px;}
    .card-flipped .front
    {
        //保证牌底在牌面下面,z-index 值切换为小值
        z-index: 8;
        -webkit-transform: rotateY(180deg);
    }
    .card-flipped .back
    {
        //保证牌底在牌面上面,z-index 值切换为大值
        z-index: 10;
        //前面牌面已经翻过去,现在翻回来
        -webkit-transform: rotateY(0deg);
    }
    //移除牌
    .card-removed{ opacity: 0;}
```

8.3.2 游戏页面 index.html

在游戏页面中,整个游戏区域是一个 id="cards"的<div>,而每张牌的区域是一个 class="card"的<div>,其中含上下层两个<div>,<div class="face front">是上层显示牌面,<div class="face back">是下层显示牌面。

```
<div class="card">
<div class="face front"></div>
<div class="face back"></div>
</div>
```

注意,最初仅仅有 1 张牌的区域,其余的 23 张牌的区域是页面加载后复制实现的。页面加载后,首先利用 Array.sort()方法将 deck 数组存储的牌随机排序,实现洗牌效果;然

后调整 CSS 坐标属性"left"、"top"，设置每张牌的区域<div>在屏幕上的位置；最后在每张牌的区域<div>中的下层<div class="face back">添加类别（如.cardAJ、.cardBJ）就可以显示对应牌面。

```
<!DOCTYPE html>
<html>
<head>
<meta charset="UTF-8">
<title>html5 扑克翻牌游戏</title>
<link href="styles/matchgame.css" rel="stylesheet">
</head>
<body>
<script type="text/javascript" src="matchgame.js"></script>
<script type="text/javascript" src="jquery-1.11.1.min.js"></script>
<section id="game">
    <div id="cards">
        <div class="card">
            <div class="face front"></div>
            <div class="face back"></div>
        </div>
    </div>
</section>
<script type="text/javascript">
var success = false;
$(document).ready(function(){
    //实现随机洗牌
    matchingGame.deck.sort(shuffle);
    var $card = $(".card");
    for(var i=0;i<23;i++)                          //复制23张牌的区域
    {
        $card.clone().appendTo($("#cards"));
    }
    //对每张牌进行设置
    $(".card").each(function(index)
    {
        //调整坐标
        $(this).css({
            "left":(matchingGame.cardWidth+20)*(index%8)+"px",
            "top":(matchingGame.cardHeight+20)*Math.floor(index/8)+"px"
        });
        //从数组deck取一个牌,如"cardAK","cardBJ"
        var pattern = matchingGame.deck.pop();
        //data()方法向被选元素附加数据,这里"pattern"存储牌类别数据,如"cardAK","cardBJ"
        $(this).data("pattern",pattern);
        //把其翻牌后的对应牌面附加上去
        $(this).find(".back").addClass(pattern);   //添加类别就可以显示对应牌面
        $(this).click(selectCard);                 //指定单击牌事件的功能函数 selectCard()
    });
});
</script>
<div style="text-align:center;margin:50px 0; font:normal 44px/56px ">
<p>扑克翻牌游戏</p>
<div id="timer"></div>
</div>
```

163

```
<script type = "text/javascript" language = "javascript">
var success = false;
var d1 = new Date();                                    //年月日时分秒
var d2 = d1.getTime() + 2 * 60 * 1000
var endDate = new Date(d2);
function daoJiShi()
{
    var now = new Date();
    var oft = Math.round((endDate - now)/1000);          //毫秒换算成秒
    var ofd = parseInt(oft/3600/24);
    var ofh = parseInt((oft % (3600 * 24))/3600);
    var ofm = parseInt((oft % 3600)/60);
    var ofs = oft % 60;
    document.getElementById('timer').innerHTML = '还有 ' + ofm + ' 分钟 ' + ofs + '秒';
    if(success == true) return;                          //停止计时
    if(ofs < 0){
        document.getElementById('timer').innerHTML = '倒计时结束!';
        if(success == false)alert('你挑战失败了!');
        return;
    };
    setTimeout('daoJiShi()',1000);
};
daoJiShi();
</script>
</body>
</html>
```

8.3.3　设计脚本(matchgame.js)

定义存储所有牌的数组 deck。

```
var matchingGame = {};
matchingGame.cardWidth = 80;                             //牌宽
matchingGame.cardHeight = 120;
//存储所有的牌
matchingGame.deck =
    [
        "cardAK","cardAK", "cardAQ","cardAQ", "cardAJ","cardAJ",
        "cardBK","cardBK", "cardBQ","cardBQ", "cardBJ","cardBJ",
        "cardCK", "cardCK", "cardCQ","cardCQ", "cardCJ","cardCJ",
        "cardDK", "cardDK", "cardDQ","cardDQ", "cardDJ","cardDJ"
    ]
//随机排序函数,返回 - 1 或 1
function shuffle()
{
    //Math.random 返回 0～1 的数
    return Math.random() > 0.5 ? - 1 : 1
}
```

单击牌事件的功能函数 selectCard(),实现翻牌的功能。被翻过的牌都已添加"card-flipped"类别,所以 $("card-flipped")获取所有的翻过牌的< div >,数量超过 1 则说明已翻了两张牌,不能再翻牌,从而退出翻牌。

若翻动了两张牌,检测是否相同。

164

```
function selectCard() {                                    //翻牌功能的实现
    var $ fcard = $ (".card - flipped");
    //翻了两张牌后退出翻牌
    if( $ fcard.length > 1)
    {
        return;
    }
    $ (this).addClass("card - flipped");
//以下是若翻动了两张牌,检测一致性
    var $ fcards = $ (".card - flipped");
    if( $ fcards.length == 2)
    {
        setTimeout(function(){
            checkPattern( $ fcards);},700);
    }
}
//检测两张牌是否一致
function checkPattern(cards)
{
    var pattern1 = $ (cards[0]).data("pattern");           //第一张牌牌面数据
    var pattern2 = $ (cards[1]).data("pattern");           //第二张牌牌面数据
    $ (cards).removeClass("card - flipped");               //删除"card - flipped"类别
    if(pattern1 == pattern2)                               //牌面数据相同
    {
        $ (cards).addClass("card - removed");              //透明效果
        var $ fcards = $ (".card - removed");
        if( $ fcards.length == 24)
        {
            alert("恭喜你成功了!");
            success = true;
        }
    }
}
```

至此,完成扑克翻牌游戏。

第 9 章

推箱子游戏

9.1 推箱子游戏介绍

视频讲解

经典的推箱子是一个来自日本的古老游戏,目的是在训练玩家的逻辑思考能力。在一个狭小的仓库中,要求把木箱放到指定的位置,稍不小心就会出现箱子无法移动或者通道被堵住的情况,所以需要巧妙地利用有限的空间和通道,合理安排移动的次序和位置,才能顺利地完成任务。

推箱子游戏功能如下:

游戏运行载入相应的地图,屏幕中出现一个推箱子的工人,其周围是围墙 、人可以走的通道 、几个可以移动的箱子 和箱子放置的目的地 。让玩家通过按上、下、左、右键控制工人 推箱子,当箱子都推到了目的地后出现过关信息,并显示下一关。推错了玩家可以撤销移动或者重新玩这关,直到通过全部关卡。

推箱子游戏的运行界面如图 9-1 所示。

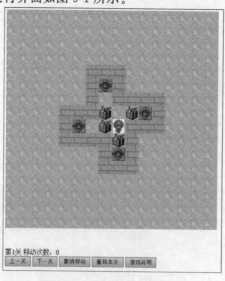

图 9-1 推箱子游戏的运行界面

本游戏使用的图片元素的含义如图 9-2 所示。

| ball.gif | block.gif | box.gif | down.png | redbox.gif | wall.gif |
| 目的地 | 通道 | 箱子 | 工人 | 箱子已在目的地 | 围墙 |

图 9-2 本游戏使用的图片元素的含义

人物行走不同方向使用不同的图片如图 9-3 所示。

down.png　　left.png　　right.png　　up.png

图 9-3 人物行走不同方向使用不同的图片

9.2 推箱子游戏设计的思路

先来确定一下开发难点。对工人的操作很简单,就是 4 个方向移动。注意在工人移动时箱子也移动,此效果对按键处理的要求也比较简单。当箱子到达目的地位置时,需会产生游戏过关事件,需要一个逻辑判断。那么仔细想一下,这些所有的事件都发生在一张地图中。这张地图包括了箱子的初始化位置、箱子最终放置的位置,以及围墙障碍等。每一关地图都要更换,这些位置也要变。所以每一关的地图数据是最关键的,它决定了每一关的不同场景和物体位置。那么下面就重点分析一下地图。

假设把地图想象成一个网格,每个格子就是工人每次移动的步长,也是箱子移动的距离,这样问题就简化多了。首先设计一个 16×16 的二维数组 curMap。按照这样的框架来思考。对于格子的 X,Y 两个屏幕像素坐标,可以由二维列表下标换算。

每个格子状态值分别用值(0)代表通道 Block,(1)代表墙 Wall,(2)代表目的地 Ball,(3)代表箱子 Box,(4)代表工人 CurMan,(5)代表放到目的地的箱子 redBox。文件中存储的原始地图中格子的状态值采用相应的整数形式存放。

在玩家通过键盘控制工人推箱子的过程中,需要按游戏规则进行判断是否响应该按键指示。下面分析一下工人将会遇到什么情况,以便归纳出所有的规则和对应算法。为了描述方便,可以假设工人移动趋势方向为向右,其他方向原理是一致的。如图 9-4 所示,P1、P2 分别代表工人移动趋势方向的前两个方格。

游戏规则判断如下。

(1) 判断 P1 是否出界,出界则退出规则判断,布局不做任何改变。

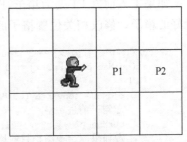

图 9-4 工人移动趋势(向右)

```
if(p1.x < 0) return false;
if(p1.y < 0) return false;
```

```
if(p1.y>=curMap.length) return false;
if(p1.x>=curMap[0].length) return false;
```

（2）前方 P1 是围墙。

如果工人前方是围墙（即阻挡工人的路线）

{

退出规则判断，布局不做任何改变；

}

```
if(curMap[p1.y][p1.x]==1)return false;        //如果是墙,不能通行
```

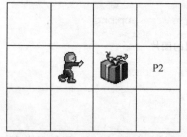

图 9-5　工人前方是箱子

（3）前方 P1 是箱子，如图 9-5 所示。

在前面的情况中，只要根据前方 P1 处的物体就可以判断出工人是否可以移动，而在第 3 种情况中，需要判断箱子前方 P2 处的物体才能判断出工人是否可以移动。此时有以下几种可能。

① P1 处为箱子或者放到目的地的箱子，P2 处为墙或箱子。

如果工人前方 P1 处为箱子或者放到目的地的箱子，P2 处为墙或箱子，退出规则判断，布局不做任何改变。

```
if(curMap[p1.y][p1.x]==3 ||curMap[p1.y][p1.x]==5)   //如果是箱子,继续判断前一格
{
    if(curMap[p2.y][p2.x]==1 || curMap[p2.y][p2.x]==3 ||
            curMap[p2.y][p2.x]==5)                   //前一格如果是墙或箱子,则不能前进
        return false;
}
```

② P1 处为箱子或者放到目的地的箱子，P2 处为通道。

如果工人前方 P1 处为箱子，P2 处为通道，工人可以进到 P1 方格，P2 方格状态为箱子。修改相关位置格子的状态值。

③ P1 处为箱子或者放到目的地的箱子，P2 处为目的地。

如果工人前方 P1 处为箱子，P2 处为目的地，工人可以进到 P1 方格，P2 方格状态为放置好的箱子。修改相关位置格子的状态值。

```
if(curMap[p1.y][p1.x]==3 ||curMap[p1.y][p1.x]==5)      //如果是箱子,继续判断前一格
    if(curMap[p2.y][p2.x]==0 || curMap[p2.y][p2.x]==2)  //如果 P2 为通道或者目的地
    {
        oldMap = copyArray(curMap);                    //记录现在的地图
        //箱子前进一格
        curMap[p2.y][p2.x]=3;
        //如果原始地图是目的地或者是放到目的地的箱子
        if(CurLevel[p2.y][p2.x]==2 ||CurLevel[p2.y][p2.x]==5)
            curMap[p2.y][p2.x]=5;
    }
canReDo = true;
//工人前进一格
curMap[p1.y][p1.x]=4;                                  //4 代表工人
```

```
//处理工人原来位置是显示目的地还是通道平地
var v = CurLevel[per_position.y][per_position.x];        //获取工人原来位置原始地图信息
if(v == 2 || v == 5){ //如果原来位置是目的地或者放到目的地的箱子
    curMap[per_position.y][per_position.x] = 2;          //显示目的地
else
    curMap[per_position.y][per_position.x] = 0;          //显示通道平地
}
```

综合前面的分析,可以设计出整个游戏的实现流程。

9.3　推箱子游戏设计的步骤

9.3.1　游戏页面 pushbox.html

```
< html >
< head >
< title >推箱子游戏</title >
< meta http - equiv = content - type content = "text/html; charset = utf - 8">
</head >

< body onload = "init()" onkeydown = "DoKeyDown(event)">
< canvas id = "myCanvas" width = "560" height = "560">浏览器还不支持哦</canvas >
< div id = "msg"></div >
< img id = "block" src = "img/block.gif" style = "display:none;">
< img id = "wall" src = "img/wall.gif" style = "display:none;">
< img id = "ball" src = "img/ball.gif" style = "display:none;">
< img id = "box" src = "img/box.gif" style = "display:none;">
< img id = "redbox" src = "img/redbox.gif" style = "display:none;">
< img id = "pleft" src = "img/left.png" style = "display:none;">
< img id = "pright" src = "img/right.png" style = "display:none;">
< img id = "pup" src = "img/up.png" style = "display:none;">
< img id = "pdown" src = "img/down.png" style = "display:none;">
< input type = "button" value = "上一关" onclick = "NextLevel(-1)">
< input type = "button" value = "下一关" onclick = "NextLevel(1)">
< input type = "button" value = "撤销移动" onclick = "Redo()">
< input type = "button" value = "重玩本关" onclick = "NextLevel(0)">
< input type = "button" value = "游戏说明" onclick = "DoHelp()">
< script type = "text/javascript" src = "mapdata100.js"></script >
< script type = "text/javascript" src = "pushbox1.js"></script >
</body >
</html >
```

游戏页面主要设置图片素材对应的 id。例如,箱子图片的 id 是"box",目的地图片的 id 是"ball",通道图片的 id 是"block",已在目的地的箱子 id 是"redbox",墙图片的 id 是 "wall"。人物的上下左右方向图片的 id 分别是"pleft"、"pright"、"pup"、"pdown"。

界面上添加 5 个功能按钮,实现"上一关""下一关""撤销移动""重玩本关""游戏说明"功能。

9.3.2　设计脚本(pushbox1.js)

1. 设计游戏地图

整个游戏在 16×16 区域中,使用二维数组 curMap 存储游戏的状态。其中,方格状态值 0 代表通道,1 代表墙,2 代表目的地,3 代表箱子,4 代表工人,5 代表放到目的地的箱子。

例如图 9-1 所示推箱子游戏界面的对应数据如下：

0	0	0	0	0	0	0	0	0	0	0	0	0	0	0	0
0	0	0	0	0	0	0	0	0	0	0	0	0	0	0	0
0	0	0	0	0	0	0	0	0	0	0	0	0	0	0	0
0	0	0	0	0	0	0	0	0	0	0	0	0	0	0	0
0	0	0	0	0	0	1	1	1	0	0	0	0	0	0	0
0	0	0	0	0	0	1	2	1	0	0	0	0	0	0	0
0	0	0	0	0	0	1	0	1	1	1	1	0	0	0	0
0	0	0	0	1	1	1	3	0	3	2	1	0	0	0	0
0	0	0	0	1	2	0	3	4	1	1	1	0	0	0	0
0	0	0	0	1	1	1	1	3	1	0	0	0	0	0	0
0	0	0	0	0	0	0	1	2	1	0	0	0	0	0	0
0	0	0	0	0	0	0	1	1	1	0	0	0	0	0	0
0	0	0	0	0	0	0	0	0	0	0	0	0	0	0	0
0	0	0	0	0	0	0	0	0	0	0	0	0	0	0	0
0	0	0	0	0	0	0	0	0	0	0	0	0	0	0	0
0	0	0	0	0	0	0	0	0	0	0	0	0	0	0	0

每关地图方格状态值采用 levels 数组存储，如 levels[0]存储第一关，levels[1]存储第二关，以此类推。本游戏存储 100 关信息，所以把数组 levels 单独放置在"mapdata100.js"脚本文件中。

第一关如下：

```
var levels = [];
levels[0] = [
[0,0,0,0,0,0,0,0,0,0,0,0,0,0,0,0],
[0,0,0,0,0,0,0,0,0,0,0,0,0,0,0,0],
[0,0,0,0,0,0,0,0,0,0,0,0,0,0,0,0],
[0,0,0,0,0,0,0,0,0,0,0,0,0,0,0,0],
[0,0,0,0,0,0,1,1,1,0,0,0,0,0,0,0],
[0,0,0,0,0,0,1,2,1,0,0,0,0,0,0,0],
[0,0,0,0,0,0,1,0,1,1,1,1,0,0,0,0],
[0,0,0,0,1,1,1,3,0,3,2,1,0,0,0,0],
[0,0,0,0,1,2,0,3,4,1,1,1,0,0,0,0],
[0,0,0,0,1,1,1,1,3,1,0,0,0,0,0,0],
[0,0,0,0,0,0,0,1,2,1,0,0,0,0,0,0],
[0,0,0,0,0,0,0,1,1,1,0,0,0,0,0,0]
[0,0,0,0,0,0,0,0,0,0,0,0,0,0,0,0],
[0,0,0,0,0,0,0,0,0,0,0,0,0,0,0,0],
[0,0,0,0,0,0,0,0,0,0,0,0,0,0,0,0],
[0,0,0,0,0,0,0,0,0,0,0,0,0,0,0,0]];
```

第二关如下：

```
levels[1] = [
[0,0,0,0,0,0,0,0,0,0,0,0,0,0,0,0],
[0,0,0,0,0,0,0,0,0,0,0,0,0,0,0,0],
[0,0,0,0,0,0,0,0,0,0,0,0,0,0,0,0],
[0,0,0,0,1,1,1,1,1,0,0,0,0,0,0,0],
```

```
    [0,0,0,0,1,4,0,0,1,0,0,0,0,0,0,0],
    [0,0,0,0,1,0,3,3,1,0,1,1,1,0,0,0],
    [0,0,0,0,1,0,3,0,1,0,1,2,1,0,0,0],
    [0,0,0,0,1,1,1,0,1,1,1,2,1,0,0,0],
    [0,0,0,0,0,1,1,0,0,0,0,2,1,0,0,0],
    [0,0,0,0,0,1,0,0,0,1,0,0,1,0,0,0],
    [0,0,0,0,0,1,0,0,0,1,1,1,1,0,0,0],
    [0,0,0,0,0,1,1,1,1,1,0,0,0,0,0,0],
    [0,0,0,0,0,0,0,0,0,0,0,0,0,0,0,0],
    [0,0,0,0,0,0,0,0,0,0,0,0,0,0,0,0],
    [0,0,0,0,0,0,0,0,0,0,0,0,0,0,0,0],
    [0,0,0,0,0,0,0,0,0,0,0,0,0,0,0,0]];
```

程序初始时,获取对应的图片,并将本关 iCurLevel 的地图信息 levels[iCurLevel]复制到当前游戏地图数据数组 curMap 和 CurLevel。curMap 初始与 CurLevel 相同,游戏中记录不断改变游戏状态。CurLevel 是当前关游戏地图数据,游戏中不变,主要用来获取箱子目的地和判断游戏是否结束。

```
var w = 32;
var h = 32;
var curMap;                              //当前游戏地图数据数组,初始与 CurLevel 相同,游戏中改变
var oldMap;                              //保存上次人物移动前地图数据数组
var CurLevel;                            //当前关游戏地图数据,游戏中不变,用来判断游戏是否结束
var iCurLevel = 0;                       //当前是第几关
var curMan;                              //当前小人图片
var UseTime = 0;                         //当前关用时,单位为秒
var MoveTimes = 0;                       //移动次数
var mycanvas = document. getElementById('myCanvas');
var context = mycanvas. getContext('2d');
var block = document. getElementById("block");
var box = document. getElementById("box");
var wall = document. getElementById("wall");
var ball = document. getElementById("ball");
var redbox = document. getElementById("redbox");
var pdown = document. getElementById("pdown");
var pup = document. getElementById("pup");
var pleft = document. getElementById("pleft");
var pright = document. getElementById("pright");
var msg = document. getElementById("msg");
function init()
{
    initLevel();
    showMoveInfo();
}
```

initLevel()函数将本关地图信息复制到当前游戏地图数据数组 curMap 和 CurLevel,并在屏幕上画出通道、箱子、墙、人物、目的地信息。

```
function initLevel()
{
    curMap = copyArray(levels[iCurLevel]);
    oldMap = copyArray(curMap);
    CurLevel = copyArray(levels[iCurLevel]);
    curMan = pdown;
```

```
        DrawMap(curMap);                    //画出通道、箱子、墙、人物、目的地信息
}
function copyArray(arr)                     //复制二维数组
{
    var b = [];
    for(i = 0;i < arr.length;i++)
        b[i] = arr[i].concat();
    return b;
}
```

为了保存工人所在位置,使用 per_position 保存。初始位置在(5,5)坐标。当然,在绘制游戏时会根据地图信息修改工人所在位置 per_position。

```
function Point(x,y)
{
    this.x = x;
    this.y = y;
}
var per_position = new Point(5,5);
```

2. 绘制整个游戏区域图形

绘制整个游戏区域图形就是按照地图 level 存储图形代号,获取对应图像,显示到 Canvas 上。全局变量 per_position 代表工人当前位置(x,y),从地图 level 读取时如果是 4(工人值为 4),则 per_position 记录当前位置。游戏中为了达到清屏效果,每次工人移动后重画屏幕前,用通道重画整个游戏区域,相当于清除原有画面后再绘制新的图案。

```
function InitMap()                         //画通道,平铺方块
{
    for(var i = 0;i < CurLevel.length;i++){
        for(var j = 0;j < CurLevel[i].length;j++){
            context.drawImage(block,w * i,h * j,w,h);
        }
    }
}
function DrawMap(level)                     //画箱子、墙、人物、目的地
{
    //context.clearRect ( 0 , 0 , w * 16 , h * 16 );
    InitMap();                             //画通道,平铺方块
    for(i = 0;i < level.length;i++)        //行号
    {
        for(j = 0;j < level[i].length;j++)     //列号
        {
            var pic = block;
            switch(level[i][j])
            {
                case 0:                    //通道
                    pic = block;
                    break;
                case 1:                    //墙
                    pic = wall;
                    break;
                case 2:                    //目的地
                    pic = ball;
```

```
                        break;
            case 3:                        //箱子
                pic = box;
                break;
            case 5:                        //放到目的地的箱子
                pic = redbox;
                break;
            case 4:                        //工人
                pic = curMan;
                per_position.x = j;        //per_position 记录工人当前位置 x,y
                per_position.y = i;
                break;
        }
        //绘制图像
        context.drawImage(pic, w * j - (pic.width - w)/2, h * (i) - (pic.height - h), pic.
width, pic.height);
        }
    }
}
```

3. 按键事件处理

游戏中对用户的按键操作,采用 Canvas 对象的 KeyPress 按键事件来处理。KeyPress 按键处理函数 DoKeyDown(event)根据用户的按键消息,计算出工人移动趋势方向前两个方格位置坐标 p1、p2,将所有位置作为参数调用 TryGo(p1,p2)方法判断并进行地图更新。

```
function DoKeyDown(event)                //判断用户按键,获取移动方向
{
    switch(event.keyCode)    {
        case 37:                         //left 向左键
            go('left');
            msg.innerHTML = "left";
            break;
        case 38:                         //up 向上键
            go('up');
            break;
        case 39:                         //right 向右键
            go('right');
            break;
        case 40:                         //down 向下键
            go('down');
            break;
    }
}
function go(dir)                         //按键处理
{
    var p1,p2;                           //分别代表工人移动趋势方向前两个方格
    switch(dir)                          //分析按键消息
    {
        case "left":                     //向左
            curMan = pleft;              //人物图片为向左走的图片
            p1 = new Point(per_position.x - 1, per_position.y);
            p2 = new Point(per_position.x - 2, per_position.y);
```

```
                break;
        case "right":                          //向右
            curMan = pright;                    //人物图片为向右走的图片
            p1 = new Point(per_position.x + 1, per_position.y);
            p2 = new Point(per_position.x + 2, per_position.y);
            break;
        case "up":                             //向上
            curMan = pup;                        //人物图片为向上走的图片
            p1 = new Point(per_position.x, per_position.y - 1);
            p2 = new Point(per_position.x, per_position.y - 2);
            break;
        case "down":                           //向下
            curMan = pdown;                     //人物图片为向下走的图片
            p1 = new Point(per_position.x, per_position.y + 1);
            p2 = new Point(per_position.x, per_position.y + 2);
            break;
    }
    if(TryGo(p1, p2))                          //如果能够移动
    {
        this.MoveTimes++;                      //次数加 1
        showMoveInfo();                        //显示移动次数信息
    }
    DrawMap(curMan);
    if(CheckFinish())
    {
        alert("恭喜过关。");
        NextLevel(1);                          //开始下一关
    }
}
```

TryGo(p1,p2)方法是最复杂的部分,实现前面所分析的所有的规则和对应算法。

```
function TryGo(p1, p2)                                   //判断是否可以移动
{
    //判断是否在游戏区域
    if(p1.x < 0) return false;
    if(p1.y < 0) return false;
    if(p1.y >= curMap.length) return false;
    if(p1.x >= curMap[0].length) return false;
    if(curMap[p1.y][p1.x] == 1)return false;            //如果是墙,不能通行
    if(curMap[p1.y][p1.x] == 3 || curMap[p1.y][p1.x] == 5)   //如果是箱子,继续判断前一格
    {
        if(curMap[p2.y][p2.x] == 1 || curMap[p2.y][p2.x] == 3 ||
            curMap[p2.y][p2.x] == 5)                    //前一格如果是墙或箱子,则不能前进
        return false;
        if(curMap[p2.y][p2.x] == 0 || curMap[p2.y][p2.x] == 2)   //如果 P2 为通道或者目的地
        {
            oldMap = copyArray(curMap);                 //记录现在地图
            //箱子前进一格
            curMap[p2.y][p2.x] = 3;
            //如果原始地图是目的地或者是放到目的地的箱子
            if(CurLevel[p2.y][p2.x] == 2 || CurLevel[p2.y][p2.x] == 5)
                curMap[p2.y][p2.x] = 5;
        }
    }
```

```
        canReDo = true;
        //工人前进一格
        curMap[p1.y][p1.x] = 4;
        //以下处理工人原来位置是显示目的地还是通道平地
        var v = CurLevel[per_position.y][per_position.x];        //获取工人原来位置原始地图信息
        if(v == 2 || v == 5)                                     //如果原来是目的地
            curMap[per_position.y][per_position.x] = 2
        else
            curMap[per_position.y][per_position.x] = 0;          //显示通道平地

        per_position = p1;                                       //记录位置
        return true;
}
```

CheckFinish()函数用于判断是否完成本关。如果原始地图目标位置上没放箱子(也就是此位置不是放到目的地的箱子 curMap[i][j]!=5),则表明有没放好的箱子,游戏还未过关,反之游戏过关。

```
function CheckFinish()                                          //验证是否过关
{
    for(var i = 0;i < curMap.length;i++)                        //行号
    {
        for(var j = 0;j < curMap[i].length;j++)                 //列号
        {                                                       //如果原始地图的目标位置上没放箱子,则还没结束
            if(CurLevel[i][j] == 2 && curMap[i][j]!= 5 || CurLevel[i][j] == 5 && curMap[i][j]!= 5)
                return false;
        }
    }
    return true;
}
```

4. 显示帮助信息

```
var showHelp = false;
function DoHelp()
{
    showHelp = ! showHelp;
    if(showHelp)
    {
        msg.innerHTML = "用键盘的上、下、左、右键移动小人,把箱子全部推到小球的位置即可过关.箱子只可向前推,不能往后拉,并且小人一次只能推动一个箱子.";
    }
    else
        showMoveInfo();
}
function showMoveInfo()
{
    msg.innerHTML = "第" + (iCurLevel + 1) + "关移动次数:" + MoveTimes;
    showHelp = false;
}
```

5. 撤销功能

游戏中 oldMap 用于保存每次移动前的地图信息,执行撤销就是把 oldMap 恢复到当前地图 curMap 中。同时根据地图中记录的信息找到工人位置,修改 per_position 记录的工人

位置信息,最后重新绘制整个游戏屏幕就可以恢复到上一步的状态。

```javascript
var canReDo = false;
function Redo() {                                    //撤销功能
    if (canReDo == false)                            //不能撤销
        return;
    //恢复上次地图
    curMap = copyArray(oldMap);
    for (var i = 0; i < curMap.length; i++)          //行号
    {
        for (var j = 0; j < curMap[i].length; j++)   //列号
        {
            if (curMap[i][j] == 4)                   //如果此处是工人
            {
                per_position = new Point(j, i);
            }
        }
    }
    this.MoveTimes -- ;                              //次数减1
    canReDo = false;
    showMoveInfo();                                  //显示移动次数信息
    DrawMap(curMap);                                 //画箱子、墙、人物、目的地信息
}
```

6. 选关功能

游戏中有"上一关""下一关""重玩本关"这 3 个选关功能,这 3 个选关功能实现方法是一样的。参数 i 如果是 1,则是"下一关";参数 i 如果是-1,则是"上一关";参数 i 如果是0,则是"重玩本关"。主要根据关卡号 iCurLevel,调用 initLevel()函数初始化本关地图,并在屏幕上画出箱子、墙、人物、目的地信息。

```javascript
function NextLevel(i)                                //初始化 i
{
    iCurLevel = iCurLevel + i;
    if(iCurLevel < 0)
    {
        iCurLevel = 0;
        return;
    }
    var len = levels.length;
    if(iCurLevel > len - 1)
    {
        iCurLevel = len - 1;
        return;
    }
    initLevel();
    UseTime = 0;
    MoveTimes = 0;
    showMoveInfo();
}
```

至此,完成经典的推箱子游戏。

第10章

五子棋游戏

10.1 五子棋游戏介绍

视频讲解

　　五子棋是一种家喻户晓的棋类游戏,它的多变吸引了无数的玩家。本章首先实现单机五子棋游戏(两人轮流下),而后改进为人机对战版。整个游戏棋盘格数为 15×15,单击鼠标落子,黑子先落。在每次下棋子前,程序先判断该处有无棋子,有则不能落子,超出边界不能落子。任何一方有横向、竖向、斜向、反斜向连到 5 个棋子则胜利。

　　五子棋游戏的运行界面如图 10-1 所示。

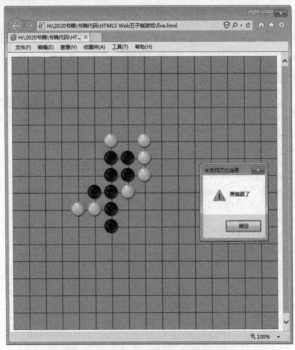

图 10-1　五子棋游戏的运行界面

10.2　五子棋游戏设计的思路

在下棋过程中,为了保存下过的棋子的信息,使用数组 chessData。chessData[x][y]存储棋盘(x,y)处棋子信息,1 代表黑子,2 代表白子,0 为无棋子。

整个游戏运行时,在鼠标单击事件中判断单击位置是否合法,既不能在已有棋的位置单击,也不能超出游戏棋盘边界,如果合法则将此位置信息加入 chessData,同时调用 judge(x,y,chess)判断游戏的输赢。

10.3　关键技术

10.3.1　判断输赢的算法

本游戏关键技术是判断输赢的算法。对于算法具体实现大致如下:
* 判断 X＝Y 轴上是否形成五子连珠;
* 判断 X＝－Y 轴上是否形成五子连珠;
* 判断 X 轴上是否形成五子连珠;
* 判断 Y 轴上是否形成五子连珠。

以上 4 种情况只要任何一种成立,那么就可以判断输赢。

判断输赢实际上不用扫描整个棋盘,如果能得到刚下的棋子位置(x,y),仅在此棋子附近横竖斜方向均判断一遍即可。

judge(x,y,chess)判断这个棋子是否和其他的棋子连成五子,即输赢判断。它是以(x,y)为中心,横向、纵向、斜方向判断并统计相同个数来实现的。

以水平方向(横向)判断为例,以(x,y)为中心计算水平方向棋子数量时,首先向左统计,相同则 count1 加 1;然后向右统计,相同则 count1 加 1。统计完成后,如果 count1＞＝5则说明水平方向连成五子,其他方向同理。

```
function judge(x, y, chess) {              //判断该局的输赢
    var count1 = 0;                        //保存当前共有多少相同的黑色棋子相连
    var count2 = 0;
    var count3 = 0;
    var count4 = 0;
    //左右判断,横向的判断
    //判断横向是否有 5 个棋子相连,特点是纵坐标相同,即 chessData[x][y]中 y 值是相同的
    for(var i = x; i >= 0; i--) {          //向左统计
        if(chessData[i][y] != chess) {
            break;
        }
        count1++;
    }
    for(var i = x + 1; i < 15; i++) {      //向右统计
        if(chessData[i][y] != chess) {
            break;
        }
```

```
        count1++;
    }
    //上下判断,纵向的判断
    for(var i = y; i >= 0; i--) {
        if(chessData[x][i] != chess) {
            break;
        }
        count2++;
    }
    for(var i = y + 1; i < 15; i++) {
        if(chessData[x][i] != chess) {
            break;
        }
        count2++;
    }
    //左上右下判断
    for(var i = x, j = y; i >= 0, j >= 0; i--, j--) {
        if(chessData[i][j] != chess) {
            break;
        }
        count3++;
    }
    for(var i = x + 1, j = y + 1; i < 15, j < 15; i++, j++) {
        if(chessData[i][j] != chess) {
            break;
        }
        count3++;
    }
    //右上左下判断
    for(var i = x, j = y; i >= 0, j < 15; i--, j++) {
        if(chessData[i][j] != chess) {
            break;
        }
        count4++;
    }
    for(var i = x + 1, j = y - 1; i < 15, j >= 0; i++, j--) {
        if(chessData[i][j] != chess) {
            break;
        }
        count4++;
    }
    if(count1 >= 5 || count2 >= 5 || count3 >= 5 || count4 >= 5) {
        if(chess == 1)
            alert("白棋赢了");
        else
            alert("黑棋赢了");
        isWell = true; //设置该局已经赢了,不可以再下棋
    }
}
```

　　程序中 judge(x, y, chess) 函数判断 4 种情况下是否连成五子从而判断出输赢。本程序中每下一步棋子,调用 judge(x, y, chess) 函数判断是否已经连成五子,如果已经连成五子,则弹出显示输赢结果对话框。

10.3.2　图形上色

如果想要给图形上色,有两个重要的属性可以做到: fillStyle 和 strokeStyle。

```
fillStyle = color
strokeStyle = color
```

strokeStyle 是用于设置图形轮廓的颜色,而 fillStyle 用于设置填充颜色。color 可以是表示 CSS 颜色值的字符串、渐变对象或者图案对象。默认情况下,线条和填充颜色都是黑色(CSS 颜色值 #000000)。

下面的例子都表示同一种颜色。

```
//这些 fillStyle 的值均为 '橙色'
ctx.fillStyle = "orange";
ctx.fillStyle = "#FFA500";
ctx.fillStyle = "rgb(255,165,0)";
ctx.fillStyle = "rgba(255,165,0,1)";
```

本游戏中棋盘的背景色即是采用"orange"。

```
context.fillStyle = "orange";
context.fillRect(0,0,640,640);
```

10.4　五子棋游戏设计的步骤

10.4.1　游戏页面 five.html

游戏页面很简单,就是页面加载< body onload = "drawRect()">调用 drawRect()函数绘制棋盘,从而开始游戏。

```
</head>
< body onload = "drawRect()">
< div >
< canvas width = "640" id = "canvas" onmousedown = "play(event)" height = "640"> </canvas >
</div >
</body >
</html >
```

10.4.2　设计脚本(Main.js)

1. 初始化棋盘数组

定义两个棋子图片对象 img_b 和 img_w,初始化棋盘数组 chessData,其值 0 为没有走过的,1 为白棋走的,2 为黑棋走的; 所以最初值都是 0。

```
< script type = "text/javascript">
    var canvas;
    var context;
    var isWhite = false;                    //设置是否该轮到白棋
```

```
    var isWell = false;                        //设置该局棋盘是否赢了,如果赢了就不能再走了
    var img_b = new Image();
    img_b.src = "images/w.png";                //白棋图片
    var img_w = new Image();
    img_w.src = "images/b.png";                //黑棋图片
    var chessData = new Array(15);             //这个为棋盘的二维数组,用来保存棋盘信息
    //初始化 0 为没有走过的,1 为白棋走的,2 为黑棋走的
    for(var x = 0; x < 15; x++) {
        chessData[x] = new Array(15);
        for (var y = 0; y < 15; y++) {
            chessData[x][y] = 0;
        }
    }
```

2. 绘制棋盘

页面加载完毕时调用 drawRect()函数,在页面上绘制 15×15 五子棋棋盘。

```
function drawRect() {                                //页面加载完毕调用函数,页面上绘制五子棋棋盘
    canvas = document.getElementById("canvas");
    context = canvas.getContext("2d");
    context.fillStyle = "orange";
    context.fillRect(0,0,640,640);
    context.fillStyle = "#000000";
    for(var i = 0; i <= 640; i += 40) {        //绘制棋盘的线
        context.beginPath();
        context.moveTo(0, i);
        context.lineTo(640, i);
        context.closePath();
        context.stroke();
        context.beginPath();
        context.moveTo(i, 0);
        context.lineTo(i, 640);
        context.closePath();
        context.stroke();
    }
}
```

3. 走棋函数

鼠标单击事件中判断单击位置是否合法,既不能在已有棋的位置单击,也不能超出游戏棋盘边界,如果合法则将此位置信息记录到 chessData(数组)中,最后是本游戏关键输赢判断。程序中调用 judge(x,y,chess)函数判断输赢。判断 4 种情况下是否连成五子,得出谁赢。

```
function play(e) {                                //鼠标单击时发生
    //从像素坐标换算成棋盘坐标
    //计算鼠标单击的位置,如果单击(65,65)位置,那么就是棋盘(1,1)的位置
    var x = parseInt((e.clientX - 20) / 40);
    var y = parseInt((e.clientY - 20) / 40);
    if(chessData[x][y] != 0) {                   //判断该位置是否被下过了
        alert("你不能在这个位置下棋");
        return;
    }
    if(isWhite) {                                //是否是白棋
```

```
            isWhite = false;                    //换下一方走棋
            drawChess(1, x, y);                 //绘制白棋
        }
        else {
            isWhite = true;                     //换下一方走棋
            drawChess(2, x, y);                 //绘制黑棋
        }
    }
```

4. 画棋子函数

drawChess(chess,x,y)函数中参数 chess 为棋(1 为白棋,2 为黑棋),(x,y)为棋盘即数组位置。

```
function drawChess(chess,x,y){              //参数 chess 为棋(1 为白棋,2 为黑棋),x, y 为数组位置
    if(isWell == true) {
        alert("已经结束了,如果想要重新玩,请刷新");
        return;
    }
    if(x >= 0 && x < 15 && y >= 0 && y < 15) {
        if(chess == 1) {
            context.drawImage(img_w, x * 40 + 20, y * 40 + 20);      //绘制白棋
            chessData[x][y] = 1;
        }
        else {
            context.drawImage(img_b, x * 40 + 20, y * 40 + 20);      //绘制黑棋
            chessData[x][y] = 2;
        }
        judge(x, y, chess);
    }
}
```

10.5 人机五子棋游戏的开发

前面开发的五子棋游戏仅仅能够实现两个人轮流下棋,如果改进成人机五子棋对弈则比较具有挑战性。人机五子棋对弈需要人工智能技术,棋类游戏实现人工智能的算法通常有以下 3 种。

(1) 遍历式算法。

这种算法的原理是：按照游戏规则,遍历当前棋盘布局中所有可以下棋的位置,然后假设在第一个位置下棋,得到新的棋盘布局,再进一步遍历新的棋盘布局。如果遍历到最后也不能战胜对手,则退回到最初的棋盘布局,重新假设在第二个位置下棋,继续遍历新的棋盘布局,这样反复地遍历,直到找到能最终战胜对手的位置。这种算法可使电脑棋艺非常高,每一步都能找出最关键的位置。然而这种算法的计算量非常大,对 CPU 的要求很高。

(2) 思考式算法。

这种算法的原理是：事先设计一系列的判断条件,根据这些判断条件遍历棋盘,选择最佳的下棋位置。这种算法的程序往往比较复杂而且只有本身棋艺很高的程序员才能制作出"高智商的电脑"。

(3) 棋谱式算法。

这种算法的原理是：事先将常见的棋盘局部布局存储成棋谱,然后在走棋之前只对棋

盘进行一次遍历,依照棋谱选择关键的位置。这种算法的程序思路清晰,计算量相对较小,而且只要棋谱足够多,也可以使电脑的棋艺达到一定的高度。

本实例采用棋谱式算法,实现人工智能。为此设计 Computer 类,实现电脑(白方)落子位置的计算。

首先,使用数组 Chess 存储棋谱,形式如下:黑棋(B),白棋(W),无棋(N),需要下棋位置(S)。

```
//一个棋子的情况
[ N,    N,    N,    S,    B ],
…
//两个棋子的情况
…
//三个棋子的情况
[ N,    S,    B,    B,    B ],
[ B,    B,    B,    S,    N ],
[ N,    B,    B,    B,    S ],
[ N,    B,    S,    B,    B ],
[ B,    B,    S,    B,    N ],
[ N,    S,    W,    W,    W ],
[ W,    W,    W,    S,    N ],
[ N,    W,    W,    W,    S ],
[ N,    W,    S,    W,    W ],
[ W,    W,    S,    W,    N ],
//四个棋子的情况
[ S,    B,    B,    B,    B ],
[ B,    S,    B,    B,    B ],
[ B,    B,    S,    B,    B ],
[ B,    B,    B,    S,    B ],
[ B,    B,    B,    B,    S ],
[ S,    W,    W,    W,    W ],
[ W,    S,    W,    W,    W ],
[ W,    W,    S,    W,    W ],
[ W,    W,    W,    S,    W ],
[ W,    W,    W,    W,    S ]
```

数组中行数越高,表明该行棋谱中 S 位置越重要,电脑走最重要的位置。

例如,棋谱[N,S,B,B,B]表示玩家(人)的黑棋(B)已有三子连线了,电脑必须在此附近下棋,其中 S 为需要电脑下子的位置,N 为空位置。棋谱[S,B,B,B,B]表示玩家(人)的黑棋(B)已有四子连线了。当然棋谱[S,B,B,B,B]级别高于棋谱[N,S,B,B,B]。

然后,有了棋谱后就是遍历棋盘的信息是否符合某个棋谱,判断时从级别高的棋谱判断到级别低的棋谱(即从数组中行数最高 Chess.length−1 开始判断)。如果符合某个棋谱,则按棋谱指定的位置存储到(m_nCurRow,m_nCurCol),如果所有棋谱都不符合,则随便找一个空位置。

实现人工智能的算法的 coputer.js 脚本如下:

```
var KONG = 0;              //空位置 KONG
var BLACK = 2;             //黑色棋子
var WHITE = 1;             //白色棋子
var N = 0;                 //空位置
var B = 2;                 //有黑色棋子(人的棋)
var W = 1;                 //有白色棋子(电脑的棋)
```

```
var S = 3;                    //需要下子的位置
//数组 Chess 存储棋谱
var Chess = [
    //一个棋子的情况
    [ N,    N,    N,    S,    B ],
    [ B,    S,    N,    N,    N ],
    [ N,    N,    N,    S,    B ],
    [ N,    B,    S,    N,    N ],
    [ N,    N,    S,    B,    N ],
    [ N,    N,    B,    S,    N ],
    [ N,    N,    N,    S,    W ],
    [ W,    S,    N,    N,    N ],
    [ N,    N,    N,    S,    W ],
    [ N,    W,    S,    N,    N ],
    [ N,    N,    S,    W,    N ],
    [ N,    N,    W,    S,    N ],
    //两个棋子的情况
    [ B,    B,    S,    N,    N ],
    [ N,    N,    S,    B,    B ],
    [ B,    S,    B,    N,    N ],
    [ N,    N,    B,    S,    B ],
    [ N,    B,    S,    B,    N ],
    [ N,    B,    B,    S,    N ],
    [ N,    S,    B,    B,    N ],
    [ W,    W,    S,    N,    N ],
    [ N,    N,    S,    W,    W ],
    [ W,    S,    W,    N,    N ],
    [ N,    N,    W,    S,    W ],
    [ N,    W,    S,    W,    N ],
    [ N,    W,    W,    S,    N ],
    [ N,    S,    W,    W,    N ],
    //三个棋子的情况
    [ N,    S,    B,    B,    B ],
    [ B,    B,    B,    S,    N ],
    [ N,    B,    B,    B,    S ],
    [ N,    B,    S,    B,    B ],
    [ B,    B,    S,    B,    N ],
    [ N,    S,    W,    W,    W ],
    [ W,    W,    W,    S,    N ],
    [ N,    W,    W,    W,    S ],
    [ N,    W,    S,    W,    W ],
    [ W,    W,    S,    W,    N ],
    //四个棋子的情况
    [ S,    B,    B,    B,    B ],
    [ B,    S,    B,    B,    B ],
    [ B,    B,    S,    B,    B ],
    [ B,    B,    B,    S,    B ],
    [ B,    B,    B,    B,    S ],
    [ S,    W,    W,    W,    W ],
    [ W,    S,    W,    W,    W ],
    [ W,    W,    S,    W,    W ],
    [ W,    W,    W,    S,    W ],
    [ W,    W,    W,    W,    S ]];
var m_nCurCol = - 1;                    //电脑落子位置的列号
var m_nCurRow = - 1;                    //电脑落子位置的行号
function Point(x, y)
```

```
{
    this.x = x;
    this.y = y;
}

//获取电脑下子位置
function GetComputerPos()                    //返回 Point
{
    return new Point(m_nCurCol,m_nCurRow);
}
//电脑根据输入参数 grid(棋盘),计算出落子位置(m_nCurRow, m_nCurCol)
function Input(grid){                         //grid 是 Array
    var rowSel,colSel,nLevel;
    var index,nLevel;
    var j;
    m_nCurCol = - 1;                         //存储临时的选择位置
    m_nCurRow = - 1;
    nLevel = - 1;                            //存储临时选择的棋谱级别
    var bFind;                               //是否符合棋谱的标志
    for(var row = 0; row < 15; row ++)
    {//遍历棋盘的所有行
        for(var col = 0; col < 15; col ++)
        {//遍历棋盘的所有列
            for(var i = Chess.length - 1; i >= 0; i -- )
            {//遍历所有级别的棋谱
            //查看从当前棋子开始的横向五个棋子是否符合该级别的棋谱
                if(col + 4 < 15)
                {
                    rowSel = - 1;
                    colSel = - 1;
                    bFind = true;
                    for(j = 0; j < 5; j ++)
                    {
                        index = grid[col + j][row];
                        if(index == KONG)
                        {//如果该位置没有棋子,对应的棋谱位置上只能是 S 或 N
                            if(Chess[i][j] == S)
                            {//如果是 S,则保存位置
                                rowSel = row;
                                colSel = col + j;
                            }
                            else if(Chess[i][j] != N)
                            {//不是 S 也不是 N,则不符合这个棋谱,结束循环
                                bFind = false;
                                break;
                            }
                        }
                        if(index == BLACK && Chess[i][j] != B)
                        {//如果是黑色棋,对应的棋谱位置上应是 B,否则结束循环
                            bFind = false;
                            break;
                        }
                        if(index == WHITE && Chess[i][j] != W)
                        {//如果是白色棋,对应的棋谱位置上应是 W,否则结束循环
                            bFind = false;
                            break;
```

```
            }
        }
        if(bFind && i > nLevel)
        {//如果符合此棋谱,且该棋谱比上次找到的棋谱的级别高
            nLevel = i;                    //保存级别
            m_nCurCol = colSel;            //保存位置
            m_nCurRow = rowSel;
            break;                         //遍历其他级别的棋谱
        }
    }

    //查看从当前棋子开始的纵向五个棋子是否符合该级别的棋谱
    if(row + 4 < 15)
    {
        rowSel = -1;
        colSel = -1;
        bFind = true;
        for(j = 0; j < 5; j ++)
        {
            index = grid[col][row + j];
            if(index == KONG)
            {//如果该位置没有棋子,对应的棋谱位置上只能是 S 或 N
                if(Chess[i][j] == S)
                {//如果是 S,则保存位置
                    rowSel = row + j;
                    colSel = col;
                }
                else if(Chess[i][j] != N)
                {//不是 S 也不是 N,则不符合这个棋谱,结束循环
                    bFind = false;
                    break;
                }
            }
            if(index == BLACK)
            {//如果是黑色棋,对应的棋谱位置上应是 B,否则结束循环
                if(Chess[i][j] != B)
                {
                    bFind = false;
                    break;
                }
            }
            if(index == WHITE && Chess[i][j] != W)
            {//如果是白色棋,对应的棋谱位置上应是 W,否则结束循环
                bFind = false;
                break;
            }
        }
        if(bFind && i > nLevel)
        {//如果符合此棋谱,且该棋谱比上次找到的棋谱的级别高
            nLevel = i;                    //保存级别
            m_nCurCol = colSel;            //保存位置
            m_nCurRow = rowSel;
            break;                         //遍历其他级别的棋谱
        }
    }
```

```
//查看从当前棋子开始的斜45°向下的五个棋子是否符合该级别的棋谱
if(col - 4 >= 0 && row + 4 < 15)
{
    rowSel = -1;
    colSel = -1;
    bFind = true;
    for(j = 0; j < 5; j ++)
    {
        index = grid[col - j][row + j];
        if(index == KONG)
        {//如果该位置没有棋子,对应的棋谱位置上只能是S或N
            if(Chess[i][j] == S)
            {//如果是S,则保存位置
                rowSel = row + j;
                colSel = col - j;
            }
            else if(Chess[i][j] != N)
            {//不是S也不是N,则不符合这个棋谱,结束循环
                bFind = false;
                break;
            }
        }
        if(index == BLACK && Chess[i][j] != B)
        {//如果是黑色棋,对应的棋谱位置上应是B,否则结束循环
            bFind = false;
            break;
        }
        if(index == WHITE && Chess[i][j] != W)
        {//如果是白色棋,对应的棋谱位置上应是W,否则结束循环
            bFind = false;
            break;
        }
    }
    if(bFind && i > nLevel)
    {//如果符合此棋谱,且该棋谱比上次找到的棋谱的级别高
        nLevel = i;                 //保存级别
        m_nCurCol = colSel;         //保存位置
        m_nCurRow = rowSel;
        break;                      //遍历其他级别的棋谱
    }
}
//斜135度的五个棋子
if(col + 4 < 15 && row + 4 < 15)
{//查看从当前棋子开始的斜135°向下的五个棋子是否符合该级别棋谱
    rowSel = -1;
    colSel = -1;
    bFind = true;
    for(j = 0; j < 5; j ++)
    {
        index = grid[col + j][row + j];
        if(index == KONG)
        {//如果该位置没有棋子,对应的棋谱位置上只能是S或N
            if(Chess[i][j] == S)
            {//如果是S,则保存位置
                rowSel = row + j;
                colSel = col + j;
```

```
                                    }
                        else if(Chess[i][j] != N)
                        {//不是 S 也不是 N,则不符合这个棋谱,结束循环
                            bFind = false;
                            break;
                        }
                    }
                    if(index == BLACK && Chess[i][j] != B)
                    {//如果是黑色棋,对应的棋谱位置上应是 B,否则结束循环
                        bFind = false;
                        break;
                    }
                    if(index == WHITE && Chess[i][j] != W)
                    {//如果是白色棋,对应的棋谱位置上应是 W,否则结束循环
                        bFind = false;
                        break;
                    }
                }
                if(bFind && i > nLevel)
                {//如果符合此棋谱,且该棋谱比上次找到的棋谱的级别高
                    nLevel = i;                 //保存级别
                    m_nCurCol = colSel;         //保存位置
                    m_nCurRow = rowSel;
                    break;                      //遍历其他级别的棋谱
                }
            }
        }
    }
}
if(m_nCurRow != -1)
{//如果选择了一个最佳位置
    grid[m_nCurCol][m_nCurRow] = WHITE;
    return true;
}
//如果所有棋谱都不符合,则随便找一个空位置
while(true)
{
    var col;
    var row;
    col = int(Math.random() * 15);              //随便找一个位置
    row = int(Math.random() * 15);
    if(grid[col][row] == KONG)
    {
        grid[col][row] = WHITE;
        m_nCurCol = col;
        m_nCurRow = row;
        return true;
    }
}
return false;
}
```

在游戏页面 five.html 中,由于使用上面 coputer.js 脚本,所以需要在<body>中添加:

<script type="text/javascript" src="computer.js"></script>

由于只有玩家(黑棋)需要单击棋盘落子,不再轮流下子,所以对单击事件响应函数 play

188

（e）进行修改，玩家（黑棋）落子后，判断此时玩家（黑棋）是否赢了。如果赢了则游戏结束，否则直接电脑（白方）自动计算落子，电脑（白方）自动落子是调用 Input（chessData）函数实现计算白子位置，GetComputerPos（）函数获取电脑落子位置 P，获取电脑落子位置后，在位置 P 显示白子并判断此时电脑是否赢了。

```
function play(e) {                          //鼠标单击时发生
    var x = parseInt((e.clientX - 20) / 40);    //计算鼠标单击的区域
    var y = parseInt((e.clientY - 20) / 40);
    if(chessData[x][y] != 0) {              //判断该位置是否被下过了
        alert("你不能在这个位置下棋");
        return;
    }
    drawChess(2, x, y);
    //轮到电脑（白方）走
    Input(chessData);
    var p = GetComputerPos();              //获取电脑落子位置 P
    drawChess(1,p.x,p.y);
}
```

本文实现经典的五子棋游戏的基本功能，并且能够判断输赢，并把系统改进成人机对战版，使得游戏更具挑战性，从而更吸引玩家。

第 11 章

黑白棋游戏

11.1　黑白棋游戏介绍

　　黑白棋，又叫反棋（Reversi）、奥赛罗棋（Othello）、苹果棋、翻转棋。黑白棋在西方和日本很流行。游戏通过相互翻转对方的棋子，最后以棋盘上谁的棋子多来判断胜负。黑白棋的棋盘是一个有 8×8 方格的棋盘。开始时在棋盘正中有两白两黑四个棋子交叉放置，黑棋总是先下子。

　　（1）下子规则。

　　把自己颜色的棋子放在棋盘的空格上，而当自己放下的棋子在横、竖、斜 8个方向内有一个自己的棋子，则被夹在中间的全部翻转成为自己的棋子。并且只有在可以翻转棋子的地方才可以下子。如果玩家在棋盘上没有地方可以下子，则该玩家对手可以连下。

　　（2）胜负判定条件。

　　双方都没有棋子可以下时棋局结束，以棋子数目来计算胜负，棋子多的一方获胜。

　　在棋盘还没有下满时，如果一方的棋子已经被对方吃光，则棋局也结束。将对手棋子吃光的一方获胜。

　　本章开发黑白棋游戏程序，黑白棋游戏的运行界面如图 11-1 所示。该游戏具有显示执棋方可以落棋子的位置提示功能和判断胜负功能。在游戏过程中，单击"帮助"按钮则显示执棋方可落子位置（图片 🔘 表示可落子位置，如图 11-2 所示）。

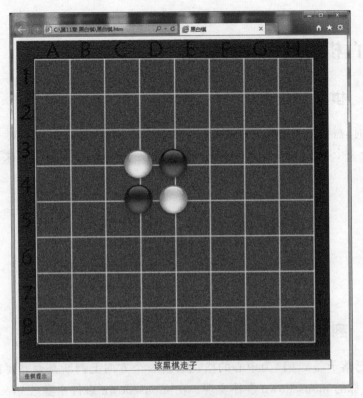

图 11-1 黑白棋游戏的运行界面

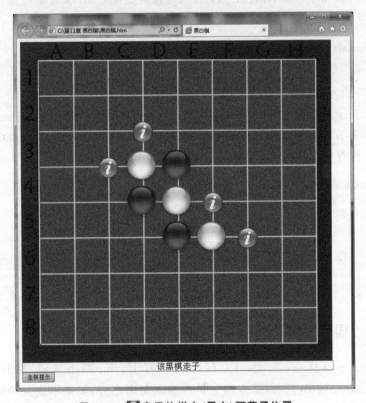

图 11-2 i 表示执棋方（黑方）可落子位置

11.2 黑白棋游戏设计的思路

11.2.1 棋子和棋盘

游戏开发时,需要事先准备黑白两色棋子和棋盘图片(如图 11-3 所示)。游戏最初显示时,棋盘上画上 4 个棋子。这里为了便于处理,采用一个 qizi 二维数组用来存储棋盘上的棋子。

图 11-3　黑白两色棋子和棋盘

11.2.2 翻转对方的棋子

需要从自己落子($x1,y1$)为中心的横、竖、斜 8 个方向上判断是否需要翻转对方的棋子,程序中由鼠标的 mousedown 事件实现。在 mousedown 事件中参数 event 对象含有单击位置像素坐标(event. pageX,event. pageY),处理后变成 Canvas 对象内像素坐标(x,y)。再由如下公式换算:

```
x1 = Math. round((x - 40) / 80); //Math. round 四舍五入
y1 = Math. round((x - 40) / 80);
```

经过换算转换为棋盘坐标($x1,y1$)。

最后从左、左上、上、右上、右、右下、下、左下 8 个方向上调用过程 DirectReverse(x1, y1,dx,dy)翻转对方的棋子。而具体棋子的翻转由 FanQi(x,y)实现。FanQi(x,y)修改数组 qizi 的(x,y)保存棋盘上的棋子信息。

```
function FanQi(x, y) {
    if(qizi[x][y] == BLACK) {
    qizi[x][y] = WHITE;
    }
    else {
    qizi[x][y] = BLACK;
    }
}
```

11.2.3 显示执棋方可落子位置

Can_go(x1,y1)从左、左上、上、右上、右、右下、下、左下 8 个方向上调用函数 CheckDirect(x1,y1,dx,dy)判断某方向上是否形成夹击之势,如果形成且中间无空子则返回 True,表示($x1,y1$)可以落子,($x1,y1$)处可以落子则用 图片显示。

11.2.4 判断胜负的功能

qizi[][]二维数组保存棋盘上的棋子信息,其中元素保存1,表示此处为黑子;元素保存2,表示此处为白子;元素保存0,表示此处为无棋子。通过对 qizi 数组中各方棋子数的统计,在棋盘无处可下时,根据各方棋子数判断出输赢。

11.3 关键技术

11.3.1 Canvas 对象支持的 JavaScript 的鼠标事件

Canvas 对象支持所有的 JavaScript 的鼠标事件,包括鼠标单击(Mouse Click)、鼠标按下(Mouse Down)、鼠标抬起(Mouse Up)和鼠标移动(Mouse Move)。对 Canvas 添加鼠标事件方式有两种,一种方式如下:

```
//鼠标事件 mouse event
canvas.addEventListener("mousedown",doMouseDown,false);
canvas.addEventListener('mousemove', doMouseMove,false);
canvas.addEventListener('mouseup', doMouseUp, false);
```

另外一种方式在 JavaScript 中被称为反模式。

```
canvas.onmousedown = function(e){
}
canvas.onmouseup = function(e){
}
canvas.onmousemove = function(e){
}
```

11.3.2 获取鼠标在 Canvas 对象上的坐标

由于 Canvas 上鼠标事件中不能直接获取鼠标在 Canvas 的坐标,所获取的都是基于整个屏幕的坐标。所以通过鼠标事件 e. clientX 与 e. clientY 来获取鼠标位置,然后通过 Canvas. getBoundingClientRect()方法来获取 Canvas 对象相对浏览器窗口的位置(方法返回一个矩形对象,包含四个属性:left、top、right 和 bottom。分别表示 Canvas 对象各边与页面上边和左边的距离),通过计算得到鼠标在 Canvas 中的坐标。

事件坐标转换成 Canvas 坐标代码如下:

```
function getPointOnCanvas(canvas, x, y) {
    var bbox = canvas.getBoundingClientRect();
    return {x: x - bbox.left,
        y:y - bbox.top};
}
```

如果同时考虑 CSS 设置 width 和 height 的情况,则代码如下。

```
function getPointOnCanvas(canvas, x, y) {
    var bbox = canvas.getBoundingClientRect();
```

```
        return {x: x − bbox.left * (canvas.width / bbox.width),
            y:y − bbox.top * (canvas.height / bbox.height)
        };
    }
```

11.4   黑白棋游戏设计的步骤

11.4.1   游戏页面 index.html

```
< html >
< head >
< title >黑白棋</title>
< meta http − equiv = content − type content = "text/html; charset = utf − 8">
< meta name = "Generator" content = "EditPlus">
< meta name = "Author" content = "">
< meta name = "Keywords" content = "">
< meta name = "Description" content = "">
</head >

< body onload = "init()" onkeydown = "DoKeyDown(event)">
< canvas id = "myCanvas" width = "720" height = "720">你的浏览器还不支持哦</canvas >
< img id = "whitestone" src = "img/whitestone.png" style = "display:none;">
< img id = "blackstone" src = "img/blackstone.png" style = "display:none;">
< img id = "qi_pan1" src = "img/qi_pan1.jpg" style = "display:none;">
< img id = "Info2" src = "img/Info2.png" style = "display:none;">

< div id = "message_txt" style = "text − align:center;border:1px solid red; width:720px;height:
20px;font − size:20px;"></div >
< input type = "button" value = "走棋提示" onclick = "DoHelp()">
< script type = "text/javascript" src = "Main.js"></script >
</body >
</html >
```

11.4.2   设计脚本（Main.js）

1. 常量定义
游戏中常量定义，其中 BLACK 黑棋为 1，WHITE 白棋为 2，无棋为 0。

```
//常量
var BLACK = 1;
var WHITE = 2;
var KONG = 0;
var w = 80;
var h = 80;
```

以下获取 Canvas 对象，以及用到的棋子和棋盘图片、提示图片。

```
var qizi = new Array();                         //构造一个 qizi[][]二维数组用来存储棋子
var curQizi = BLACK;                            //当前走棋方
var mycanvas = document.getElementById('myCanvas');
var context = mycanvas.getContext('2d');
```

194

```
var whitestone = document.getElementById("whitestone");          //白棋图片
var blackstone = document.getElementById("blackstone");          //黑棋图片
var qipan = document.getElementById("qi_pan1");                  //棋盘
var info = document.getElementById("Info2");                     //提示图形
var message_txt = document.getElementById("message_txt");       //提醒文字
```

2．初始化游戏界面

游戏开始时，调用 init() 函数对保存棋盘上的棋子信息的 qizi 数组初始化，同时在棋盘上显示初始的 4 个棋子。

```
function init(){
    initLevel();                                //棋盘上初始4个棋子
    showMoveInfo();                             //当前走棋方信息
    mycanvas.addEventListener("mousedown",doMouseDown,false);
}
function initLevel() {                          //初始化界面
    var i,j;
    for(i = 0; i < 8; i++) {
        qizi[i] = new Array();
        for (j = 0; j < 8; j++) {
            qizi[i][j] = KONG;
        }
    }
    //棋盘上初始4个棋子
    //1为黑,2为白,0为无棋子
    qizi[3][3] = WHITE;
    qizi[4][4] = WHITE;
    qizi[3][4] = BLACK;
    qizi[4][3] = BLACK;
    DrawMap();                                  //画棋盘和所有棋子
    message_txt.innerHTML = "该黑棋走子";
}
//画棋盘和所有棋子
function DrawMap()
{
    context.clearRect (0, 0,720, 720);
    context.drawImage(qipan,0,0,qipan.width,qipan.height);
    for(i = 0;i < qizi.length;i++)              //行号
    {
        for(j = 0;j < qizi[i].length;j++)       //列号
        {
            var pic;
            switch (qizi[i][j])
            {
                case KONG:                      //0
                    break;
                case BLACK:                     //1
                    pic = blackstone;
                    context.drawImage(pic, w * j, h * i, pic.width, pic.height);
                    break;
                case WHITE:                     //2
                    pic = whitestone;
                    context.drawImage(pic, w * j, h * i, pic.width, pic.height);
                    break;
```

```
            }
          }
       }
    }
```

调用 showMoveInfo() 函数显示轮到哪方走棋。

```
function showMoveInfo(){
    if(curQizi == BLACK)              // 当前走棋方是黑棋
        message_txt.innerHTML = "该黑棋走子";
    else
        message_txt.innerHTML = "该白棋走子";
}
```

init() 函数同时对 canvas 添加鼠标单击事件侦听，如果 canvas 被单击则执行 doMouseDown 函数完成走棋功能。

3. 走棋过程

如果是棋盘被单击，则此位置像素信息(event. clientX, event. clientY)可以转换成棋盘坐标($x1, y1$)，然后判断当前位置($x1, y1$)是否可以放棋子(符合夹角之势)，如果可以则此位置显示自己的棋子图形，调用 FanALLQi(i,j) 函数从左、左上、上、右上等 8 个方向翻转对方的棋。最后判断对方是否有棋可走，如果对方可以走棋则交换走棋方。如果对方不可以走棋，则自己可以继续走棋，直到双方都不能走棋，显示输赢信息。

```
function doMouseDown(event) {
    var x = event. clientX;
    var y = event. clientY;
    var canvas = event. target;
    var loc = getPointOnCanvas(canvas, x, y);
    console. log("mouse down at point( x:" + loc. x + ", y:" + loc. y + ")");
    clickQi(loc);
}
function getPointOnCanvas(canvas, x, y) {
    var bbox = canvas. getBoundingClientRect();
    return { x: x - bbox. left * (canvas. width / bbox. width),
        y: y - bbox. top * (canvas. height / bbox. height)};
}
function clickQi(thisQi) {
    var x1, y1;
    x1 = parseInt((thisQi. y - 20)/ 80);            //parseInt()函数丢弃小数部分，保留整数
    y1 = parseInt((thisQi. x - 20)/ 80);
    if(Can_go(x1, y1)) {                            // 判断当前位置是否可以放棋子
        //trace("can");
        qizi[x1][y1] = curQizi;
        FanALLQi(x1, y1);       //从左、左上、上、右上、右、右下、下、左下方向翻转对方的棋
        DrawMap();
        //判断对方是否有棋可走,如有交换走棋方
      if(curQizi == WHITE &&checkNext(BLACK) || curQizi == BLACK &&checkNext(WHITE)){
            if(curQizi == WHITE) {
                curQizi = BLACK;
                message_txt.innerHTML = "该黑棋走子";
            } else {
                curQizi = WHITE;
                message_txt.innerHTML = "该白棋走子";
```

```
        }
    } else if(checkNext(curQizi)) {
            //判断自己是否有棋可走,如有,给出提示
            message_txt.innerHTML = "对方无棋可走,请继续";
    } else {    //双方都无棋可走,游戏结束,显示输赢信息
        isLoseWin();
    }           //统计双方的棋子数量,显示输赢信息
    }
    else {
        message_txt.innerHTML = "不能落子!";
    }
}
```

4. 可否落子判断

Can_go(x1,y1)从左、左上、上、右上、右、右下、下、左下 8 个方向判断$(x1,y1)$处可否落子。

```
function Can_go( x1, y1){
    //从左、左上、上、右上、右、右下、下、左下 8 个方向判断
    if(CheckDirect(x1, y1, -1, 0) == true) {
        return true;
    }
    if(CheckDirect(x1, y1, -1, -1) == true) {
        return true;
    }
    if(CheckDirect(x1, y1, 0, -1) == true) {
        return true;
    }
    if(CheckDirect(x1, y1, 1, -1) == true) {
        return true;
    }
    if(CheckDirect(x1, y1, 1, 0) == true) {
        return true;
    }
    if(CheckDirect(x1, y1, 1, 1) == true) {
        return true;
    }
    if(CheckDirect(x1, y1, 0, 1) == true) {
        return true;
    }
    if(CheckDirect(x1, y1, -1, 1) == true) {
        return true;
    }
    return false;
}
```

调用 CheckDirect() 函数判断某方向上是否形成夹击之势。如果形成且中间无空子则返回 True。

```
function CheckDirect(x1, y1, dx, dy){
    var x, y;
    var flag = false;
    x = x1 + dx;
    y = y1 + dy;
    while(InBoard(x, y) && !Ismychess(x, y) && qizi[x][y] != 0) {
        x += dx;
        y += dy;
```

```
        flag = true;                    //构成夹击之势
    }
    if(InBoard(x, y) && Ismychess(x, y) && flag == true) {
        return true;                    //该方向落子有效
    }
    return false;
}
```

调用 checkNext(i) 函数验证参数代表的走棋方是否还有棋可走。

```
/*
 * 验证参数代表的走棋方是否还有棋可走
 * @param i 代表走棋方,1 为黑方,2 为白方
 * @return true/false
 */
function checkNext(i){
    old = curQizi;
    curQizi = i;
    if(Can_Num()> 0) {
        curQizi = old;
        return true;
    }
    else {
        curQizi = old;
        return false;
    }
}
```

调用 Can_Num() 函数统计可以落子的位置数。

```
function Can_Num() {                    //统计可以落子的位置数
    var i, j, n = 0;
    for(i = 1;  i < = 8;  i++) {
        for(j = 1; j < = 8; j++) {
            if(Can_go(i, j)) {
                n = n + 1;
            }
        }
    }
    return n;                           //可以落子的位置数
}
```

5. 翻转对方的棋子

FanALLQi(int x1,int y1)从左、左上、上、右上、右、右下、下、左下 8 个方向翻转对方的
棋子。

```
function FanALLQi(x1, y1) {
    //从左、左上、上、右上、右、右下、下、左下 8 个方向翻转
    if(CheckDirect(x1, y1, - 1, 0) == true) {
        DirectReverse(x1, y1, - 1, 0);
    }
    if(CheckDirect(x1, y1, - 1, - 1) == true) {
        DirectReverse(x1, y1, - 1, - 1);
    }
    if(CheckDirect(x1, y1, 0, - 1) == true) {
```

```
        DirectReverse(x1, y1, 0, - 1);
    }
    if(CheckDirect(x1, y1, 1, - 1) == true) {
        DirectReverse(x1, y1, 1, - 1);
    }
    if(CheckDirect(x1, y1, 1, 0) == true) {
        DirectReverse(x1, y1, 1, 0);
    }
    if(CheckDirect(x1, y1, 1, 1) == true) {
        DirectReverse(x1, y1, 1, 1);
    }
    if(CheckDirect(x1, y1, 0, 1) == true) {
        DirectReverse(x1, y1, 0, 1);
    }
    if(CheckDirect(x1, y1, - 1, 1) == true) {
        DirectReverse(x1, y1, - 1, 1);
    }
}
```

调用 DirectReverse()函数针对某方向上已形成夹击之势的对方棋子进行翻转。

```
function DirectReverse(x1, y1, dx, dy) {
    var x, y;
    var flag = false;
    x = x1 + dx;
    y = y1 + dy;
    while(InBoard(x, y) && ! Ismychess(x, y) && qizi[x][y] != 0) {
        x += dx;
        y += dy;
        flag = true;        //构成夹击之势
    }
    if(InBoard(x, y) && Ismychess(x, y) && flag == true) {
        do {
            x -= dx;
            y -= dy;
            if((x != x1 || y != y1)) {
                FanQi(x, y);
            }
        } while((x != x1 || y != y1));
    }
}
```

调用 FanQi(int x,int y)函数将存储(x,y)处棋子信息 qizi[x][y]进行反色处理。

```
function FanQi(x, y) {
    if(qizi[x][y] == BLACK) {
        qizi[x][y] = WHITE;
    }
    else {
        qizi[x][y] = BLACK;
    }
}
```

调用 InBoard()函数判断(x,y)是否在棋盘界内。如果在界内则返回 True,否则返回 False。

```
//InBoard()函数判断(x,y)是否在棋盘界内
   function InBoard(x,y){
     if(x>=0 && x<=7 && y>=0 && y<=7) {
        return true;
     } else {
        return false;
     }
}
```

6. 显示执棋方可落子位置

"走棋提示"按钮单击事件函数是 DoHelp()函数,它显示可以落子的位置提示。调用 Show_Can_Position()函数用图片 显示可以落子的位置。

```
function DoHelp() {
   showCanPosition();                         //显示可以落子的位置
}
function showCanPosition() {
   //显示可以落子的位置
   var i,j;
   var n = 0;                                 //可以落子的位置统计
   for(i=0; i<=7; i++) {
      for(j=0; j<=7; j++) {
         if(qizi[i][j] == 0 && Can_go(i, j)) {
            n = n+1;
            pic = info;
            //显示提示图形
            context.drawImage(pic,w*j+20,h*i+20,pic.width,pic.height);
         }
      }
   }
}
```

7. 判断胜负功能

调用 isLoseWin()函数统计双方的棋子数量,显示输赢信息。

```
//显示输赢信息
   function isLoseWin() {
      var whitenum = 0;
      var blacknum = 0;
      var n = 0,x,y;
      for(x=0; x<=8; x++) {
         for(y=0; y<=8; y++) {
            if(qizi[x][y] != 0) {
               n = n+1;
               if(qizi[x][y] == 2) {
                  whitenum += 1;
               }
               if(qizi[x][y] == 1) {
                  blacknum += 1;
               }
            }
         }
      }
      if(blacknum > whitenum) {
```

```
                message_txt.innerHTML = "游戏结束黑方胜利,黑方:" + String(blacknum) + "白方:"
        + String(whitenum);
            } else {
                message_txt.innerHTML = "游戏结束白方胜利,黑方:" + String(blacknum) + "白方:"
        + String(whitenum);
            }
        }
```

至此,就完成黑白棋游戏设计了。

第12章

俄罗斯方块游戏

12.1 俄罗斯方块游戏介绍

俄罗斯方块是一款风靡全球的电视游戏机和掌上游戏机游戏,它曾经造成的轰动与造成的经济价值可以说是游戏史上的一件大事。这款游戏看似简单但却变化无穷,游戏过程仅需要玩家将不断下落的各种形状的方块移动、翻转,如果某一行被方块充满了,那就将这一行消掉;而当窗口中无法再容纳下落的方块时,就宣告游戏结束。

可见俄罗斯方块的需求如下。

(1) 由移动的方块和不能动的固定方块组成。

(2) 一行排满消除。

(3) 能产生多种方块。

(4) 玩家可以看到游戏的积分。

本章开发俄罗斯方块游戏程序,俄罗斯方块游戏的运行界面如图 12-1 所示。

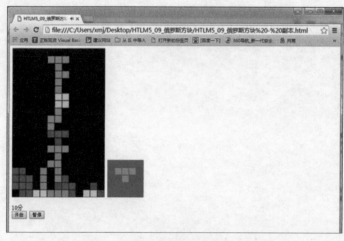

图 12-1　俄罗斯方块游戏的运行界面

12.2 俄罗斯方块游戏设计的思路

12.2.1 俄罗斯方块形状设计

游戏中下落的方块有着各种不同的形状,要在游戏中绘画不同形状的方块,就需要使用合理的数据表示方式。常见的俄罗斯方块拥有 7 种基本的形状以及它们旋转以后的变形体,具体的形状如图 12-2 所示。

每种形状都是由不同的黑色小方格组成的,如图 12-3 所示,在屏幕上只需要显示必要的黑色小方格就可以表现出各种形状,每一形状都是由 4 个小方格组成的,完全可以用 4 个点来表示。

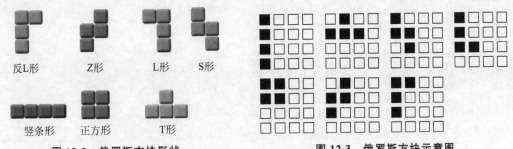

图 12-2 俄罗斯方块形状	图 12-3 俄罗斯方块示意图

4 个点的坐标分别是什么呢?每个形状都有一个自己的坐标系。例如,S 形 可以如图 12-4 表示。

S 形的数据模型可以表示为 4 个点组成的数组: $[[0,-1],[0,0],[-1,0],[-1,1]]$。

如图 12-5 所示,T 形的数据模型可以表示为 4 个点组成的数组: $[[-1,0],[0,0],[1,0],[0,1]]$。

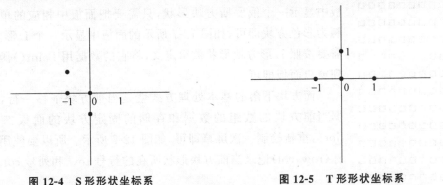

图 12-4 S 形形状坐标系	图 12-5 T 形形状坐标系

可以用同样的方法建立其他形状的数组模型,然后再将这 7 个形状的数组模型合起来组成一个大的数组。

另外,每个形状可以是单色,也可以有自己的颜色。增加颜色会增加编程的复杂度,但是也增加不了多少,所以该模型中也会考虑颜色。

最后,最好给每个形状一个编号,这样方便在形状数组和颜色数组中应用它们。

完成上面的分析后,就可以给出形状数据模型的代码了。

```
//各种形状的编号,0代表没有形状
NoShape = 0;
ZShape = 1;                        //Z 形
SShape = 2;                        //S 形
LineShape = 3;                     //竖条形
TShape = 4;                        //T 形
SquareShape = 5;                   //正方形
LShape = 6;                        //L 形
MirroredLShape = 7                 //反 L 形
//各种形状的颜色
Colors = ["black","fuchsia","#cff","red","orange","aqua","green","yellow"];
//各种形状的数据描述
Shapes = [
    [ [ 0, 0 ], [ 0, 0 ], [ 0, 0 ], [ 0, 0 ] ],
    [ [ 0, -1 ], [ 0, 0 ], [ 1, 0 ], [ 1, 1 ] ],
    [ [ 0, -1 ], [ 0, 0 ], [ -1, 0 ], [ -1, 1 ] ],
    [ [ 0, -1 ], [ 0, 0 ], [ 0, 1 ], [ 0, 2 ] ],
    [ [ -1, 0 ], [ 0, 0 ], [ 1, 0 ], [ 0, 1 ] ],
    [ [ 0, 0 ], [ 1, 0 ], [ 0, 1 ], [ 1, 1 ] ],
    [ [ -1, -1 ], [ 0, -1 ], [ 0, 0 ], [ 0, 1 ] ],
    [ [ 1, -1 ], [ 0, -1 ], [ 0, 0 ], [ 0, 1 ] ]
];
```

12.2.2　俄罗斯方块游戏面板屏幕

图 12-6　屏幕网格

游戏的面板是由一定的行数和列数的单元格组成的,游戏窗口面板屏幕如图 12-6 所示。

屏幕由 20 行 10 列的网格组成,为了存储游戏画面中的已固定方块采用二维数组 lines,当相应的数组元素值非零(数组元素值为 0,表示此单元格无方块),则绘制一个对应彩色小方块。在窗口面板中显示一个俄罗斯方块形状,只需要把面板中相应的单元格绘制为彩色方块即可,如图 12-7 所示的面板中显示一个 L 形方块,只需要按照 L 形方块形状数组定义,将它的数据用 Paint()函数绘制到窗口面板即可。

而方块下落的基本处理方式就是当前方块下移一行,然后根据当前方块的数组的数据和存储的固定方块的面板二维数组 lines,重新绘制一次屏幕即可,如图 12-7 所示。所以要使用一个坐标(row,col)记录当前方块形状所在的行号 row 和列号 col。

12.2.3　定位和旋转形状

1. 定位

上面说到每个形状都是在自己的坐标系里面描述的,另外还有一个屏幕上的全局坐标系,用来给形状定位,这样就需要一个方

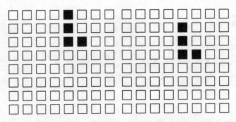

图12-7 L形方块下落前和下落后

法将形状的4个点从自身坐标系转换到屏幕上的全局坐标系,从而给形状定位。

假如S形在自身坐标系中4个点的坐标为：$[[0,-1],[0,0],[-1,0],[-1,1]]$。它当前在屏幕上全局坐标系位置为：$[12,8]$,则4个点转换为全局坐标系的坐标为：$[[0+12,-1+8],[0+12,0+8],[-1+12,0+8],[-1+12,1+8]]$。这样,就完成了S形的全局坐标转换。

这里需要注意一个问题,形状自身坐标系是用(x,y)描述的,而全局坐标系为了逻辑上更直观,是用(row,col)描述的,所以在实际编程中并不是像上面那样转换的,而是：$[[-1+12,0+8],[0+12,0+8],[0+12,-1+8],[1+12,-1+8]]$即先将$x$变为col,$y$变为row,再转换为全局坐标系。

2. 旋转

旋转是在形状的自身坐标系中围绕形状的原点完成的,其公式很简单,每个点旋转后的坐标与旋转前的坐标的关系如下(向右旋转)。

```
x' = y
y' = - x
```

注意,正方形形状不发生旋转。

根据上面的分析,可以使用两个全局方法,用来对形状进行全局定位和旋转。

translate(data,row,col)函数将形状自身的坐标系转换为屏幕的全局坐标系,(row,col)为当前形状原点在屏幕中的位置。

```
function translate(data,row,col){
    var copy = [];
    for(var i = 0;i < 4;i++){
        var temp = {};
        temp.row = data[i][1] + row;
        temp.col = data[i][0] + col;
        copy.push(temp);
    }
    return copy;
}
```

每种形状向右旋转就会形成一个新的形状,rotate(data)函数可以得到当前形状的方块旋转后的坐标数组。

```
//向右旋转形状:x' = y, y' = - x
function rotate(data){
    var copy = [[],[],[],[]];
    for(var i = 0;i < 4;i++){
```

```
        copy[i][0] = data[i][1];
        copy[i][1] = - data[i][0];
    }
    return copy;
}
```

3. 游戏流程

俄罗斯方块游戏就是用一个定时器控制方块下落并重绘的过程,用户可以利用键盘输入改变方块状态。每隔一定的时间就重画当前下落方块和 lines 存储的固定方块,从而看到动态游戏效果。

俄罗斯方块下落过程中可能遇到种种情况。例如,是否需要消行,是否需要终止下落并且产生新的形状的方块等。具体的判断流程如下:首先判断是否可以继续下落,可以下落则 row++ 即可;如果方块不能够继续下落,则将当前形状的方块添加到面板二维数组 lines 中,界面产生新的形状的方块。然后,判断是否需要消行。最后,请求重新绘制屏幕。

12.3 俄罗斯方块游戏设计的步骤

12.3.1 游戏页面 index.html

```html
< html >
< head >
< title ></ title >
< meta http - equiv = "Content - Type" content = "text/html; charset = UTF - 8">
< script type = "text/javascript" language = "javascript" src = "jsgame.js"></ script >
</ head >
< body >
< audio src = "Kalimba.mp3" id = "snd">
你的浏览器不支持 audio 标记.
</ audio >
< canvas id = "html5_09_1" width = "260" height = "400" style = "background - color: Black">
你的浏览器不支持 Canvas 标记,请使用 Chrome 浏览器或者 Firefox 浏览器。
</ canvas >
< canvas id = "html5_09_2" width = "100" height = "100" style = "background - color: red">
你的浏览器不支持 Canvas 标记,请使用 Chrome 浏览器或者 Firefox 浏览器。
</ canvas >
< p />
< div id = "textmsg">分数</ div >
< input type = "button" value = "开始" onclick = "start()" />
< input type = "button" id = "btnPause" value = "暂停" onclick = "pause()" />
< script type = "text/javascript">
```

12.3.2 设计脚本

1. 设计方块类 Block

方块类 Block 中定义方块的类型 ID,存储方块的形状二维数组 data 以及颜色。设计了将形状自身的坐标系转换为屏幕的坐标系的 translate(row,col)函数,参数(row,col)为当前形状方块的原点在屏幕 Map 中的位置。rotate()函数可以获取当前形状方块旋转后的坐标数组。

```
/*
 * 方块类
 * 说明:各种形状的方块
 */
function Block() {
    //this.data = [[], [], [], []];
}
Block.prototype.Block = function () {
    this.born();
}
//产生一个新的形状方块
Block.prototype.born = function () {
    //随机选择一个形状
    this.shape_id = Math.floor(Math.random() * 7) + 1;      //产生 1~7 的数
    this.data = Shapes[this.shape_id];                      //存储方块部件的形状
    this.color = Colors[this.shape_id];                    //存储方块部件的颜色
    console.log(this.data);
}

//将形状自身的坐标系转换为屏幕 Map 的坐标系
//(row, col) 为当前形状的方块的原点在 Map 中的位置
Block.prototype.translate = function (row, col) {
    var copy = [];
    for(var i = 0; i < 4; i++) {
        var temp = {};
        temp.row = this.data[i][1] + row;
        temp.col = this.data[i][0] + col;
        copy.push(temp);
    }
    return copy;
}
//向右旋转一个形状:x' = y, y' = - x,得到旋转后的 data
Block.prototype.rotate = function () {
    var copy = [[], [], [], []];
    for(var i = 0; i < 4; i++) {
        copy[i][0] = this.data[i][1];
        copy[i][1] = - this.data[i][0];
    }
    return copy;
}
```

另外,程序中将各方块形状编号:Z 形编号 1,S 形编号 2,竖条形编号 3,T 形编号 4,正方形编号 5,L 形编号 6,反 L 形编号 7。所有方块的形状采用数组 Shapes 存储。通过编号从数组 Shapes 中获取方块的形状信息。

```
//每一格的间距,即一个小方块的尺寸
Spacing = 20;
//各种形状的编号,0 代表没有形状
NoShape = 0;
ZShape = 1;
SShape = 2;
LineShape = 3;
TShape = 4;
SquareShape = 5;
```

```
LShape = 6;
MirroredLShape = 7
//各种形状的数据描述
Shapes = [
    [[0, 0], [0, 0], [0, 0], [0, 0]],
    [[0, -1], [0, 0], [-1, 0], [-1, 1]],
    [[0, -1], [0, 0], [1, 0], [1, 1]],
    [[0, -1], [0, 0], [0, 1], [0, 2]],
    [[-1, 0], [0, 0], [1, 0], [0, 1]],
    [[0, 0], [1, 0], [0, 1], [1, 1]],
    [[-1, -1], [0, -1], [0, 0], [0, 1]],
    [[1, -1], [0, -1], [0, 0], [0, 1]]
    ];
//各种形状的颜色
Colors = ["black", "fuchsia", "#cff", "red", "orange", "aqua", "green", "yellow"];
```

2. 设计游戏容器 Map 类

游戏容器 Map 类是游戏实例,应先定义游戏面板大小,在游戏面板中存储所有方块的"容器"——二维数组 lines,初始时每个元素存储为 NoShape(0),表示此格子处无方块。

```
/*
 * Map 类说明:由 m 行 Line 组成的格子阵
 */
function Map(w, h) {
    //游戏区域的长度和宽度
    this.width = w;
    this.height = h;
    //生成 height 个 line 对象,每个 line 宽度为 width
    this.lines = [];
    for(var row = 0; row < h; row++)
        this.lines[row] = this.newLine();
}
//说明:由 n 个格子组成的一行
Map.prototype.newLine = function () {
    var shapes = [];
    for(var col = 0; col < this.width; col++)
        shapes[col] = NoShape;
    return shapes;
}
```

isFullLine(row)函数判断一行是否全部被占用(满行),如果有一个格子为 NoShape 则返回 False。

```
Map.prototype.isFullLine = function (row) {
    var line = this.lines[row];
    for(var col = 0; col < this.width; col++)
        if(line[col] == NoShape)
            return false;
    return true;
}
```

预先移动或者旋转形状,调用 isCollide(data)函数分析形状中的 4 个点是否有以下碰撞情况。

(1) col < 0 || col > this.width,说明超出左右边界。

（2）row==this.height，说明形状已经到最底部。

（3）任意一点的 shape_id 不为 NoShape，则发生碰撞。

如果发生碰撞，则放弃移动或者旋转。

```
Map.prototype.isCollide = function (data) {
    for(var i = 0; i < 4; i++) {
        var row = data[i].row;
        var col = data[i].col;
        //console.log(row,col);
        if(col < 0 || col == this.width) return true;
        if(row == this.height) return true;
        if(row < 0) continue;
        else
            if(this.lines[row][col] != 0)//NoShape
                return true;
    }
    return false;
}
```

形状在向下移动的过程中发生碰撞，appendShape=function (shape_id,data)则将形状加入 lines 容器中固定下来。

```
Map.prototype.appendShape = function(shape_id, data) {
    //对于形状的 4 个点
    for(var i = 0; i < 4; i++) {
        var row = data[i].row;
        var col = data[i].col;
        //找到所在的格子,将格子的颜色改为形状的颜色
        this.lines[row][col] = shape_id;
    }
    //形状被加入 lines 容器中后,要进行逐行检测,发现满行则消除
    for(var row = 0; row < this.height; row++) {
        if(this.isFullLine(row)) {
            //绘制消除效果
            onClearRow(row);
            //将满行删除
            this.lines.splice(row, 1);
            //第一行添加新的一行
            this.lines.unshift(this.newLine());
        }
    }
}
```

3. 设计游戏逻辑类 GameModel

游戏逻辑类 GameModel 实现游戏控制，首先定义游戏面板 map、当前的俄罗斯方块 currentBlock、下一个的俄罗斯方块 nextBlock 以及当前的俄罗斯方块所在位置等。

```
function GameModel(w, h) {
    this.map = new Map(w, h);
    this.currentBlock = new Block();              //当前的俄罗斯方块
    this.currentBlock.Block();
    this.row = 1;                                 //当前的俄罗斯方块所在位置(顶端中央)
    this.col = Math.floor(this.map.width / 2);
    this.nextBlock = new Block();                 //下一个俄罗斯方块
    this.nextBlock.Block();
```

```
        //通知数据发生了更新
        onUpdate();
    }
```

其次调用 CreateNewBlock()函数产生新的俄罗斯方块。它先复制下一个形状 this.nextBlock,再产生下一个俄罗斯方块。

```
GameModel.prototype.CreateNewBlock = function() {
    this.currentBlock = this.nextBlock;            //复制预览区形状
    this.row = 1;                                  //重置形状的位置为出生地点(顶端中央)
    this.col = Math.floor(this.map.width / 2);
    this.nextBlock = new Block();
    this.nextBlock.Block();
```

以下是控制形状方块左右移动、旋转和下移,并且保证左右移动时和 lines 中存储的固定方块、边界不碰撞。如果碰撞则恢复数据放弃移动。

```
//向左移动
GameModel.prototype.left = function() {
    this.col--;
    var temp = this.currentBlock.translate(this.row, this.col);
    if(this.map.isCollide(temp))                   //发生碰撞则放弃移动
        this.col++;
    else                                           //通知数据发生了更新
        onUpdate();
}

//向右移动
GameModel.prototype.right = function() {
    this.col++;
    var temp = this.currentBlock.translate(this.row, this.col);
    if(this.map.isCollide(temp))
        this.col--;
    else
        onUpdate();
}
```

同样保证旋转时和 lines 中存储的固定方块、边界不碰撞。如果碰撞则恢复数据放弃旋转。

```
//旋转
GameModel.prototype.rotate = function() {
    //正方形不旋转
    if(this.currentBlock.shape_id == SquareShape) return;
    //获得旋转后的数据
    var copy = this.currentBlock.rotate();
    //转换坐标系
    var temp = this.currentBlock.translate(this.row, this.col);
    //发生碰撞则放弃旋转
    if(this.map.isCollide(temp))
        return;
    //将旋转后的数据设为当前数据
    this.currentBlock.data = copy;
    //通知数据发生了更新
```

```
        onUpdate();
    }
```

方块下落需判断是否"触底"或接触到其他已落方块。如果"触底"则固定到游戏面板上，此时要处理满行和游戏结束的判断，同时产生新的俄罗斯方块。

```
//下落
GameModel.prototype.down = function() {
    var old = this.currentBlock.translate(this.row, this.col);
    this.row++;
    var temp = this.currentBlock.translate(this.row, this.col);
    if(this.map.isCollide(temp)) {
        //发生碰撞则放弃下落
        this.row--;
        //如果在 1 也无法下落,则说明游戏结束
        if(this.row == 1) {
            //通知游戏结束
            onGameOver();
            return;
        }
        //无法下落则将当前形状加入 Map 中
        this.map.appendShape(this.currentBlock.shape_id, old);
        this.CreateNewBlock();                              //产生新的俄罗斯方块
    }
    //通知数据发生了更新
    onUpdate();
}
```

4. 游戏主程序

在定时事件中,完成下落功能。

```
var display = document.getElementById("html5_09_1");        //游戏面板
var display2 = document.getElementById("html5_09_2");       //预览区域
var model = null;
var loop_interval = null;
var tick_interval = null;
var waiting = false;
var speed = 500;
var score = 0;
var textmsg = document.getElementById("textmsg");
function start() {
    model = new GameModel(display.width / Spacing, display.height / Spacing);
    loop();
}
function pause() {
    waiting = !waiting;
    if(waiting)
        document.getElementById("btnPause").value = "继续";
    else
        document.getElementById("btnPause").value = "暂停";
}
//消息循环
function loop() {
    tick_interval = setInterval(function() {
        if(waiting) return;
        onTick();                                           //时钟事件即下落
```

211

```
        }, speed);
    }
```

以下是消息事件处理。

```
//消息处理
//更新事件
function onUpdate() {
    paint();
}
//清除行事件
function onClearRow(row) {
    clearline(row);
    score = score + 10;
    textmsg.innerHTML = score + "分";
}
//游戏结束事件
function onGameOver() {
        alert("Game Over");
        clearInterval(tick_interval);
}
//时钟事件
function onTick() {
        model.down();
}
//按键事件
function onKeyPress(evt) {
    evt.preventDefault();
    move(evt.which);
}
function move(which) {
    switch(which) {
        case 37: model.left(); break;
        case 39: model.right(); break;
        case 38: model.rotate(); break;
        case 40: model.down(); break;
    }
}
```

以下才是真正的绘制代码,调用 clearline(row)函数绘制清除行的暂停效果。

```
function clearline(row) {
    //增加速度
    clearInterval(tick_interval);
    speed = speed - 10;
    loop();
    //音效
    document.getElementById("snd").play();
    //停顿效果
    waiting = true;
    var ctx = display.getContext("2d");
    ctx.fillRect(0, row * Spacing, display.width, Spacing, "black");
    setTimeout("waiting = false;", 50);
}
```

调用 paint()函数绘制游戏屏幕。它将 lines 存储的所有固定方块画到游戏面板中,同时当前方块画到游戏面板中和下一个方块画到游戏面板右侧提示预览区中。

212

```
function paint() {
    var map = model.map;
    var data = model.currentBlock.translate(model.row, model.col);
    var nextdata = model.nextBlock.translate(1, 2); //在预览区(1,2)处位置
    //清屏
    var ctx = display.getContext("2d");
    ctx.clearRect(0, 0, display.width, display.height);
    var ctx2 = display2.getContext("2d");
    ctx2.clearRect(0, 0, display2.width, display2.height);
    var lines = map.lines;
    //游戏面板中依次绘制每一个非空的格子(固定的方块)
    for(var row = 0; row < map.height; row++)
        for(var col = 0; col < map.width; col++) {
            var shape_id = lines[row][col];
            if(shape_id != NoShape) {
                var y = row * Spacing;
                var x = col * Spacing;
                var color = Colors[shape_id];
                var ctx = display.getContext("2d");
                ctx.fillStyle = "rgba(255,255,255,0.2)";
                ctx.fillRect(x, y, Spacing, Spacing);
                ctx.fillStyle = color;              //形状前景色
                ctx.fillRect(x + 1, y + 1, Spacing - 2, Spacing - 2);
            }
        }
    //绘制当前的方块
    for(var i = 0; i < 4; i++) {
        var y = data[i].row * Spacing;
        var x = data[i].col * Spacing;
        var color = model.currentBlock.color;         //Colors[model.currentBlock.shape_id];
        var ctx = display.getContext("2d");
        ctx.fillStyle = "rgba(255,255,255,0.2)";
        ctx.fillRect(x, y, Spacing, Spacing);
        ctx.fillStyle = color;                          //形状前景色
        ctx.fillRect(x + 1, y + 1, Spacing - 2, Spacing - 2);
    }
    //绘制预览区中下个方块
    for(var i = 0; i < 4; i++) {
        var y = nextdata[i].row * Spacing;
        var x = nextdata[i].col * Spacing;
        //display2.draw(Rects[model.nextshape_id], x, y);
        var color = model.nextBlock.color;            //Colors[model.nextBlock.shape_id];
        var ctx2 = display2.getContext("2d");
        ctx2.fillStyle = "rgba(255,255,255,0.2)";
        ctx2.fillRect(x, y, Spacing, Spacing);
        ctx2.fillStyle = color;                         //形状前景色
        ctx2.fillRect(x + 1, y + 1, Spacing - 2, Spacing - 2);
    }
}
```

至此,俄罗斯方块游戏编写完成。

第13章

贪吃蛇游戏

13.1　贪吃蛇游戏介绍

视频讲解

在该游戏中,玩家操纵一条贪吃的蛇在长方形场地里行走,贪吃蛇按玩家所按的方向键折行,蛇头吃到食物(豆)后,分数加 10 分,蛇身会变长,如果贪吃蛇碰上墙壁或者自身的话,游戏就结束了(当然也可能是减去一条生命)。

贪吃蛇游戏的运行界面如图 13-1 所示。

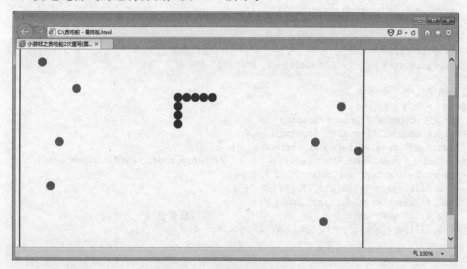

图 13-1　贪吃蛇游戏的运行界面

13.2　贪吃蛇游戏设计的思路

把游戏画面看成 40×30 的方格。食物(豆)和组成蛇的块均在屏幕上占据一个方格。游戏设计中主要用到的 4 个类如下。

Farm 类：主要用来显示场地，随机生成食物，初始化一条蛇。

Food 类：抽象了食物（豆）的属性和动作。

Snake 类：抽象了贪吃蛇的属性和动作，调用 Block 类来组成蛇，并处理键盘输入事件和蛇的移动。

Block 类：表示组成蛇的块（实心圆）。一条蛇可以看成由许多"块"（或称节）拼凑而成，块是蛇身上最小的单位。

13.3 贪吃蛇游戏设计的步骤

13.3.1 游戏页面 index.html

```html
<!DOCTYPE html>
<html lang = "en">
<head>
<meta charset = "UTF - 8">
<title>小游戏之贪吃蛇</title>
<style>
    #canvas{border: 3px solid red;}
</style>
</head>
<body>
<canvas id = 'canvas' width = '800' height = '600'></canvas>
<div id = "textmsg">分数</div>
</body>
```

13.3.2 设计脚本

1. 食物（豆）类（Food）设计

在此游戏中，首先会在场地的特定位置出现一个豆，豆要不断被蛇吃掉，当豆被吃掉后，原豆消失，又在新的位置出现新的豆。这些豆都是由豆（Food）类创建的对象。

foodInit()函数用于在屏幕上显示一个豆（实心圆），设计方法是直接在场地（canvas）上画一个实心圆。

equal()函数用于判断是否与蛇身"块"node 重合，也就是蛇吃到食物。

```javascript
//食物类
function Food(x, y, w) {
    var t = this;
    t.x = x;                          //X 坐标
    t.y = y;                          //Y 坐标
    t.w = w;                          //大小
    //食物
    t.foodInit = function() {
        //画一个实心圆
        ctx.beginPath();
        ctx.arc(x + w/2, y + w/2, w/2, 0, 360, false);
        ctx.fillStyle = "red";        //填充颜色,默认是黑色
        ctx.fill();                   //画实心圆
```

```
                ctx.closePath();
        }
        //判断是否重合
        t.equal = function(node) {
            if(this.x == node.x && this.y == node.y) {
                return true;
            } else {
                return false;
            }
        }
}
```

2. 块类（Block）

在贪吃蛇游戏中,块用来构成蛇,在蛇出现时,要把构成蛇的块一个个地输出(显示),在蛇消失时,要把块消除掉,显示和消除哪一个块都要由位置决定,并且由于蛇是由多个块构成的,每个块要填到 snakes 数组中。

```
//蛇块类
function Block(x,y,w){
    var t = this;
    t.x = x;
    t.y = y;
    t.w = w;
    //画一个蛇块
    t.drawBlock = function() {
        ctx.beginPath();
        ctx.arc(x + w/2, y + w/2, w/2, 0, 360, false);
        ctx.fillStyle = "blue";                //填充颜色,默认是黑色
        ctx.fill();                            //画实心圆
    }
    //清除蛇块
    t.clear = function(){
     ctx.fillStyle = 'white';
     ctx.strokeStyle = 'white';
     ctx.fillRect(x,y,w,w);
     ctx.strokeRect(x,y,w,w);
    }
    //判断是否重合
    t.equal = function(node) {
        if(this.x == node.x && this.y == node.y) {
            return true;
        } else {
            return false;
        }
    }
}
```

3. 蛇类（Snake）设计

现在到了最难的步骤,就是处理蛇,一条完整的贪吃蛇是由一块一块组成的。snakes 数组用于存放组成蛇的所有块;其中保存的第一个元素是蛇的头部,最后一个元素是蛇的尾巴。当蛇运动的时候,它头部增加一块而尾部减少一块。如果它吃到了豆,头部增加一块而尾部不减少。也就是说,蛇是从头部开始长的。蛇运行过程中要不断地改变方向;如果蛇头碰到了它自身,蛇就要死亡,即程序结束。

216

首先,画一条蛇并移动它。

```
//蛇类
function Snake(x, y, len, speed) {
    var t = this;
    t.x = x;
    t.y = y;
    t.dir = 'R';                                        //dir 方向,'R'向右
    t.len = len;
    var nx = x; ny = y;
    //初始蛇最初 len(5)块,并启动定时
    t.init = function() {
        for(var i = 0; i < len; i++) {
            var tempBlock = new Block(nx, ny, gridWidth);
            tempBlock.drawBlock();
            nx -= gridWidth;
            snakes.push(tempBlock);
        };
        snake_interval = setInterval(t.move, speed);    //定时移动蛇
    }
```

然后,识别键盘事件,修改移动方向 dir,初始移动 dir 方向为'R'(向右)。

```
//取得键盘方向
document.onkeydown = function(e) {
    var code = e.keyCode;
    t.odir = t.dir;
    switch(code) {
        case 37:                                        //向左键
            t.dir = 'L';
            break;
        case 38:                                        //向上键
            t.dir = 'U';
            break;
        case 39:                                        //向右键
            t.dir = 'R';
            break;
        case 40:                                        //向下键
            t.dir = 'D';
            break;
    }
}
```

以下主要是让蛇动的 move()函数。主要是根据原来蛇头 snakes[0]的位置和移动方向确定新的蛇头位置,绘制新的蛇头,并清除原来的蛇尾即达到移动效果。

在蛇移动时,判断蛇头是否和食物相撞,是否碰撞到了场地的壁以及是否与自己相撞。

```
//移动蛇
t.move = function() {
    var newHead;
    //是否碰撞到了场地的壁
    if(snakes[0].x + snakes[0].w >= canvas.width||snakes[0].x - snakes[0].w < 0 ||
            snakes[0].y - snakes[0].w < 0 || snakes[0].y + snakes[0].w > canvas.height){
        gameover();
    }
    else {//根据原来蛇头 snakes[0]的位置和移动方向确定新的蛇头位置
```

```
        if(t.dir == 'R') {
            newHead = new Block(snakes[0].x + gridWidth, snakes[0].y, gridWidth);
        } else if (t.dir == 'L') {
            newHead = new Block(snakes[0].x − gridWidth, snakes[0].y, gridWidth);
        } else if (t.dir == 'D') {
            newHead = new Block(snakes[0].x, snakes[0].y + gridWidth, gridWidth);
        } else if (t.dir == 'U') {
            newHead = new Block(snakes[0].x, snakes[0].y − gridWidth, gridWidth);
        }
    }

    //禁止反向跑
    if(newHead.x == snakes[1].x && newHead.y == snakes[1].y) {
        t.dir = t.odir;
        return;
    }
    //画新的蛇头
    newHead.drawBlock();
    //追加到数组中(长度会自动加)
    snakes.unshift(newHead);
    //清除原来尾部
    snakes[snakes.length − 1].clear();                       //清除(蛇尾)块
    //并从数组中移除(长度会自动减)
    snakes.pop();

    //判断食物是否和蛇头相撞
    for(var i = 0; i < foods.length; i++) {
        if(foods[i].equal(snakes[0])) {
            //给蛇增加长度
            t.growth();                                      //蛇生长方法
            score = score + 10;                              //增加 10 分
            textmsg.innerHTML = score + "分";                //显示分数
            t.len = t.len + 1;
            clearInterval(snake_interval);
            speed = speed < 20 ? speed : speed − 10;         //速度加快
            snake_interval = setInterval(t.move, speed);
        }
    }
    //判断是否与自己相撞
    for(var i = 1; i < snakes.length; i++) {
        if(snakes[i].equal(snakes[0])) {
            gameover();
        }
    };
} //move()函数结束
```

用于实现蛇生长 growth()函数的具体功能是当蛇吃到一个豆后,蛇就要在它的尾巴上增加一块即蛇增长。设计思路是找到蛇尾 snakes[snakes.length−1],根据蛇尾与蛇的倒数第 2 块 snakes[snakes.length−2]的位置关系,计算出蛇尾新增一块的位置。

```
    //给蛇增加长度(在尾巴加)
    t.growth = function() {
        var tail1 = snakes[snakes.length − 1];
        var tail2 = snakes[snakes.length − 2];
        var addBlock;
        if(tail1.x == tail2.x) {
            if(tail1.y >= tail2.y)
```

```
                addBlock = new Block(tail1.x, tail1.y + gridWidth, gridWidth);
            else
                addBlock = new Block(tail1.x, tail1.y - gridWidth, gridWidth);
        }
        else {
            if(tail1.x >= tail2.x)
                addBlock = new Block(tail1.x + gridWidth, tail1.y, gridWidth);
            else
                addBlock = new Block(tail1.x - gridWidth, tail1.y, gridWidth);
        }
        //数组加入尾部
        snakes.push(addBlock);
        addBlock.drawBlock();
        console.log(snakes.length);
    } //growth()函数
} /* snake 类结束 */
```

4. 场地类（Farm）设计

为游戏的主场地，豆要在此范围内出现，蛇要在此范围内运行，显示场地内的所有对象、场地边框、豆和蛇。

```
//场地类,生成一个画布和豆、蛇
function Farm() {
    var t = this;
    ctx.fillStyle = 'white';
    ctx.fillRect(0, 0, canvas.width, canvas.height);
    foods = [];              //重新初始化豆数组,不要把前一次游戏的数组元素遗留
    //随机生成一个食物
    t.addfood = function() {
        var x = parseInt(canvas.width / gridWidth * Math.random()) * gridWidth;
        var y = parseInt(canvas.height / gridWidth * Math.random()) * gridWidth;
        var food = new Food(x, y, gridWidth);
        food.foodInit();
        foods.push(food);
    }
    snakes = [];             //重新初始化蛇身(块)数组,不要把前一次游戏的数组元素遗留
    //更新速度 500 毫秒(即移动速度)
    t.snake = new Snake(100, 100, 5, 500); //初始 5 节长度,位置(100,100)处
    t.snake.init();          //画蛇
}
```

5. 主程序

在游戏开始后，要首先初始化场地 Farm 类，显示场地内的所有对象，场地边框、豆和蛇。同时要 2 秒随机产生一个新豆并显示。

```
var canvas = document.getElementById("canvas");
var ctx = canvas.getContext('2d');
var gridWidth = 20;
var score = 0;
var foods = new Array(), snakes = new Array();        //放豆和蛇的数组
//开始游戏
function gameStart() {
    var farm = new Farm();
```

```
        //2秒产生一个豆
        food_interval = setInterval(farm.addfood, 2000);
    }
gameStart();
//结束
function gameover() {
    var judge = confirm("游戏结束,是否重新开始");
    score = 0;
    textmsg. innerHTML = score + "分";
    clearInterval(snake_interval);          //清除产生蛇移动定时
    clearInterval(food_interval);           //清除产生新豆定时
    if(! judge) {                           //选择不重新开始
        return false;
    }
    gameStart();
}
```

至此,贪吃蛇游戏编写完成。

第14章

雷电飞机射击游戏

14.1 雷电飞机射击游戏介绍

视频讲解

雷电飞机射击游戏因其操作简单、节奏明快,而成为纵轴射击的经典之作。雷电系列受到了广大玩家的欢迎,可以说是老少皆宜的游戏了。

本章开发模拟雷电的飞机射击游戏,下方是玩家的飞机,用户按空格键能不断地发射子弹,上方是随机出现的敌方飞机。玩家可以通过键盘的方向键控制自己飞机的移动,当玩家飞机的子弹碰到敌方飞机时,敌方飞机出现爆炸效果,雷电飞机射击游戏的运行界面如图 14-1 所示。

飞机大战
分数: 0分

图 14-1 雷电飞机射击游戏的运行界面

14.2　雷电飞机射击游戏设计的思路

14.2.1　游戏素材

游戏程序中用到敌方飞机、我方飞机、子弹、敌机被击中的爆炸图片等，分别使用图 14-2 所示的图片表示。说明：每张图片均包含几幅图（或者也称为几帧）。

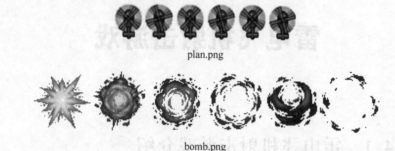

plan.png

bomb.png

bullet.png

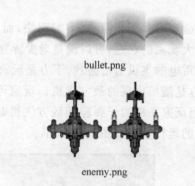

enemy.png

图 14-2　相关图片素材

14.2.2　地图滚动的原理实现

举个简单的例子，大家坐火车的时候都遇到过自己的火车明明是停止的，但是旁边铁轨的火车在向后行驶，会有一种错觉，感觉自己的火车是在向前行驶。飞行射击类游戏的地图原理和这个完全一样。玩家在控制飞机在屏幕中飞行的位置时，背景图片一直向后滚动从而给玩家一种错觉自己控制的飞机在向前飞行，如图 14-3 所示是两张地图图片（map_0.png、map_1.png）在屏幕背后交替滚动，这样就会给玩家产生自己控制的飞机在向前移动的错觉。

地图滚动的相关代码如下：

```
function updateBg() {
    /** 更新游戏背景图片实现向下滚动效果 **/
    mBitposY0 += 5;                    //第一张地图 map_0.png 的纵坐标下移 5px
    mBitposY1 += 5;                    //第二张地图 map_1.png 的纵坐标下移 5px
    if(mBitposY0 == mScreenHeight) {   //超过游戏屏幕的底边
```

```
        mBitposY0 = - mScreenHeight;              //回到屏幕上方
    }
    if(mBitposY1 == mScreenHeight) {              //超过游戏屏幕的底边
        mBitposY1 = - mScreenHeight;              //回到屏幕上方
    }
}
```

游戏过程中,不断更新游戏背景图片位置,下移 5px,实现向下滚动效果。

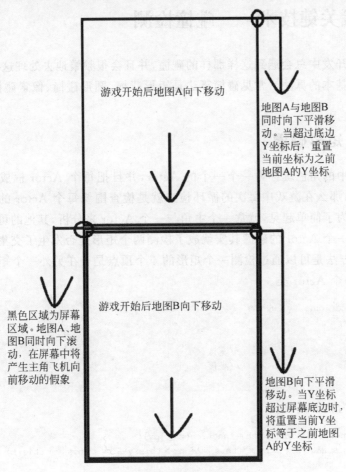

游戏开始后地图A向下移动

地图A与地图B同时向下平滑移动。当超过底边Y坐标后,重置当前坐标为之前地图A的Y坐标

黑色区域为屏幕区域。地图A、地图B同时向下滚动,在屏幕中将产生主角飞机向前移动的假象

游戏开始后地图B向下移动

地图B向下平滑移动。当Y坐标超过屏幕底边时,将重置当前Y坐标等于之前地图A的Y坐标

图 14-3　地图滚动的原理

14.2.3　飞机和子弹的实现

游戏中使用到的飞机、子弹均采用对应的类实现。因为子弹的数量会有很多,敌机的数量也会有很多,所以每一颗子弹需要用一个对象来记录当前子弹在屏幕中的 x,y 坐标。每一架敌机也是一个对象,也记录着它在屏幕中的 x,y 坐标。这样在处理碰撞的时候通过遍历子弹对象与敌机对象就可以计算出碰撞的结果,从而得到碰撞的敌机对象并播放死亡爆炸动画。

游戏过程中每隔 3 秒添加一架敌机,玩家按空格键发射子弹并初始化其位置坐标在玩家飞机前方。在定时事件中不断更新游戏背景图片的位置,下移 5px,实现向下滚动效果,同时更新每发子弹位置（每次上移 1px），更新敌机位置（每次下移 1px），最后检测子弹与敌机的碰撞。

这样在处理碰撞的时候其实就是每一颗子弹的矩形区域与每一架敌机的矩形区域的碰撞。通过遍历子弹对象与敌机对象就可以计算出碰撞的结果，从而得到碰撞的敌机对象并播放死亡爆炸动画。

14.3 游戏关键技术——碰撞检测

大家在游戏开发中总会遇到这样那样的碰撞，并且会很频繁地去处理这些碰撞，这也是游戏开发的一种基本的算法。常见碰撞算法是矩形碰撞、圆形碰撞、像素碰撞，其中矩形碰撞用得最多。

14.3.1 矩形碰撞

假如把游戏中的角色统称为一个一个的 Actor，并且把每个 Actor 框成一个与角色大小相等的矩形框，那么在游戏中每次的循环检查就是检查围绕每个 Actor 的矩形框之间是否发生了交错。为了简单起见，就拿一个主角与一个 Actor 来分析，其他的可以类比。

一个主角与一个 Actor 的碰撞其实就成了检测两个矩形是否发生了交集。

（1）第一种方法是可以通过检测一个矩形的 4 个顶点是否在另外一个矩形的内部来完成，简单地设定一个 Actor 类。

```
var Actor = function(x, y, w,h) {
    this.x = x;
    this.y = y;
    this.w = w;                     //宽度
    this.h = h;                     //高度
}
```

检测的处理为如下代码：

```
Actor.prototype.isCollidingWith = function(px , py){
    if(px > this.x&& px < this.x + this.w && px > this.y&& py < this.y + this.h)
        return true;
    else
        return false;
}
Actor.prototype.isCollidingWith = function(another) { //another Actor
    if(isCollidingWith(another.x, another.y)
            ||isCollidingWith(another.x + another.w, another.y)
            ||isCollidingWith(another.x, another.y + another.h)
            ||isCollidingWith(another.x + another.w, another.y + another.h)
        return true;
    else
        return false;
}
```

以上处理运行应该是没有什么问题的，但是没有考虑到运行速度，而游戏中需要大量的碰撞检测工作，所以要求碰撞检测要尽量快。

（2）第二种方法是从相反的角度考虑，以前是想什么时候相交，现在处理后什么时候不会相交，可以处理4条边，左边 a 矩形的右边界在 b 矩形的左边界以外，同理，a 矩形的上边界需要在 b 矩形的下边界以外，四边都判断，则可以知道 a 是否与 b 相交，示意图见图14-4。

(a) 矩形　　　　(b) 矩形

图 14-4　矩形检查

代码如下：

```
/*
 * ax —— a 矩形左上角 x 坐标
 * ay —— a 矩形左上角 y 坐标
 * aw —— a 矩形宽度
 * ah —— a 矩形高度
 * bx —— b 矩形左上角 x 坐标
 * by —— b 矩形左上角 y 坐标
 * bw —— b 矩形宽度
 * bh —— b 矩形高度
 */

function isColliding(ax, ay, aw, ah, bx, by, bw, bh) {
    if(ay > by + bh || by > ay + ah
            || ax > bx + bw || bx > ax + aw)
            return false;
    else
            return true;
}
```

此方法比第一种简单且运行快，本雷电飞机射击游戏采用此方法检测。

（3）第三种方法是第二种方法的一个变异，可以保存两个矩形的左上和右下两个坐标的坐标值，然后对比两个坐标就可以得出两个矩形是否相交。这应该比第二种更优越一点。

```
/*
 * rect1[0]: 矩形 1 左上角 x 坐标
 * rect1[1]: 矩形 1 左上角 y 坐标
 * rect1[2]: 矩形 1 右下角 x 坐标
 * rect1[3]: 矩形 1 右上角 y 坐标
 * rect2[0]: 矩形 2 左上角 x 坐标
 * rect2[1]: 矩形 2 左上角 y 坐标
 * rect2[2]: 矩形 2 右下角 x 坐标
 * rect2[3]: 矩形 2 右上角 y 坐标
 */

function IsRectCrossing (rect1[], rect2[]) {
    if (rect1[0] > rect2[2]) return false;
    if (rect1[2] < rect2[0]) return false;
    if (rect1[1] > rect2[3]) return false;
    if (rect1[3] < rect2[1]) return false;
    return true;
}
```

这种速度应该很快了，推荐使用这种。

14.3.2 圆形碰撞

现在介绍一种测试两个对象边界是否重叠。可以通过比较两个对象间的距离和两个对象半径的和的大小，很快实现这种检测。如果它们之间的距离小于半径的和，就说明产生了碰撞。

为了计算半径，就可以简单的取高度或者宽度的一半作为半径的值，代码如下：

```
function isColliding(ax, ay, aw, ah, bx, by, bw, bh){
    var r1 = (Math.max(aw, ah)/2 + 1);
    var r2 = (Math.max(bw, bh)/2 + 1);
    var rSquard = r1 * r1;
    var anrSquard = r2 * r2;
    var disX = ax - bx;
    var disY = ay - by;
    if((disX * disX) + (disY * disY) < (rSquard + anrSquard))
        return true;
    else
        return false;
}
```

这种方法类似于圆形碰撞检测，处理两个圆的碰撞处理就可以用这种方法。

14.3.3 像素碰撞

由于游戏中的角色的大小往往是以一个刚刚能够将其包围的矩形区域来表示的，如图 14-5 所示。虽然两个卡通人物并没有发生真正的碰撞，但是矩形碰撞检查的结果是它们发生了碰撞。

如果使用像素检查，往往会把精灵的背景颜色设置成相同的颜色而且是最后图片里面很少用到的颜色，然后碰撞检查的时候就仅仅判断两个图片除了背景色外的其他像素区域是否发生了重叠的情况，如图 14-6 所示，虽然两个图片的矩形发生了碰撞，但是两个卡通人物并没有发生真正的碰撞，这就是像素检查的好处，但是缺点就是计算复杂，浪费大量的系统资源，因此一般如果没有特殊要求，都尽量使用矩形检查碰撞。

图 14-5　矩形检查　　　　　　　　　　　　图 14-6　像素检查

以上只是总结了几种简单的方法，当然其实在游戏中熟练地运用才是最重要的，在 HTML5 游戏中差不多以上几种基本够用了，当然可能有些游戏需要比以上更复杂的算法，例如，如果一个对象速度足够快，可能只经历一步就穿越了一个本该和它发生碰撞的对象，如果要考虑这种的话就要根据它的运动路径来处理。还有可能碰到不同的边界发生不同的行为,这就要具体地对碰撞行为进行解剖,然后具体处理。

14.3.4 Image 对象

如果想在网页中使用图片,则只需要调用<img>标签,然后在 src 属性中设置图片的绝对路径或相对路径即可。如果想要在网页中实现动画或者图像效果,则需要在 JavaScript 中使用 Image 对象。Image 对象是最简单的图像预装载办法。预装载就是一种在需要图片之前就将图片下载到缓存的技术。

Image 对象是 JavaScript 中的内置对象,它代表嵌入的图像。当创建一个 Image 对象时,就相当于给浏览器缓存了一张图片,Image 对象也常用来做预加载图片(也就是将图片预先加载到浏览器中,当用户浏览图片时就能享受到极快的加载速度)。在 HTML 页面中,<img>标签每出现一次,也是创建了一个 Image 对象。

Image 对象的常用属性如表 14-1 所示。

表 14-1 Image 对象的常用属性

属 性	描 述
align	设置或返回与内联内容的对齐方式
alt	设置或返回无法显示图像时的替代文本
border	设置或返回图像周围的边框
complete	返回浏览器是否已完成对图像的加载
height	设置或返回图像的高度
hspace	设置或返回图像左侧和右侧的空白
id	设置或返回图像的 id
name	设置或返回图像的名称
src	设置或返回图像的 URL
vspace	设置或返回图像的顶部和底部的空白
width	设置或返回图像的宽度

同时 Image 对象具有 onload、onerror 和 onabort 事件。例如:

```
<body>
    <div id = "box">
        <!--<img src = "img/1.jpg" id = "imgtest"/>-->
    </div>
</body>
<script type = "text/javascript">
    var box = document.getElementById("box");
    //创建 image 对象
    var imgObj1 = new Image();
    //部分属性
    imgObj1.src = "img/1.jpg";
    imgObj1.width = 100;
    imgObj1.height = 200;
    imgObj1.border = "1px solid red";
    imgObj1.hspace = 150;           //图片水平的间隔
    imgObj1.vspace = 150;           //垂直的间隔
```

```
    //把图片对象添加到div元素中
    box.appendChild(imgObj1);
    //图片对象的事件
    imgObj1.onload = function(){                      //图片加载完毕的事件
        console.log("图片加载完毕");
    }
    imgObj1.onerror = function(){                     //加载错误的事件
        console.log("图片加载错误");
    }
    //图片加载过程中被打断(例如,图片正在加载,用户突然单击了取消按钮)
    imgObj1.onabort = function(){
            console.log("图片加载过程中被打断");
    }
</script>
```

14.4　雷电飞机射击游戏设计的步骤

14.4.1　设计子弹类

创建一个Bullet类,用于表示子弹,实现子弹坐标更新,绘制子弹动画效果并上移1px。子弹是由4帧组成的,每10个时间间隔(每个间隔为1000/60=16.67毫秒)换一帧。

```
//子弹类
var Bullet = function(image, x, y) {
    this.image = image;
    this.x = x;
    this.y = y;
    this.width = image.width/4;
    this.height = image.height;
    this.frm = 0;                              //当前是第几帧
    this.dis = 0;                              //多少时间间隔
};
```

检测点(x,y)是否在子弹区域内,本游戏没有使用。

```
Bullet.prototype.testPoint = function(x, y) {
    var betweenX = (x > = this.x) && (x < = this.x + this.width);
    var betweenY = (y > = this.y) && (y < = this.y + this.height);
    return betweenX && betweenY;
};
```

调用move()函数改变子弹位置。

```
Bullet.prototype.move = function(dx, dy) {
    this.x += dx;
    this.y += dy;
};
```

图14-7　子弹图片

调用draw()函数绘制子弹动画效果并上移1px。每10个间隔换一帧,子弹共4帧(如图14-7所示)。子弹坐标更新主要修改y坐标(垂直方向)值,每次1px。当然也可以修

改 x 坐标(水平方向)值,这里为了简单化没有修改 x 坐标值(水平方向)。

```
Bullet.prototype.draw = function(ctx) {
    ctx.save();
    ctx.translate(this.x, this.y);
    ctx.drawImage(this.image, this.frm * this.width, 0 , this.width, this.height,
                        0, 0, this.width, this.height);        //绘制子弹对应 this.frm 帧
    ctx.restore();
    this.y -- ;                                                //上移 1px
    this.dis++;
    if(this.dis >= 10) {                                       //10 个间隔换一帧
        this.dis = 0;
        this.frm++;
        if (this.frm >= 4) this.frm = 0;
    }
};
```

调用 hitTestObject()函数判断子弹与飞机是否碰撞。

```
Bullet.prototype.hitTestObject = function (planobj) {
    if(isColliding(this.x, this.y, this.width, this.height,
            planobj.x, planobj.y, planobj.width, planobj.height))    //发生碰撞
        return true;
    else
        return false;
}
```

调用全局函数 isColliding()是前面分析的第二种碰撞检测方法。

```
function isColliding(ax, ay, aw, ah, bx, by, bw, bh)
{
    if(ay > by + bh || by > ay + ah
        || ax > bx + bw || bx > ax + aw)
      return false;
    else
      return true;
}
```

14.4.2　设计飞机类

在项目中创建一个 Plan 类,用于表示敌机和己方的飞机,实现飞机坐标更新、绘制功能,功能与子弹类相似。

构造函数中 image 是飞机图片,(x,y) 是飞机位置坐标,而最后一个参数 n 是本飞机图是几帧动画。例如,己方飞机是 6 帧动画,敌机是 2 帧动画(如图 14-8 所示)。

图 14-8　玩家飞机和敌机图

```
var Plan = function(image, x, y, n) {
    this.image = image;
    this.x = x;
    this.y = y;
    this.originX = x;
    this.originY = y;
    this.width = image.width / n;              //每帧飞机宽度
    this.height = image.height;                //每帧飞机高度
    this.frm = 0;                              //当前是第几帧
    this.dis = 0;
    this.n = n;
};
Plan.prototype.testPoint = function(x, y) {
    var betweenX = (x >= this.x) && (x <= this.x + this.width);
    var betweenY = (y >= this.y) && (y <= this.y + this.height);
    return betweenX && betweenY;
};
Plan.prototype.move = function(dx, dy) {
    this.x += dx;
    this.y += dy;
};
Plan.prototype.Y = function() {
    return this.y;
};
```

调用 draw(ctx)函数不断下移地画飞机,同时水平方向也有位移,采用正弦移动。

```
Plan.prototype.draw = function (ctx) {
    ctx.save();
    ctx.translate(this.x, this.y);
    ctx.drawImage(this.image, this.frm * this.width, 0, this.width, this.height,
0, 0, this.width, this.height);
    ctx.restore();
    this.y++;                                  //下移 1px
    this.x = this.originX + 20 * Math.sin(Math.PI / 100 * this.y);
                                               //水平方向正弦移动
    this.dis++;
    if(this.dis >= 3) {                        //3 个间隔换图
        this.dis = 0;
        this.frm++;
        if (this.frm >= this.n) this.frm = 0;
    }
};
```

调用 draw2(ctx)函数原地不动画飞机,因为己方飞机是人工控制移动的。

```
Plan.prototype.draw2 = function(ctx) {
    ctx.save();
    ctx.translate(this.x, this.y);
    ctx.drawImage(this.image, this.frm * this.width, 0 , this.width, this.height,
0, 0, this.width, this.height);
    ctx.restore();
    this.dis++;
    if(this.dis >= 3) {                        //3 个间隔换图
        this.dis = 0;
        this.frm++;
```

```
            if(this.frm > = this.n) this.frm = 0;
    }
};
//飞机之间碰撞检测
//如果重叠则说明飞机碰撞
Plan.prototype.hitTestObject = function (planobj) {
    if(isColliding(this.x, this.y, this.width, this.height,
planobj.x, planobj.y, planobj.width, planobj.height))          //发生碰撞
        return true;
    else
        return false;
}
```

14.4.3　爆炸类

爆炸动画比较简单,只需原地绘制爆炸的 6 帧(如图 14-9 所示)就可以了。

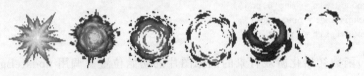

图 14-9　敌机爆炸时的 6 帧图片

```
//爆炸动画
var Bomb = function(image, x, y) {
    this.image = image;
    this.x = x;
    this.y = y;
    this.width = image.width/6;
    this.height = image.height ;
    this.frm = 0;
    this.dis = 0;
};
Bomb.prototype.draw2 = function(ctx) {
    ctx.save();
    ctx.translate(this.x, this.y);
    if(this.frm > = 6) return ;              //6 帧绘制就结束了
    ctx.drawImage(this.image, this.frm * this.width, 0 , this.width, this.height,
                  0, 0, this.width, this.height);
    ctx.restore();
    this.dis++;
    if(this.dis > = 10) {                    //10 个间隔换图
        this.dis = 0;
        this.frm++;
    }
};
```

14.4.4　设计主程序

用于实现游戏背景界面,加载游戏相关图片,完成子弹发射、敌机移动、碰撞检测等功能。

```
    var canvas = document.getElementById("myCanvas");
    var context = canvas.getContext("2d");
```

```
        document.addEventListener("keydown", onkeydown);
        var plans = [];                    //敌机对象数组
        var bullets = [];                  //子弹对象数组
        var bombs = [];                    //爆炸对象数组
        var score = 0;
        var overflag = false;              //游戏是否结束,True 为结束
        var mBitposY0, mBitposY1;
        /** 屏幕的宽和高 **/
        var mScreenWidth = 320;
        var mScreenHeight = 480
        var myplane;                       //己方飞机
        var image = new Image();           //己方飞机图片 Image 对象
        var image2 = new Image();          //爆炸图片 Image 对象
        var image3 = new Image();          //敌方飞机图片 Image 对象
        var image4 = new Image();          //子弹图片 Image 对象
//以下游戏背景的两张图片
        var background0 = new Image();
        background0.src = "map_0.png";
        var background1 = new Image();
        background1.src = "map_1.png";
```

调用 init()函数初始化游戏背景的两张图片的初始位置。调用 updateBg()函数通过这两张背景图片的不断下移和切换实现游戏背景动态移动的效果。

```
function init() {
    /** 游戏背景 **/
    /** 第一张图片紧贴在屏幕(0,0)点,第二张图片在第一张图片上方 **/
    mBitposY0 = 0;
    mBitposY1 = - mScreenHeight;
}
function updateBg() {
    /** 更新游戏背景图片实现向下滚动效果 **/
    mBitposY0 += 5;
    mBitposY1 += 5;
    if(mBitposY0 == mScreenHeight) {
        mBitposY0 = - mScreenHeight;
    }
    if(mBitposY1 == mScreenHeight) {
        mBitposY1 = - mScreenHeight;
    }
}
image.src = "plan.png";            //己方飞机的图片
image.onload = function() {
};
image2.src = "bomb.png";           //爆炸图片
image2.onload = function() {
};
image3.src = "enemy.png";          //敌机图片
```

图片加载成功后,通过定时每 3 秒产生 1 架敌机,在另一个定时器中不断更新背景图片的位置,画己方飞机和敌机,并检测敌机是否碰到玩家自己的飞机(则游戏结束)或者子弹碰到敌机,最后绘制爆炸对象,实现游戏逻辑。

如果子弹碰撞到敌机,则产生爆炸对象,从敌机 plans 数组中删除该敌机,从子弹 bullets 数组中删除碰撞的子弹。如果没击中敌机,则再判断子弹是否飞出屏幕上方。如果

飞出屏幕上方则从 bullets 数组中删除碰撞的子弹。

```
image3.onload = function() {
    myplane = new Plan(image, 300 * Math.random(), 400, 6);      //6 幅图片
    init();                                                       //初始化背景地图位置
    plan_interval = setInterval(function() {
        plans.push(new Plan(image3, 300 * Math.random(), 20 * Math.random(), 2)); //两幅图片
    }, 3000);                                                     //3 秒产生 1 架敌机
    setInterval(function() {
        context.clearRect(0, 0, 320, 480);
        //画地图
        //context.drawImage(background, 0, 0);
        context.drawImage(background0, 0, mBitposY0);
        context.drawImage(background1, 0, mBitposY1);
        updateBg();                                               //更新背景图片位置
        //画己方飞机
        if(!overflag)                                             //游戏没有结束
            myplane.draw2(context);                               //原地不动
        //画敌方飞机
        for(var i = plans.length - 1; i >= 0; i--) {
            if(plans[i].Y() > 400)                                //敌机飞到底部则消失
                plans.splice(i, 1);                               //删除敌机
            else
                plans[i].draw(context);
        }

        //画子弹
        for(var i = bullets.length - 1; i >= 0; i--) {
            if(bullets[i].Y() < 0)
                bullets.splice(i, 1);                             //删除子弹
            else
                bullets[i].draw(context);
        }
        //碰撞检测
        //判断敌机是否碰到玩家自己飞机
        for(var i = plans.length - 1; i >= 0; i--) {
            e1 = plans[i];
            if(e1 != null && myplane != null && myplane.hitTestObject(e1)) {
                clearInterval(plan_interval);                     //清除定时器,不再产生敌机
                plans.splice(i, 1);                               //删除敌机
                bombs.push(new Bomb(image2, myplane.x, myplane.y));
                message_txt.innerHTML = "敌机碰到玩家自己飞机,游戏结束";
                overflag = true;
            }
        }

        //判断子弹是否碰到敌机
        for(var j = bullets.length - 1; j >= 0; j--) {
            var b1 = bullets[j];
            for(var i = plans.length - 1; i >= 0; i--) {
                e1 = plans[i];
                if(e1 != null && b1 != null && b1.hitTestObject(e1))   //击中敌机
                {
                    plans.splice(i, 1);                           //删除敌机
                    bullets.splice(i, 1);                         //删除此颗子弹
```

```
                    bombs.push(new Bomb(image2, b1.x, b1.y - 36));
                    message_txt.innerHTML = "敌机被击中,加 20 分";
                    score += 20;
                    score_txt.innerHTML = "分数:" + score + "分";
                }
            }
        }

        //画爆炸
        for(var i = bombs.length - 1; i >= 0; i--) {
            if(bombs[i].frm >= 6)          //已播放 6 帧
                bombs.splice(i, 1);        //删除爆炸
            else
                bombs[i].draw2(context);
        }
    }, 1000 / 60);
};
image4.src = "bullet.png";                 //子弹图片
image4.onload = function () {
};
```

用户按键控制飞机向上、下、左、右移动,以及空格发射子弹。调用 onkeydown(e)函数,响应用户的按键操作,修改玩家自己飞机的坐标。

```
function onkeydown(e) {
    if(e.keyCode == 32) {                                          //空格发射子弹
        bullets.push(new Bullet(image4, myplane.x, myplane.y - 36)); //加入新子弹
    }else if(e.keyCode == 37) {                                    //向左
        myplane.move( - 10,0);
    }else if(e.keyCode == 39) {                                    //向右
        myplane.move(10,0);
    }else if(e.keyCode == 38) {                                    //向上
        myplane.move(0, - 10);
    }else if(e.keyCode == 40) {                                    //向下
        myplane.move(0,10);
    }
}
```

14.4.5 游戏页面 plan3.html

```
<! DOCTYPE html >
< html >
< head >
< title >飞机大战 2022 </title>
< meta charset = "utf - 8">
</head >
< body >
< canvas id = "myCanvas" width = "320" height = "480" style = "border:solid">
你的浏览器不支持 Canvas 画布元素,请更新浏览器获得演示效果。
</canvas >
< div id = "message_txt" style = "display:block;">飞机大战</div >
< div id = "score_txt" style = "display:block;">分数:0 分</div >
</body >
</html >
```

至此,已完成雷电飞机射击游戏的开发,运行程序效果如图 14-10 所示。

敌机被击中，加20分
分数：60分

图 14-10　雷电飞机射击游戏的最终效果

第15章

Flappy Bird游戏

15.1　Flappy Bird 游戏介绍

Flappy Bird(又称笨鸟先飞)是由一名越南游戏制作者独自开发而成的,玩法极为简单,游戏中玩家必须控制一只胖乎乎的小鸟,跨越由各种不同长度管道所组成的障碍。此游戏上手容易,但是想通关可不简单。

本章这款电脑版 Flappy Bird 游戏中,玩家只需要用空格键或鼠标来操控,来不断控制小鸟的飞行高度和降落速度,从而让小鸟顺利地通过画面右端的通道。如果玩家不小心碰到了管道的话,游戏便宣告结束。单击屏幕或按空格键,小鸟就会往上飞,不断地单击或按空格键就会不断地往高处飞。松开鼠标或空格键则会快速下降。小鸟安全穿过一个管道且不撞上玩家就得 1 分。

Flappy Bird 游戏运行初始界面和游戏过程界面如图 15-1 所示。

(a) 初始界面　　　　　　　　　　　　(b) 游戏过程界面

图 15-1　Flappy Bird 游戏运行初始界面和游戏过程界面

15.2　Flappy Bird 游戏设计的思路

15.2.1　游戏素材

游戏程序中用到背景(bg. png)、小鸟(bird. png)、上下管道(obs. png)、游戏结束画面(over. png)和游戏开始画面的图片(start. jpg)等分别使用图 15-2 所示的图片。

bg.png　　　　　bird.png　　　　　obs.png　　　　　over.png　　　　　start.jpg

图 15-2　Flappy Bird 素材图片

15.2.2　游戏实现的原理

游戏设计中采用类似雷电飞机射击游戏的方法,背景障碍物(管道)在不断左移,小鸟位置 x 坐标不变仅仅能上下移动。为了简化游戏难度,将上下管子的间距设置成一样大小;采用两个定时器,其中一个定时器每隔 2 秒产生一个新的障碍物(管道)并加入障碍物 obsList 数组中。当 obsList 数组首个元素 obsList[0] 移出游戏画面时则从数组中删除。

另一个定时器完成游戏画面和游戏逻辑(碰撞及鼠标单击检测),在每隔 20 毫秒重画游戏界面时,根据障碍物 obsList 数组绘制游戏界面存在的各个障碍物。由于每次重画时, obsList 数组中各个障碍物 x 坐标减少 2,从而给玩家一种管道不断前移的感觉。

同时根据玩家是否单击屏幕来移动小鸟位置并判断是否碰到了管道,如果碰到或小鸟落地则游戏结束。

15.3　Flappy Bird 游戏设计的步骤

游戏使用三个类: Bird 类、Obstacle 类、FlappyBird 类(游戏运行的主要函数)。

15.3.1　设计 Bird 类(小鸟类)

小鸟飞行是由两帧组成的图片,分别对应 up 和 down 两种状态。

```
function Bird(x, y, image) {
    this. x = x;
    this. y = y;
    this. width = image. width / 2;              //每帧是图片的一半大小
    this. height = image. height;
    this. image = image;
    this. draw = function(context, state) {
        if(state === "up")
```

```
        context. drawImage(image, 0, 0, this.width, this.height, this.x, this.y, this.
width, this.height);              //绘制向上飞 up 状态帧(第 1 帧)
        else{
            context. drawImage(image, this.width, 0, this.width, this.height, this.x, this.
y, this.width, this.height);       //绘制向下飞 down 状态帧(第 2 帧)
        }
    }
};
```

15.3.2　设计 Obstacle 类(管道障碍物类)

管道障碍物是由两帧组成的图片,分别是管道头向上 up 和头向下 down 两种状态。

```
function Obstacle(x, y, h, image) {
    this.x = x,
    this.y = y,
    this.width = image.width / 2,
    this.height = h,
    this.flypast = false;                    //没被小鸟飞过
    this.draw = function(context, state) {
        if(state === "up") {
            context.drawImage(image, 0, 0, this.width, this.height, this.x, this.y, this.
width, this.height);                        //绘制管道头向上帧(一对管道中的下管道)
        } else {
            context.drawImage(image, this.width, image.height - this.height, this.width,
this.height, this.x, this.y, this.width, this.height);
                                            /*绘制管道头向下帧(一对管道中的上管道)*/
        }
    }
};
```

15.3.3　设计 FlappyBird 类

FlappyBird 类包括游戏主要参数及运行时需要的函数,变化参数可以改变游戏难度。
FlappyBird 类的函数功能如下。

CreateMap()函数:绘制画布(游戏画面)。

CreateObs()函数:创造障碍物。

DrawObs()函数:绘制障碍物。

CountScore()函数:判断是否启动记分器。

ShowScore()函数:显示分数。

CanMove()函数:判断是否可以移动及游戏是否结束。

CheckTouch()函数:判断是否触碰。

ClearScreen()函数:清屏。

ShowOver()函数:显示游戏结束。

具体代码如下。

```
function FlappyBird() {}
FlappyBird.prototype = {
    bird: null,                  //小鸟
    bg: null,                    //背景图
    obs: null,                   //障碍物
    obsList: [],                 //管道数组
    mapWidth: 340,               //画布(游戏画面)宽度
    mapHeight: 453,              //画布(游戏画面)高度
    startX: 90,                  //小鸟起始位置
    startY: 225,
    obsDistance: 100,            //上下管道距离,也就是小鸟可以飞过的空隙
    obsSpeed: 2,                 //管道移动速度
    obsInterval: 2000,           //制造管道间隔 ms
    upSpeed: 8,                  //上升速度
    downSpeed: 3,                //下降速度
    line: 56,                    //地面高度
    score: 0,                    //得分
    touch: false,                //是否触摸(单击鼠标)
    gameOver: false,             //游戏结束标志
```

　　CreateMap()函数绘制游戏的画面,画面由背景、小鸟和障碍物组成。由于管道是成对出现的,每次生成两个管道 obs1 和 obs2,并加入管道 obsList[]数组。

```
CreateMap: function() {                              //绘制画布(游戏画面)
    //背景
    this.bg = new Image();
    this.bg.src = "img/bg.png";
    var startBg = new Image();
    startBg.src = "img/start.jpg";
    //由于 Image 异步加载,在加载完成时再绘制图像
    startBg.onload = function(){
        c.drawImage(startBg, 0, 0);
    };

    //小鸟
    var image = new Image();
    image.src = "img/bird.png";
    image.onload = function(){
        this.bird = new Bird(this.startX, this.startY, image);
        //this.bird.draw(c, "down");
    }.bind(this);

    //管道
    this.obs = new Image();
    this.obs.src = "img/obs.png";
    this.obs.onload = function() {
        var h = 100;                                 //默认第一个管道高度为100
        var h2 = this.mapHeight - h - this.obsDistance;
        var obs1 = new Obstacle(this.mapWidth, 0, h, this.obs);
        var obs2 = new Obstacle(this.mapWidth, this.mapHeight - h2, h2 - this.line, this.obs);
        this.obsList.push(obs1);                     //将一对管道加入 obsList 数组
        this.obsList.push(obs2);
    }.bind(this);
},
```

　　CreateObs()函数每次生成两个管道 obs1(上管道)和 obs2(下管道),并加入管道

obsList[]数组,如果管道已经出了画面则从数组中删除,这样重新绘制时就不会显示。

```
CreateObs: function() {
    //随机产生管道高度
    var h = Math.floor(Math.random() * (this.mapHeight - this.obsDistance - this.line));
    var h2 = this.mapHeight - h - this.obsDistance;
    var obs1 = new Obstacle(this.mapWidth, 0, h, this.obs);            //上管道
    var obs2 = new Obstacle(this.mapWidth, this.mapHeight - h2, h2 - this.line, this.obs);
                                                                       //下管道

    this.obsList.push(obs1);
    this.obsList.push(obs2);
    //移除越界管道
    if(this.obsList[0].x < -this.obsList[0].width)                     //如果管道已经出了画面
        this.obsList.splice(0, 2);                                     //从数组中删除
},
DrawObs: function() {                                                  //绘制管道
    c.fillStyle = "#00ff00";
    for(var i = 0; i < this.obsList.length; i++) {
        this.obsList[i].x -= this.obsSpeed;
        if (i % 2)
            this.obsList[i].draw(c, "up");                             //下管道
        else
            this.obsList[i].draw(c, "down");                          //上管道
    }
},
```

CountScore()函数计算得分,由于小鸟 x 位置固定(即 this.startX=90),2 秒产生一个新管道,而每 20 毫秒前个管道就移动 2px,所以管道之间间隔为 200px。小鸟 x 坐标位置是 90,所以当新的管道到小鸟位置时,前一个管道到一110 位置(已经出了画面),所以已从数组中删除了,到小鸟跟前的总是 obsList[0]。

```
CountScore: function() {                                              //计分
    if(this.obsList[0].x + this.obsList[0].width < this.startX &&this.obsList[0].flypast =
= false) {
        //小鸟坐标超过 obsList[0]管道
        this.score += 1;                                              //得分
        this.obsList[0].flypast = true;                              //obsList[0]管道被飞过了
    }
},
ShowScore: function() {                                               //显示分数
    c.strokeStyle = "#000";
    c.lineWidth = 1;
    c.fillStyle = "#fff"
    c.fillText(this.score, 10, 50);
    c.strokeText(this.score, 10, 50);
},
```

CanMove()函数实现小鸟与管道的碰撞检测。这里使用矩形碰撞检测原理,这在第 14 章已经介绍过,判断小鸟所在图形矩形与所有管道矩形是否碰撞。

```
CanMove: function() {                                                 //碰撞检测
    if(this.bird.y < 0 || this.bird.y > this.mapHeight - this.bird.height - this.line) {
        this.gameOver = true;
    } else {
```

```
        var boundary = [{
            x: this.bird.x,
            y: this.bird.y
        }, {
            x: this.bird.x + this.bird.width,
            y: this.bird.y
        }, {
            x: this.bird.x,
            y: this.bird.y + this.bird.height
        }, {
            x: this.bird.x + this.bird.width,
            y: this.bird.y + this.bird.height
        }];                                      //小鸟所在图形矩形的 4 个顶点坐标
        for(var i = 0; i < this.obsList.length; i++) {   //所有管道
            for (var j = 0; j < 4; j++) {
if (boundary[j].x >= this.obsList[i].x && boundary[j].x <= this.obsList
[i].width&& boundary[j].y >= this.obsList[i].y && boundary[j].y <= this.
obsList[i].height)                             //碰撞
                {
                    this.gameOver = true;        //游戏结束为真
                    break;
                }
                if(this.gameOver)
                    break;
            }
        }
    },
```

CheckTouch()函数实现检测触摸(单击鼠标),如果单击鼠标绘制向上飞 up 状态帧(第 1 帧),否则绘制向下飞 down 状态帧(第 2 帧)。

```
CheckTouch: function() {                         //检测触摸(单击鼠标)
    if(this.touch) {
        this.bird.y -= this.upSpeed;
        this.bird.draw(c, "up");                 //绘制向上飞 up 状态帧(第 1 帧)
    } else {
        this.bird.y += this.downSpeed;
        this.bird.draw(c, "down");               //绘制向下飞 down 状态帧(第 2 帧)
    }
},
ClearScreen: function() {                         //清屏
    c.drawImage(this.bg, 0, 0);
},
```

ShowOver()函数绘制游戏结束画面的图片。

```
ShowOver: function() {
    var overImg = new Image();
    overImg.src = "img/over.png";               //游戏结束画面的图片
    overImg.onload = function(){
        c.drawImage(overImg, (this.mapWidth - overImg.width) / 2, (this.mapHeight -
overImg.height) / 2 - 50);
    }.bind(this);
    return;
}
};
```

15.3.4　主程序

```
var canvas = document.getElementById("canvas");
var c = canvas.getContext("2d");
var game = new FlappyBird();
var Speed = 20;                    //背景移动速度即更新速度,20毫秒
var IsPlay = false;
var GameTime = null;
var btn_start;
window.onload = InitGame;          //网页加载后执行
```

网页加载后执行 InitGame()函数,添加鼠标按下、松开、单击事件。如果用户单击则调用 RunGame(Speed)函数开始游戏。

```
function InitGame() {
    c.font = "3em 微软雅黑";
    game.CreateMap();
    canvas.onmousedown = function() {
        game.touch = true;
    }
    canvas.onmouseup = function() {
        game.touch = false;
    };
    canvas.onclick = function() {
        if (!IsPlay) {
            IsPlay = true;
            GameTime = RunGame(Speed);
        }
    }
}
```

游戏运行函数 RunGame(speed)产生两个定时器,updateTimer 定时器实现管道前移,检测是否碰撞,如果碰撞游戏结束;检测鼠标单击,是则 y 坐标减少且显示向上飞图片,否则 y 坐标增加且显示向下飞图片,最后显示游戏得分。

obsTimer 定时器实现每两秒产生新的一对管道。

```
function RunGame(speed) {                          //游戏运行函数
    var updateTimer = setInterval(function() {
        game.CanMove();                            //检测是否碰撞,如果碰撞游戏结束
        if(game.gameOver) {
            game.ShowOver();                       //游戏结束画面
            clearInterval(updateTimer);            //清除定时器
            return;
        }
        game.ClearScreen();                        //清屏后显示背景图片
        game.DrawObs();                            //管道前移 2px 后重画
        //检测鼠标单击,是则 y 坐标减少且显示向上飞图片,否则 y 坐标增加且显示向下飞图片
        game.CheckTouch();
        game.CountScore();           .             //若小鸟通过管道记分
        game.ShowScore();                          //显示分数
    }, speed);
    var obsTimer = setInterval(function() {        //定时产生新的一对管道
```

```
        if (game.gameOver) {
            clearInterval(obsTimer);
            return;
        }
        game.CreateObs();               //产生新的一对管道
    }, game.obsInterval);               //两秒
}
```

15.3.5　游戏页面 index.html

```html
<!doctype html>
<html lang = "en">
<head>
    <meta charset = "UTF-8">
    <title>Flappy Bird</title>
</head>
<body>
    <canvas id = "canvas" width = "340" height = "453" style = "border:2px solid #000;
background:#fff;"></canvas>
    <script src = "bird.js" type = "text/javascript"></script>
</body>
</html>
```

至此,已完成 Flappy Bird 游戏的开发,运行结束画面如图 15-3 所示。

图 15-3　Flappy Bird 游戏结束画面

第16章

中国象棋游戏

中国象棋是一种家喻户晓的棋类游戏，它的多变吸引了无数的玩家。下面介绍制作"中国象棋"的原理和过程。

16.1　中国象棋游戏介绍

1. 棋盘

棋子活动的场所叫作"棋盘"，在长方形的平面上，绘有 9 条平行的竖线和 10 条平行的横线，它们相交组成共 90 个交叉点，棋子就摆在这些交叉点上。中间第 5、第 6 两横线之间未画竖线的空白地带称为"河界"，整个棋盘就以"河界"分为相等的两部分；两方将帅坐镇，画有"米"字方格的地方叫作"九宫"。

2. 棋子

象棋的棋子共 32 个，分为红黑两组，各 16 个，由对弈双方各执一组，每组兵种是一样的，各分为七种。

红方：帅、仕、相、车、马、炮、兵。

黑方：将、士、象、车、马、炮、卒。

其中，帅与将、仕与士、相与象、兵与卒的作用完全相同，仅仅是为了区分红棋和黑棋。

3. 各棋子的走法说明

（1）将或帅。

移动范围：它只能在九宫内移动。

移动规则：它每一步只可以水平或垂直移动一点。

（2）士。

移动范围：它只能在九宫内移动。

移动规则：它每一步只可以沿对角线方向移动一点。

（3）象。

移动范围：河界的一侧。

移动规则：它每一步只可以沿对角线方向移动两点，另外，在移动的过程中不能够穿越障碍。

（4）马。

移动范围：任何位置。

移动规则：每一步只可以水平或垂直移动一点，再按对角线方向向左或者向右移动。另外，在移动的过程中不能够穿越障碍。

（5）车。

移动范围：任何位置。

移动规则：可以水平或垂直方向移动任意个无阻碍的点。

（6）炮。

移动范围：任何位置。

移动规则：移动起来和车很相似，但它必须跳过一个棋子来吃掉对方的一个棋子。

（7）兵。

移动范围：任何位置。

移动规则：每步只能向前移动一点。过河以后，它便增加了向左右移动的能力，兵不允许向后移动。

4. 关于胜、负、和

对局中，己方的帅（将）被对方棋子吃掉，本方算输，对方赢。

16.2　中国象棋游戏设计的思路

16.2.1　棋盘表示

棋盘表示就是使用一种数据结构来描述棋盘及棋盘上的棋子，下面使用一个二维数组 Map。一个典型的中国象棋棋盘是使用 9×10 的二维数组表示的。每一个元素代表棋盘上的一个交点。一个没有棋子的交点所对应的元素是 -1。一个二维数组 Map 保存了当前棋盘的布局。当 $Map[x][y]=i$ 时说明 (x,y) 处是棋子图像 i，否则 $Map[x][y]=-1$ 处为空（无棋子）。

程序中下棋的棋盘界面通过 drawImage() 函数在一个 Canvas 对象上画出"棋盘.png"图片。

```
var qipan = document.getElementById("qipan");          //棋盘
var mycanvas = document.getElementById('myCanvas');
var context = mycanvas.getContext('2d');
context.drawImage(qipan, 0, 0);                         //画棋盘
```

16.2.2　棋子表示

棋子显示需要图片，每种棋子图案和棋盘使用对应的图片资源如图 16-1 所示。游戏中红方在南，黑方在北。

图 16-1　棋子图片资源

16.2.3　走棋规则

对于象棋来说,有马走日、象走田等一系列复杂的规则。走法产生是博弈程序中一个相当复杂而且耗费运算时间的方面。不过,通过良好的数据结构,可以显著地提高生成的速度。

判断是否能走棋算法如下。

根据棋子名称的不同,按相应规则判断。

(1) 如果为"车",检查是否走直线,以及中间是否有子。

(2) 如果为"马",检查是否走"日"字,是否蹩脚。

(3) 如果为"炮",检查是否走直线,判断是否吃子,如果吃子,则检查中间是否只有一个棋子,如果不吃则检查中间是否有棋子。

(4) 如果为"兵",检查是否走直线,走一步及向前走,根据是否过河,检查是否横走。

(5) 如果为"将",检查是否走直线,走一步及是否超过范围。

(6) 如果为"士",检查是否走斜线,走一步及是否超出范围。

(7) 如果为"象",检查是否走"田"字,是否蹩脚,以及是否超出范围。

如何分辨棋子?程序中采用了棋子对象 chessName 属性来获取。

程序中 IsAbleToPut(firstchess,x,y)函数实现判断是否能走棋返回逻辑值,这些代码最复杂。其中,参数含义如下:

firstchess 代表走的棋子对象,参数 x,y 代表走棋的目标位置。走动棋子原始位置 (oldx,oldy)可以通过 firstchess. pos. x 获取原 x 坐标 oldx,firstchess. pos. y 获取原 y 坐标 oldy。

IsAbleToPut(firstchess,x,y)函数实现走棋规则判断:

例如"将"或"帅"只能走一格,所以原 x 坐标与新位置 x 坐标之差不能大于1,原 y 坐标与新位置 y 坐标之差不能大于1。

```
if(Math. Abs(x - oldx) > 1 || Math. Abs(y - oldy) > 1)
    return false;
```

由于不能走出九宫,x 坐标为 4,5,6 且 $1 \leqslant y \leqslant 3$ 或 $8 \leqslant y \leqslant 10$(实际上仅需判断是否

$y>3$＆＆$y<8$ 即可,因为走棋时自己的"将"或"帅"只能在己方的九宫中),否则此步违规,将返回 False。

```
if(x < 4 || x > 6 || (y > 3 && y < 8)) return false;
```

"士"只能走斜线一格,所以原 x 坐标与新位置 x 坐标之差为 1 且原 y 坐标与新位置 y 坐标之差也同时为 1。

```
if((x - oldx) * (y - oldy) == 0) return false;
if(Math.Abs(x - oldx) > 1 || Math.Abs(y - oldy) > 1) return false;
```

由于不能走出九宫,x 坐标为 4,5,6 且 $1≤y≤3$ 或 $8≤y≤10$,否则此步违规,将返回 False。

```
if (x < 4 || x > 6 || (y > 3 && y < 8)) return false;
```

"炮"只能走直线,所以 x 坐标和 y 坐标不能同时改变,即 $(x-oldx)*(y-oldy)=0$ 保证走直线。然后判断如果 x 坐标改变了,原位置 oldx 到目标位置间是否有棋子,如果有子则累加其间棋子个数 c。通过 c 是否为 1 且目标处是否为己方棋子,可以判断是否可以走棋。

"兵"或"卒"走棋规则,只能向前走一步,根据是否过河,检查是否横走。所以 x 与原坐标 oldx 改变的值不能大于 1,同时 y 与原坐标 oldy 改变的值也不能大于 1。在本游戏中,黑方在上,红方在下。因此,如果兵过河,则 $y<6$;如果卒过河,则 $y>5$。

```
if((x - oldx) * (y - oldy) != 0)
    return false;
if(Math.Abs(x - oldx) > 1 || Math.Abs(y - oldy) > 1)
    return false;
if(qi_name == ("兵")) {
    if(y >= 6 && (x - oldx) != 0) {             //没过河且横走
        return false;
    }
    if(y - oldy > 0) {                          //后退
        return false;
    }
}
if(qi_name == ("卒")){
    if(y <= 5 && (x - oldx) != 0) {             //没过河且横走
        return false;
    }
    if(y - oldy < 0) {                          //后退
        return false;
    }
}
```

其余的棋子判断方法类似,这里不再一一介绍。

16.2.4　坐标转换

整个棋盘左上角棋盘坐标为(1,1),右下角棋盘坐标为(9,10),如图 16-2 所示。例如,"黑车"初始的位置即为(1,1),"黑将"初始的位置即为(5,1),"红帅"初始的位置即为(5,

10)。走棋过程中,需要将鼠标像素坐标转换成棋盘坐标,棋盘方格的大小是76px,通过整除76解析出棋盘坐标(tempx,tempy)。

```
tempx = parseInt(Math.floor((event.x + 60) / 76));                    //换算棋盘坐标
tempy = parseInt(Math.floor((event.y + 60) / 76));
//防止超出范围
if(tempx > 9 || tempy > 10 || tempx < 1 || tempy < 1)
{
    message_txt.text = "超出棋盘范围";
    return;
}
```

掌握以上关键技术,就可以开发中国象棋游戏了。

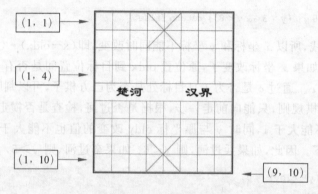

图 16-2   棋盘坐标示意图

16.3   中国象棋游戏设计的步骤

16.3.1   设计棋子类(Chess.js)

棋子类代码中首先定义棋子所属玩家、坐标位置、棋子图案、棋子种类成员变量。

```
//棋子类
var REDPLAYER = 1;                    //红子为 REDPLAYER,黑子为 BLACKPLAYER
var BLACKPLAYER = 0;
```

棋子类构造函数的3个参数分别代表哪方、棋子名称、棋子所在棋盘位置和像素坐标。

```
/*构造函数
 * 参数 chesspos 指定棋子的位置,参数 player 指定棋手角色的类型
 * 参数 chessName 指定棋子的类型
 */
function Chess(player, chessName, chesspos) {
    this.player = player;                    //红子为 REDPLAYER,黑子为 BLACKPLAYER
    this.chessName = chessName;              //帅、士等
    this.pos = chesspos;                     //在棋盘中的位置
    this.x = this.pos.x * 76 - 60;           //像素坐标
    this.y = this.pos.y * 76 - 60;
    //初始化棋子图案
```

```
    if(player == REDPLAYER) {//红方棋子
        if(chessName == "帅")
            this.setPic("res/帅.png");
        else if(chessName == "仕")
            this.setPic("res/士.png");
        else if(chessName == "相")
            this.setPic("res/相.png");
        else if(chessName == "马")
            this.setPic("res/马.png");
        else if(chessName == "车")
            this.setPic("res/车.png");
        else if(chessName == "炮")
            this.setPic("res/炮.png");
        else if(chessName == "兵")
            this.setPic("res/兵.png");
    }
    else{//黑方棋子
        if(chessName == "将")
            this.setPic("res/将 1.png");
        else if(chessName == "士")
            this.setPic("res/仕 1.png");
        else if(chessName == "象")
            this.setPic("res/象 1.png");
        else if(chessName == "马")
            this.setPic("res/马 1.png");
        else if(chessName == "车")
            this.setPic("res/车 1.png");
        else if(chessName == "炮")
            this.setPic("res/炮 1.png");
        else if(chessName == "卒")
            this.setPic("res/卒 1.png");
    }
}
Chess.prototype.setPic = function (p)                    //设置棋子图片
{
    this.pic = p;
}
```

调用 showPic(context)函数在画布上下文中绘制棋子图片。

```
Chess.prototype.showPic = function(context)              //显示棋子
{
    if(this.player == REDPLAYER) {                       //红方棋子
        var image1 = document.getElementById("Img" + this.chessName);
        //帅.png
        context.drawImage(image1, this.x, this.y);
    } else {
        var image2 = document.getElementById("Img" + this.chessName + "1");
        //将 1.png
        context.drawImage(image2, this.x, this.y);
    }
}
```

调用 SetPos(int x,int y)函数设置棋子所在棋盘中的位置：

```
Chess.prototype.SetPos = function(x, y)                  //设置棋子位置
{
```

```
        this.pos.x = x;
        this.pos.y = y;
        this.x = this.pos.x * 76 - 60;
        this.y = this.pos.y * 76 - 60;
    }
```

棋子类中提供另一个 drawSelectedChess() 函数，它将在棋子周围画选中的示意边框线，这里是直接画在 Canvas 上。

```
Chess.prototype.drawSelectedChess = function(context) {        //画选中棋子的示意边框线
    //this.graphics.lineStyle(3, 0xFF);
    context.lineWidth = 5;
    context.strokeStyle = "red";
    context.beginPath();                                        //开始绘图路径
    context.rect(this.x - 2, this.y - 2, 65, 65);
    context.stroke();
}
```

16.3.2　设计游戏逻辑（ChessGame.js）

游戏首先定义一个数组 chess 存储双方 32 个棋子对象，二维数组 Map 保存了当前棋盘的棋子布局，当 Map[x,y]=i 时说明此处是棋子 i，否则为 -1 说明此处为空。以下是定义相关的变量。

```
var REDPLAYER = 1;
var BLACKPLAYER = 0;
var chess = new Array();                           //所有棋子的数组
var Map = new Array();                             //棋盘的棋子布局数组[9 + 1][10 + 1]
var m_LastCard = null;                            //用户上次选定的棋子
var localPlayer = REDPLAYER;                       //localPlayer 记录自己是红方还是黑方
var mycanvas = document.getElementById('myCanvas');
var context = mycanvas.getContext('2d');
var qipan = document.getElementById("qipan");     //棋盘
var shuai = document.getElementById("Info1");     //红方走提示图形
var jiang = document.getElementById("Info2");     //黑方走提示图形
var message_txt = document.getElementById("message_txt");
```

定义棋盘坐标点类 Point。

```
function Point(x, y) {
    this.x = x;
    this.y = y;
}
```

当前棋盘的棋子布局的二维数组 Map 的初始化。由于棋子索引从 0 开始到 31，所以此处初始化为 -1。

```
function cls_map() {
    var i, j;
    for(i = 1; i <= 9; i++) {
        for(j = 1; j <= 10; j++) {
            Map[i][j] = -1;                        //此处无棋子
        }
    }
}
```

初始化游戏的 init() 函数比较简单, 主要初始化保存了当前棋盘的棋子布局的二维数组 Map, 其调用 initChess() 函数加载 32 个棋子, 初始化棋子布局, 并添加 mycanvas 的鼠标事件监听, mycanvas 的鼠标单击事件处理用户移动走棋的过程。

```
function init(){
    //创建棋子布局数组 Map[9 + 1][10 + 1]
    Map = new Array();
    var x, y;
    for(x = 0; x < = 9 + 1; x++) {
        var temp = new Array();
        for(y = 0; y < = 10 + 1; y++) {
            temp. push( - 1);                //此处无棋子
        }
        Map. push(temp);
    }
    initChess();                            //加载 32 个棋子 Sprite,初始化棋子布局
    shuai. style. display = "block";        //红帅显示,表示红方走
    jiang. style. display = "none";         //黑将不显示
    //监听鼠标单击事件
    mycanvas. addEventListener("mousedown", doMouseDown, false);
}
```

initChess() 函数初始化棋子布局, 布局时按黑方棋子在上, 红方棋子在下设计。如果玩家的角色是黑方, 则在下方显示"黑将"。如果玩家的角色是红方, 则在下方显示"红帅"。布局后并将所有棋子添加到数组 chess 中并显示。

```
//布置棋子,黑上,红下
function initChess() {                      //创建 32 个棋子
    //布置黑方棋子 chess[0]~chess[15]
    var c;                                  //chess
    c = new Chess(BLACKPLAYER, "将", new Point(5, 1));
    chess. push(c);                         //将黑"将"棋子添加到数组
    Map[5][1] = 0;
    c = new Chess(BLACKPLAYER, "士", new Point(4, 1));
    chess. push(c);                         //将黑"士"棋子添加到数组
    Map[4][1] = 1;
    c = new Chess(BLACKPLAYER, "士", new Point(6, 1));
    chess. push(c);
    Map[6][1] = 2;
    c = new Chess(BLACKPLAYER, "象", new Point(3, 1));
    chess. push(c);
    Map[3][1] = 3;
    c = new Chess(BLACKPLAYER, "象", new Point(7, 1));
    chess. push(c);
    Map[7][1] = 4;
    c = new Chess(BLACKPLAYER, "马", new Point(2, 1));
    chess. push(c);
    Map[2][1] = 5;
    c = new Chess(BLACKPLAYER, "马", new Point(8, 1));
    chess. push(c);
    Map[8][1] = 6;

    c = new Chess(BLACKPLAYER, "车", new Point(1, 1));
    chess. push(c);
```

```
Map[1][1] = 7;
c = new Chess(BLACKPLAYER, "车", new Point(9, 1));
chess.push(c);
Map[9][1] = 8;

c = new Chess(BLACKPLAYER, "炮", new Point(2, 3));
chess.push(c);
Map[2][3] = 9;
c = new Chess(BLACKPLAYER, "炮", new Point(8, 3));
chess.push(c);
Map[8][3] = 10;

var i;
for (i = 0; i <= 4; i++) {
    c = new Chess(BLACKPLAYER, "卒", new Point(1 + i * 2, 4));
    chess.push(c);
    Map[1 + i * 2][4] = 11 + i;
}

//布置红方棋子 chess[16]～chess[31]
c = new Chess(REDPLAYER, "帅", new Point(5, 10));
chess.push(c);                    //将红"帅"棋子添加到数组
Map[5][10] = 16;
c = new Chess(REDPLAYER, "仕", new Point(4, 10));
chess.push(c);                    //将红"仕"棋子添加到数组
Map[4][10] = 17;
c = new Chess(REDPLAYER, "仕", new Point(6, 10));
chess.push(c);
Map[6][10] = 18;
c = new Chess(REDPLAYER, "相", new Point(3, 10));
chess.push(c);
Map[3][10] = 19;
c = new Chess(REDPLAYER, "相", new Point(7, 10));
chess.push(c);
Map[7][10] = 20;
c = new Chess(REDPLAYER, "马", new Point(2, 10));
chess.push(c);
Map[2][10] = 21;
c = new Chess(REDPLAYER, "马", new Point(8, 10));
chess.push(c);
Map[8][10] = 22;

c = new Chess(REDPLAYER, "车", new Point(1, 10));
chess.push(c);
Map[1][10] = 23;
c = new Chess(REDPLAYER, "车", new Point(9, 10));
chess.push(c);
Map[9][10] = 24;

c = new Chess(REDPLAYER, "炮", new Point(2, 8));
chess.push(c);
Map[2][8] = 25;
c = new Chess(REDPLAYER, "炮", new Point(8, 8));
chess.push(c);
Map[8][8] = 26;
```

```
for(i = 0; i <= 4; i++) {
    c = new Chess(REDPLAYER, "兵", new Point(1 + i * 2, 7));
    chess.push(c);
    Map[1 + i * 2][7] = 27 + i;
}
//console.log(chess);
DrawALL();                                    //绘制棋盘和32个棋子
}
```

DrawALL()函数绘制棋盘和 32 个棋子,而 Draw()函数绘制棋盘和棋盘布局上有的棋子(也就是没被吃掉的棋子)。

```
function DrawALL() {
    context.drawImage(qipan, 0, 0);            //画棋盘
    for(i = 0; i < 32; i++) {
        chess[i].showPic(context);             //画棋子
    }
}
function Draw() {
    context.drawImage(qipan, 0, 0);
    var i, j;
    for(i = 1; i <= 9; i++)
            for(j = 1; j <= 10; j++)
                if(Map[i][j] != -1)            //此处有棋子
                    chess[Map[i][j]].showPic(context);  //将棋子添加到场景
}
```

用户走棋时,首先须选中自己的棋子(第 1 次选择棋子),所以有必要判断是否单击成对方棋子了。如果是自己的棋子,则 m_LastCard 记录用户选择的棋子,同时棋子画上红色边框示意被选中。

当用户选过已方棋子后,第 2 次选择棋子有可能是用户改变主意,选择自己的另一棋子,则 m_LastCard 重新记录用户选择的已方棋子。

如果不是重新选择已方棋子,则调用 IsAbleToPut(m_LastCard,tempx,tempy)函数判断是否能走棋,如果符合走棋规则,被吃掉的棋子不显示,第 1 次被选中的棋子移到目标处。如果对方将或帅被吃掉,则游戏结束。

```
function doMouseDown(event) {
    var x = event.clientX;
    var y = event.clientY;
    var canvas = event.target;
    var loc = getPointOnCanvas(canvas, x, y);
    console.log("mouse down at point( x:" + loc.x + ", y:" + loc.y + ")");
    stageClick(loc);
}
function getPointOnCanvas(canvas, x, y) {
    var bbox = canvas.getBoundingClientRect();
    return { x: x - bbox.left * (canvas.width / bbox.width),
        y: y - bbox.top * (canvas.height / bbox.height)
    };
}
function stageClick(event) {                        //棋盘上单击
    var tempx, tempy;
    tempx = parseInt(Math.floor((event.x + 60) / 76));  //换算棋盘坐标
```

```
        tempy = parseInt(Math.floor((event.y + 60) / 76));

        message_txt.innerHTML = "x:" + tempx + ",y:" + tempy;
        //防止超出范围
        if(tempx > 9 || tempy > 10 || tempx < 1 || tempy < 1){
            message_txt.innerHTML = "超出棋盘范围";
            return;
        }
        if( m_LastCard == null )                         //如果之前没有选择任何棋子
        {
            if(Map[tempx][tempy] != -1) {
                var c = chess[Map[tempx][tempy]];
                if(!isMyChess(c)){
                    message_txt.innerHTML = "请选择自己的棋子";
                    return;
                }
                m_LastCard = chess[Map[tempx][tempy]];
                m_LastCard.drawSelectedChess(context);//对选中的棋子画示意边框
            }
            else
                return;
        }
        else {  //如果之前已经选择了棋子,判断是否重新选择自己的棋子
                if(Map[tempx][tempy] != -1) {
                    var c = chess[Map[tempx][tempy]];
                    if(isMyChess(c)){                      //重新选择自己的棋子
                        Draw();                           //重画棋盘和棋子
                        m_LastCard = chess[Map[tempx][tempy]];
                        m_LastCard.drawSelectedChess(context);    //对选中的棋子画示意边框
                        return;
                    }
                }
                if(IsAbleToPut(m_LastCard, tempx, tempy)){
                //移动棋子
                var idx, idx2;                           //保存第一次和第二次被单击棋子的索引号
                var x1, y1;                              //第一次被单击棋子在棋盘的原坐标
                x1 = m_LastCard.pos.x;
                y1 = m_LastCard.pos.y;
                var x2, y2;                              //第二次被单击棋子在棋盘的坐标
                x2 = tempx; y2 = tempy;
                idx = Map[x1][y1];
                idx2 = Map[x2][y2];
                Map[x1][y1] = -1;
                Map[x2][y2] = idx;
                message_txt.innerHTML = "x2:" + x2 + ",y2:" + y2;
                chess[idx].SetPos(x2, y2);
                //判断被吃的是否是对方的将
                if(idx2 == 0) //0 --- "将"
                    message_txt.innerHTML = "红方赢了";
                if(idx2 == 16) //16 -- "帅"
                    message_txt.innerHTML = "黑方赢了";
                Draw();                                  //重画棋盘和棋子
                reversePlayer();                         //改变玩家角色
                }else {
                //错误走棋
                message_txt.innerHTML = "不符合走棋规则";
                }
            }
        }
    }
```

调用 reversePlayer() 函数改变玩家角色,同时屏幕上显示对应将帅来表示轮到哪方走棋。用 JavaScript 隐藏将帅控件的方法有两种,分别是通过设置控件的 style 的 display 和 visibility 属性。当 style.display = "block" 或 style.visibility = "visible" 时控件可见,当 style.display = "none" 或 style.visibility = "hidden" 时控件不可见。不同的是 display 属性不但隐藏控件,而且被隐藏的控件不再占用显示时占用的位置,而 visibility 属性隐藏的控件仅仅是将控件设置成不可见了,控件仍然占俱原来的位置。

```javascript
//改变玩家角色
function reversePlayer() {
    if(localPlayer == BLACKPLAYER) {
        localPlayer = REDPLAYER;
        shuai.style.display = "block";              //红帅显示,表示红方走
        jiang.style.display = "none";               //黑将不显示
    }
    else {
        localPlayer = BLACKPLAYER;
        shuai.style.display = "none";               //红帅不显示
        jiang.style.display = "block";              //黑将显示,表示黑方走
    }
}
```

调用 IsAbleToPut(firstchess,x,y) 函数实现判断是否能走棋返回逻辑值,相应的代码最复杂。

```javascript
//调用 IsAbleToPut(firstchess, x, y)函数实现判断是否能走棋,(x, y)走棋的目标位置
function IsAbleToPut(firstchess , x, y) {
    var i, j, c,t ;
    var oldx, oldy;                              //在棋盘原坐标
    oldx = firstchess.pos.x;
    oldy = firstchess.pos.y;
    var qi_name = firstchess.chessName;
    if(qi_name == ("将") || qi_name == ("帅")) {
        if((x - oldx) * (y - oldy) != 0) {
            return false;
        }
        if(Math.abs(x - oldx) > 1 || Math.abs(y - oldy) > 1) {
            return false;
        }
        if(x < 4 || x > 6 || (y > 3 && y < 8)) {
            return false;
        }
        return true;
    }
    if(qi_name == ("士") || qi_name == ("仕")) {
        if((x - oldx) * (y - oldy) == 0) {
            return false;
        }
        if(Math.abs(x - oldx) > 1 || Math.abs(y - oldy) > 1) {
            return false;
        }
        if(x < 4 || x > 6 || (y > 3 && y < 8)) {
            return false;
        }
```

```
            return true;
        }

    if(qi_name == ("象") || qi_name == ("相")) {
        if((x - oldx) * (y - oldy) == 0) {
            return false;
        }
        if(Math.abs(x - oldx) != 2 || Math.abs(y - oldy) != 2) {
            return false;
        }
        if(y < 6 &&qi_name == "相") {          //红相应该在棋盘下方
            return false;
        }
        if(y > 5 &&qi_name == "象") {          //黑象应该在棋盘上方
            return false;
        }
        i = 0;                                 //i、j必须有初始值
        j = 0;
        if(x - oldx == 2) {
            i = x - 1;
        }
        if(x - oldx == -2) {
            i = x + 1;
        }
        if(y - oldy == 2) {
            j = y - 1;
        }
        if(y - oldy == -2) {
            j = y + 1;
        }
        if(Map[i][j] != -1) {
            return false;
        }
        return true;
    }
    if(qi_name == ("马") || qi_name == ("马")) {
        if(Math.abs(x - oldx) * Math.abs(y - oldy) != 2) {
            return false;
        }
        if(x - oldx == 2) {
            if(Map[x - 1][oldy] != -1) {
                return false;
            }
        }
        if(x - oldx == -2) {
            if(Map[x + 1][oldy] != -1) {
                return false;
            }
        }
        if(y - oldy == 2) {
            if(Map[oldx][y - 1] != -1) {
                return false;
            }
        }
        if(y - oldy == -2) {
            if(Map[oldx][y + 1] != -1) {
```

```
                return false;
            }
        }
        return true;
    }
    if(qi_name == ("车") || qi_name == ("车")) {
        //判断是否是直线
        if((x - oldx) * (y - oldy) != 0) {
            return false;
        }
        //判断是否隔有棋子
        if(x != oldx) {
            if(oldx > x) {
                t = x;
                x = oldx;
                oldx = t;
            }
            for(i = oldx; i <= x; i += 1) {
                if(i != x && i != oldx) {
                    if(Map[i][y] != -1) {
                        return false;
                    }
                }
            }
        }
        if(y != oldy) {
            if(oldy > y) {
                t = y;
                y = oldy;
                oldy = t;
            }
            for(j = oldy; j <= y; j += 1) {
                if(j != y && j != oldy) {
                    if(Map[x][j] != -1) {
                        return false;
                    }
                }
            }
        }
        return true;
    }
    if(qi_name == ("炮") || qi_name == ("炮")) {        //炮规则判断
        var swapflagx = false;
        var swapflagy = false;
        if((x - oldx) * (y - oldy) != 0) {              //不是直线返回 False
            return false;
        }
        c = 0;
        if(x != oldx) {
            if(oldx > x) {                              //交换,便于以从小到大的顺序计算
                t = x;
                x = oldx;
                oldx = t;
                swapflagx = true;
            }
```

```
            for(i = oldx; i <= x; i += 1) {          //计算间隔的棋子数量
                if(i != x && i != oldx) {
                    if(Map[i][y] != -1) {            //有棋子则个数加 1
                        c = c + 1;
                    }
                }
            }
        }
        if(y != oldy) {                              //与 x 方向同理
            if(oldy > y) {
                t = y;
                y = oldy;
                oldy = t;
                swapflagy = true;
            }
            for(j = oldy; j <= y; j += 1) {
                if(j != y && j != oldy) {
                    if(Map[x][j] != -1) {
                        c = c + 1;
                    }
                }
            }
        }
        if(c > 1)                                    //与目标处间隔 1 个以上棋子
        {
            return false;
        }
        if(c == 0)                                   //与目标处无间隔棋子
        {
            if(swapflagx == true) {
                t = x;
                x = oldx;
                oldx = t;
            }
            if(swapflagy == true) {
                t = y;
                y = oldy;
                oldy = t;
            }
            if(Map[x][y] != -1) {
                return false;
            }
        }
        if(c == 1)                                   //与目标处间隔 1 个棋子
        {
            if(swapflagx == true) {
                t = x;
                x = oldx;
                oldx = t;
            }
            if(swapflagy == true) {
                t = y;
                y = oldy;
                oldy = t;
            }
            if(Map[x][y] == -1)                      //如果目标处无棋子,则不能走此步
            {
                return false;
```

```
            }
        }
        return true;
    }
    if(qi_name == ("卒") || qi_name == ("兵")) {
        if((x - oldx) * (y - oldy) != 0) {
            return false;
        }
        if(Math.abs(x - oldx) > 1 || Math.abs(y - oldy) > 1) {
            return false;
        }

        if(qi_name == ("兵")) {
            if(y >= 6 && (x - oldx) != 0) {          //没过河且横走
                return false;
            }
            if(y - oldy > 0) {                        //后退
                return false;
            }
        }
        if(qi_name == ("卒")){
            if(y <= 5 && (x - oldx) != 0) {          //没过河且横走
                return false;
            }
            if(y - oldy < 0) {                        //后退
                return false;
            }
        }
        return true;
    }
    return false;
}
```

象棋重新开始代码。

```
//调用 resetGame()函数重置游戏
function resetGame() {
    cls_map();
    //清空所有棋子的数组 chess
    for(var i = chess.length - 1; i >= 0; i--)       //从后先前删除
    {
        //注意不能 for(i = 0; i < chess.length; i++)
        var c = chess[i];                             //chess
        if(c != null)
            chess.splice(i, 1);                       //将棋子 c 从数组中删除
    }
    initChess();                                      //初始棋子布局
    shuai.style.display = "block";                    //红帅显示,表示红方走
    jiang.style.display = "none";                     //黑将不显示
    localPlayer = REDPLAYER;
}
```

16.3.3 游戏页面 index.html

```
<!DOCTYPE HTML>
<html>
<head>
```

```
<title>中国象棋</title>
<meta http-equiv=content-type content="text/html; charset=utf-8">
</head>
<body onload="init()">
<canvas id="myCanvas" width="720" height="800">你的浏览器还不支持</canvas>
<div>
<img id="qipan" src="res/棋盘.png" style="display:none;">
<img id="Img将1" src="res/将1.png" style="display:none;">
<img id="Img士1" src="res/仕1.png" style="display:none;">
<img id="Img象1" src="res/象1.png" style="display:none;">
<img id="Img马1" src="res/马1.png" style="display:none;">
<img id="Img车1" src="res/车1.png" style="display:none;">
<img id="Img炮1" src="res/炮1.png" style="display:none;">
<img id="Img卒1" src="res/卒1.png" style="display:none;">
<img id="Img帅" src="res/帅.png" style="display:none;">
<img id="Img仕" src="res/士.png" style="display:none;">
<img id="Img相" src="res/相.png" style="display:none;">
<img id="Img马" src="res/马.png" style="display:none;">
<img id="Img车" src="res/车.png" style="display:none;">
<img id="Img炮" src="res/炮.png" style="display:none;">
<img id="Img兵" src="res/兵.png" style="display:none;">
</div>
<div style="float:left; display:inline;">
<img id="Info1" src="res/帅.png">
<img id="Info2" src="res/将1.png" style="display:none;">
</div>
<div id="message_txt" style="float:left; display:inline;"></div>
<script type="text/javascript" src="ChessGame.js"></script>
<script type="text/javascript" src="Chess.js"></script>
</body>
</html>
```

运行效果如图 16-3 所示。这个游戏中双方在本机轮下,读者可以根据网络通信知识,完善本游戏从而实现网络版对战中国象棋。

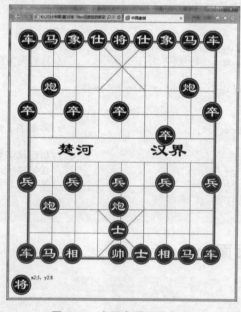

图 16-3　中国象棋运行效果

第17章

基于lufylegend游戏引擎开发

lufylegend 是一款开源的 HTML5 游戏引擎,它实现了利用仿 Flash ActionScript 3.0 的语法进行 HTML5 的开发,包含了 LSprite、LBitmapData、LBitmap、LLoader、LURLLoader、LTextField、LEvent 等多个 Flash ActionScript 开发人员熟悉的类,支持 Google Chrome、Firefox、Opera、IE 9、iOS、Android 等多种热门环境。利用 lufylegend 可以轻松地完成面向对象编程,并且可以配合 Box2dWeb 制作物理游戏,另外它还内置了 LTweenLite 缓动类等非常实用的功能。

17.1　lufylegend 游戏引擎介绍

lufylegend 是一个兼容性极高、功能极多、使用方便的 HTML5 游戏引擎。lufylegend 引擎官方主页网址详见前言二维码。lufylegend 的 API 文档是中文的,lufylegend 引擎中文 API 文档网址详见前言二维码。

17.1.1　游戏引擎原理

lufylegend 库件封装了 Canvas 绘图的所有 API,利用 JavaScript 的 setInterval()函数,对 Canvas 画板进行周期性重绘。每次对 Canvas 画板进行重绘的时候,首先要使用 clearRect()方法清空整个画板,然后再调用需要进行重绘的各个 API 函数,这样就可达到重新绘制所有图形的目的。

游戏主要由事件和画面组成,在 lufylegend 的事件中,有鼠标事件(MOUSE_DOWN、MOUSE_UP、MOUSE_MOVE),键盘事件(KEY_DOWN、KEY_UP),时间轴事件(ENTER_FRAME),这些事件中,前两项好理解,但时间轴事件对于一些刚接触游戏开发的人而言,有些摸不着头脑。其实时间轴事件相当于一个定时器,这个事件的监听者(listener,也就是事件回调函数)每隔一段时间就会触发一次。但这个东西有什么作用呢?下面举个例子吧,假如设计一个飞机大战的游戏,要让敌机缓缓地移动起来,如果直接将它们的 x 或者 y

设置为某值,那飞机就会嗖的一声瞬间移动到那里。这样很不"合理",因为动作太快了,应做到缓缓地移动,这时候时间轴事件就该派上用场了,可以在监听函数中给飞机的 x 或者 y 增加某个值。这样的话,监听函数每被调用一次,就会将飞机移动一下,又因为每隔一段时间监听函数才被调用一次,所以说飞机就能够达到慢慢移动的效果,这样就合理友好多了。

当然,要让飞机移动得更形象一点,就要用到缓动类 LTweenLite。什么是缓动类?就是像 jQuery 淡入淡出那种逐渐变化从而实现某种效果的一个功能。

说完事件,再来说说画面。lufylegend 中,但凡是加入画面上的显示对象都是通过一个 setInverval() 函数不停绘制的,这样做有什么必要呢?首先,是可以实现层次化,如果把所有对象放入一个数组中,通过遍历的方式获取每个对象并调用函数将其显示,那么第一个被加入的对象就会先被画在最下面,其余的依次画上,这样一来就实现了层次化效果。其次,还有个好处就是可以通过直接更改对象的属性,在下次重绘时表现出来。例如,如果加入一个图片对象(对象名字为 img),则这时就要改变它的显示方式为不显示(visible 属性改为 False),那么直接把 img.visible 改为 False 即可,在下次重绘时就控制它不显示。另外,在上面提到的时间轴事件触发的速度也是由重画速度决定的,即每画一次就调用一次。

在 lufylegend 中,但凡是可显示的对象,大都继承自 LDisplayObject。这个类有个 ll_show 方法,用于在循环渲染时变换画布,绘制该显示的东西。

17.1.2 引入 lufylegend 游戏引擎

既然是使用引擎,首先就要配置引擎的开发环境,lufylegend 的使用极其方便,只需将 lufylegend-x.x.x.min.js 文件(lufylegend 引擎官方主页下载)引入即可,默认将 legend 文件夹放入当前文件路径中,如下所示。

```
<!DOCTYPE html>
<html>
<head>
<meta charset = "utf-8" />
<title>LTileMap</title>
<script type = "text/JavaScript" src = "lufylegend-1.9.7.min.js"></script>
```

此时,即可使用 lufylegend 开始游戏之旅。

17.1.3 利用引擎初始化游戏

在引擎中,要初始化游戏需要用到引擎内部的 init() 函数,使用方法举例如下:

```
init(50,"mylegend",800,480,main)
```

这个函数的参数是:

```
init(speed,divid,width,height,completeFunc);
```

speed:游戏速度(即刷新频率),也就是多久对屏幕刷新一次。
divid:传入一个 div 的 id,lufylegend 进行初始化的时候,会自动将 Canvas 加入此 div 内部。
width:游戏界面宽。

height：游戏界面高。

completeFunc：游戏初始化后调用此函数。

在使用 lufylegend 时，不用在 HTML 文件中写< canvas >标签，要创建一个 div，使用 init()函数进行初始化工作，如下所示。

```
<!DOCTYPE html >
< html >
< head >
< meta charset = "UTF - 8">
< title > demo </title >
</head >
< body >
< div id = "mylegend"> loading …</div >
< script type = "text/javascript" src = "lufylegend - 1.9.7.min.js"></script >
< script >
init(50,"mylegend",800,480,main);
function main(){
    alert("感谢您使用 lufylegend 库件");
}
</script >
</body >
</html >
```

值得一提的是 init 的参数 speed，或许读者不理解什么是游戏速度，其实就是在原理中介绍到的 setInterval()函数的速度，这个速度控制的是重绘速度和时间轴触发速度，如果设得超大，画面就会很卡，不管是双核 CPU 还是四核 CPU。所以一般设置为 30～50。

17.2　lufylegend 游戏引擎基本功能

17.2.1　图片的加载与显示

使用 lufylegend 库件显示图片时，可分为以下 3 个步骤。

(1) 使用 LLoader 类加载图片数据。

(2) 将读取完的图片数据保存到 LBitmapData 中。

(3) 利用 LBitmap 将图片显示到画板上。

可以看到，用 lufylegend 库件显示图片，主要用到 LBitmapData 和 LBitmap 对象。这两个类一个是负责提供数据，一个负责按数据要求显示。图片加载与显示的示例如下：

```
<!DOCTYPE HTML >
< html >
< head >
    < meta charset = "utf - 8" />
    < script type = "text/javascript" src = "../lufylegend - 1.7.6.min.js"></script >
</head >
< body >
< div id = "mylegend"> loading…</div >
< script type = "text/javascript">
var loader;
```

```
init(50,"mylegend",500,350,main);

function main(){
    loader = new LLoader();
    loader.addEventListener(LEvent.COMPLETE,loadBitmapdata);
    loader.load("test.jpg","bitmapData");
}
function loadBitmapdata(event){
    var bitmapdata = new LBitmapData(loader.content);
    var bitmap = new LBitmap(bitmapdata);
    addChild(bitmap);                        //加入显示列表中

    var bitmapdata2 = new LBitmapData("#FF0000", 0, 0, 100, 100);#红色方块
    var bitmap2 = new LBitmap(bitmapdata2);
    bitmap2.x = 200;                         //设置 x 坐标位置
    addChild(bitmap2);                       //加入显示列表中
}
</script>
</body>
</html>
```

图 17-1 图片的加载与显示效果

图片的加载与显示效果如图 17-1 所示。在人物图案上方(200,0)处有一红色方块。

图片读取完成后会调用 loadBitmapdata()函数,而此时的 loader.content 就是一个 Image。上面的代码会新建一个 LBitmapData 对象,并将已读取完的 Image 作为参数传给新建的 LBitmapData 对象。LBitmapData 是 lufylegend 库件中的一个类,它只是用来保存和读取 Image 对象的,如果要将图片显示到 Canvas 画板上,则需要用到 LBitmap。来看下面的代码:

```
var bitmap = new LBitmap(bitmapdata);
addChild(bitmap);
```

这里新建了一个 LBitmap 对象,并将上面新建的 LBitmapData 对象作为参数传给了新建的 LBitmap 对象。LBitmap 的功能是将 Image 对象显示到 Canvas 画板上。addChild()函数是将对象添加到 Canvas 画板上,被 addChild()函数添加的对象会按照先后顺序依次显示出来。最后,加入的对象会显示在最顶部。

1. LBitmapData 对象

创建一个具有指定的宽度和高度的 LBitmapData 对象。

使用 LBitmapData 类,可以处理 LBitmap 对象的数据(像素)。可以使用 LBitmapData 类的方法创建任意大小的 Image 对象,并在运行时采用多种方式操作这些图像,也可以访问使用 LLoader 类加载的 Image 对象。

```
LBitmapData(image,x,y,width,height,dataType)
```

image:一个 Image 对象。

x:Image 可视范围 x 坐标(该参数可省略)。

y：Image 可视范围 y 坐标（该参数可省略）。

width：Image 可视范围宽（该参数可省略）。

height：Image 可视范围高（该参数可省略）。

dataType：指定数据格式，可以使用 LBitmapData. DATA_IMAGE（Image 对象）和 LBitmapData. DATA_CANVAS（Canvas 对象）（该参数可省略）。

```
function loadBitmapdata(event){
    var bitmapdata = new LBitmapData(loader.content,0,200,424,150);
    var bitmap = new LBitmap(bitmapdata);
    addChild(bitmap);                    //加入显示列表中
}
```

参数控制图片的显示效果如图 17-2 所示，仅仅显示人物下半部分。

2. LBitmap 对象

再来看 LBitmap 对象，LBitmap 不但能将图片显示到 Canvas 画板上，还可以控制图片的各种属性，如坐标（x,y）、透明度（alpha）、旋转（rotate）、缩放（scaleX,scaleY）等。在下面的代码中，则设置了图片的旋转和透明度，效果如图 17-3 所示。

图 17-2 参数控制图片的显示效果

图 17-3 控制图片的旋转和透明度

```
< script type = "text/javascript">
var loader;
init(50,"mylegend",500,350,main);
function main(){
    loader = new LLoader();
    loader.addEventListener(LEvent.COMPLETE,loadBitmapdata);
    loader.load("test.jpg","bitmapData");
}
function loadBitmapdata(event){
    var bitmapdata = new LBitmapData(loader.content);
    var bitmap = new LBitmap(bitmapdata);
    //图片坐标
    bitmap.x = 50;
    bitmap.y = 50;
    bitmap.rotate = 60;              //图片旋转 60°
    bitmap.alpha = 0.4;             //图片透明度设置为 0.4
    addChild(bitmap);              //加入显示列表中
}
</script>
```

3. 调用 addChild()函数加入对象和调用 removeChild()函数移除对象函数

在 lufylegend 中要加入显示对象到屏幕上，需要使用 addChild()函数，如果直接调用这个函数,就是把对象加入最底层,当然 LSprite 也有 addChild()函数,是把显示对象添加到 LSprite 上,从而实现图层层次化效果。

removeChild()函数用于把对象删除而已。原理为把参数所指定的图形对象从 LSprite 的 childList 里面删除。

```
addChild(bitmap);        //加入显示列表中
```

上例中 addChild()函数等同于 LGlobal. stage. addChild()函数。

17.2.2 图层

既然是游戏,那么图层就必不可少。在游戏的世界里,可以看到各种地图及各种游戏人物,还能看到人物在地图上行走、对话等。无论是地图还是人物,其实都是图片的图像处理与显示的结果,让不同的图像按照先后顺序显示到屏幕上,就会看到不同的游戏界面。也就是说,这些图像显示的先后顺序以及位置决定了游戏的界面。

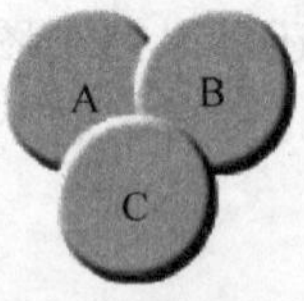

图 17-4 中,A、B、C 这 3 个图层,它们分别出现在游戏界面上的时候,首先看到的是最上层的 LayerC 层和 LayerB 层,最后看到的是 LayerA 层。

图 17-4   图层的示意

lufylegend 实现了层的概念,它就是 LSprite 对象。它的用法很简单。

```
//加入层 LSprite
var layer = new LSprite();
addChild(layer);
```

LSprite 图层有 addChild()和 removeChild()函数,用于向图层中添加对象。此外,LSprite 还有 addEventListener()函数,用于给对象加入事件,具体的一些功能可以到官方 API 去查看。

```
function loadBitmapdata(event){
    var bitmapdata = new LBitmapData(loader.content);
    var bitmap = new LBitmap(bitmapdata);
    //加入层 LSprite
    var layer1 = new LSprite();
    addChild(layer1);                    //加入显示列表中
    layer1.addChild(bitmap);             //加入 layer1 层中
}
```

LSprite 对象和 LBitmap 对象一样,也有坐标(x,y)、透明度(alpha)、旋转(rotate)、缩放(scaleX,scaleY)等属性,不过它控制的是整个层的属性。

```
layer1.x = 50;
layer1.y = 50;
layer1.rotate = 60;
```

17.2.3   利用图层实现游戏中的卷轴

玩过 RPG 或者横版格斗的应该知道,人物走到屏幕中央后,由于地图过大,地图会进行移动,人物则相对静止不动,这个就是卷轴。这就是镜头跟随主角的效果,是利用lufylegend.js游戏引擎图层来实现这个效果。

其实实现这个效果的关键在于如何使人物静止,何时移动地图,以及如何移动地图。在探究这些问题之前,先创建一个结构良好的舞台层(一个 LSprite 对象),以便以后的操作。舞台结构如下:

```
+- 舞台层
|
    +- 地图层
|
    +- 人物层
```

可见舞台层就是地图层和人物层的父元素,并且人物层在地图层上方,毕竟人物是站在地图上的。子对象的坐标是相对于父对象的,所以移动父对象,子对象会跟着移动,这点要先弄明白。

如何使人物静止呢? 何时移动地图呢? 如何移动地图呢? 也许你会想,首先用 if(xxx){...}来判断人物的坐标是否达到屏幕中央,如果是,则移动地图对象;如果不是则移动人物对象。这么做的话就麻烦了。其实有更简单的方法:卷轴或不卷轴时,人物都是在移动,但是如果人物达到屏幕中央时,要开始卷轴了,舞台层就进行与人物速度方向相反、速度相同的移动,那么人物相对于 Canvas 画布的位移就抵消了,看上去地图就是静止的,而地图就跟着父类向反方向移动。这个类似于拍古装电影,拍两个人一边骑马一边谈话。如果人和马在前进,摄像机以相同的速度跟拍,那么得到的画面就是人物并没有移动,而人物背后的风景是在移动的。

接下来看实现代码。其中关于事件处理见 17.2.8 节。

```
init(30, "mydemo", 700, 480, main);
var direction = null;                    //移动方向,null 代表没移动
var bird, stageLayer, bg;                //小鸟、舞台层、背景对象
var step = 5;                            //每次移动的长度
function main () {
    //资源列表
    var loadList = [
        {name : "bird", path : "./bird.png"},
        {name : "bg", path : "./bg.jpg"}
    ];
    //加载资源
    LLoadManage.load(loadList, null, demoInit);
}
function demoInit(result) {
    //初始化舞台层
    stageLayer = new LSprite();
    addChild(stageLayer);
    //加入背景
    bg = new LBitmap(new LBitmapData(result["bg"]));
    bg.y = - 100;
    stageLayer.addChild(bg);
    //加入小鸟
    bird = new LBitmap(new LBitmapData(result["bird"]));
    bird.x = 100;
```

```
        bird.y = 150;
        stageLayer.addChild(bird);
        //添加鼠标按下事件
        stageLayer.addEventListener(LMouseEvent.MOUSE_DOWN, onDown);
        //添加鼠标弹起事件
        stageLayer.addEventListener(LMouseEvent.MOUSE_UP, onUp);
        //添加时间轴事件
        stageLayer.addEventListener(LEvent.ENTER_FRAME, onFrame);
    }
    function onDown (e) {
        /** 根据单击位置设置移动方向 */
        if(e.offsetX > LGlobal.width / 2) {
            direction = "right";
        } else {
            direction = "left";
        }
    }
    function onUp () {
        //设置方向为无方向,代表不移动
        direction = null;
    }
    function onFrame () {
        var _step, minX, maxX;
        //移动小鸟
        if(direction == "right") {
            _step = step;
        } else if(direction == "left") {
            _step = - step;
        } else {
            return;
        }
        bird.x += _step;
        //控制小鸟移动范围
        minX = 0,
        maxX = bg.getWidth() - bird.getWidth();
        if(bird.x < minX) {
            bird.x = minX;
        }else if(bird.x > maxX) {
            bird.x = maxX;
        }
        //移动舞台
        stageLayer.x = LGlobal.width / 2 - bird.x;
        //控制舞台移动范围
        minX = LGlobal.width - stageLayer.getWidth();
        maxX = 0;
        if(stageLayer.x < minX) {
            stageLayer.x = minX;
        }else if(stageLayer.x > maxX) {
            stageLayer.x = maxX;
        }
    }
```

在图 17-5 中,单击屏幕左半边控制小鸟向左移动,单击右半边屏幕,控制小鸟向右移动。小鸟到达屏幕中央后,开始卷轴。

图 17-5 实现游戏中的卷轴

17.2.4 使用 LGraphics 对象绘图

LGraphics 是 lufylegend 库中的一个绘图类,它内置了一些函数以简化绘图。它可以单独使用,也可以与 LSprite 对象配合使用。

1. 绘制矩形

利用 LGraphics 对象中的 drawRect()函数来绘制矩形,代码如下:

```javascript
< script type = "text/javascript">
init(50,"mylegend",500,350,main);
function main(){
    var graphics = new LGraphics();
    addChild(graphics);
    graphics. drawRect(1,'＃000000',[50,50,100,100]);                      //空心矩形
    graphics. drawRect(1,'＃000000',[170,50,100,100],true,'＃cccccc');      //填充矩形
}
</script >
```

2. 绘制圆

利用 LGraphics 对象中的 drawArc()函数来绘制圆,代码如下:

```javascript
< script type = "text/javascript">
init(50,"mylegend",500,350,main);
function main(){
    var graphics = new LGraphics();
    addChild(graphics);
    graphics. drawArc(1,'＃000000',[60,60,50,0,360 * Math.PI/180]);
    graphics. drawArc(1,'＃000000',[180,60,50,0,360 * Math.PI/180],true,'＃cccccc');
}
</script >
```

绘制圆形效果如图 17-6 所示。

3. 绘制多边形

LGraphics 对象除了可以画矩形和圆之外,还可以使用 drawVertices()函数,根据坐标顶点数组来绘制图形,代码如下:

```
< script type = "text/javascript">
init(50,"mylegend",500,350,main);
function main(){
    var graphics = new LGraphics();
    addChild(graphics);
    graphics.drawVertices(1,'#000000',[[50,20],[80,20],[100,50],[80,80],[50,80],[30,
50]]);
graphics.drawVertices(1,'#000000',[[150,20],[180,20],[200,50],[180,80],[150,80],[130,
50]],true,'#cccccc');
}
</script>
```

绘制多边形效果如图 17-7 所示。

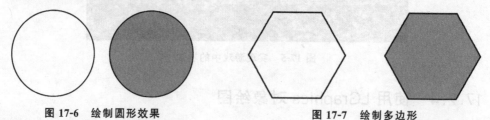

图 17-6 绘制圆形效果 　　　　　　　　　　　　　　图 17-7 绘制多边形

4. 绘制位图图片

使用 LGraphics 对象也可以直接绘制位图图片，主要是使用 LGraphics 对象的 beginBitmapFill(bitmap)函数用位图图像填充绘图区，下面看看这个函数的强大功能。

```
< script type = "text/javascript">
var loader;
init(50, "mylegend", 800, 480, main);
function main() {
    loader = new LLoader();
    loader.addEventListener(LEvent.COMPLETE, loadBitmapdata);
    loader.load("face.jpg", "bitmapData");
}
function loadBitmapdata(event) {
    var bitmapdata = new LBitmapData(loader.content);
    var backLayer;
    backLayer = new LSprite();
    addChild(backLayer);
    backLayer.graphics.beginBitmapFill(bitmapdata);
    backLayer.graphics.drawArc(1,"#000000",[150,50,50,0,Math.PI * 2]);
    //绘制圆形区域
    backLayer = new LSprite();
    addChild(backLayer);
    backLayer.graphics.beginBitmapFill(bitmapdata);
    backLayer.graphics.drawRect(1,"#000000",[10,100,70,100]);
    //绘制矩形区域
    backLayer = new LSprite();
    addChild(backLayer);
    backLayer.graphics.beginBitmapFill(bitmapdata);
    backLayer.graphics.drawVertices(1,"#000000",[[120,100],[100,200], [200,150]]);
    //绘制多边形区域
}</script>
```

效果如图 17-8 所示。从图 17-8 可见用位图图像填充绘制的圆形、矩形和多边形区域。

5. 使用 LSprite 对象进行绘图

前面介绍了独立使用 LGraphics 对象来绘图的方法。由于每个 LSprite 对象都包含一个 LGraphics 对象，上面的绘图都可以使用 LSprite 对象中的 graphics 来实现。例如，画矩形的代码也可以写成如下代码：

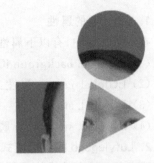

图 17-8　位图图像填充绘图区

```
< script type = "text/javascript">
init(50,"mylegend",500,350,main);
function main(){
    var layer 1 = new LSprite();
    addChild(layer1);
    layer1. graphics. drawRect(1,'#000000',[50,50,100,
100]);
    layer1. graphics. drawRect(1,'#000000',[170,50,100,
100],true,'#cccccc');
}
</script>
```

17.2.5　使用 LTextField 显示文字

这个 LTextField 实例和 LBitmap 一样，需要调用父 LSprite 对象的 addChild()或 addChildAt()方法将 LTextField 实例添加到显示列表(加入界面)中。这个类的属性很多，读者可以到 API 中去查看，具体使用举例如下：

```
init(20,"mylegend",500,400,main);
var backLayer,title;
function main(){
    backLayer = new LSprite();
    addChild(backLayer);
    title = new LTextField();
    title. size = 30;
    title. color = "#ff0000";
    title. text = "文字显示测试";
    backLayer.addChild(title);
}
```

LTextField 还可以将文本变为一个输入框，只需要将文本的 texttype 属性设置为 xFieldType. INPUT 即可。

可使用 LTextField 对象的 setType()函数，设置 texttype 属性 LTextFieldType . INPUT，代码如下：

```
title = new LTextField();
title. setType (LTextFieldType. INPUT) ;
```

17.2.6　LGlobal 全局类

这个类掌管游戏中许多全局的设置。例如，更改游戏速度，获取游戏界面高度、宽度，canvas 标签，canvas 标签的 getContext("2d")，以及当前操作系统等。

1. LGlobal 的属性

在 LGlobal 中,有以下属性。

(1) LGlobal. backgroundColor 属性:设置游戏画面的背景颜色。

(2) LGlobal. canvas 属性:获取 context 对象。

(3) LGlobal. stage 属性:一个 LSprite 对象,所有的 DisplayObject 对象的最底层。

(4) LGlobal. stageScale 属性:指定要使用哪种缩放模式。

2. Lufylegend 的全屏模式

HTML5 最大的优势就是跨平台,所以游戏最好要能在手机上运行,还要能达到全屏。Lufylegend 不仅能在 PC、手机全屏运行,还提供了 3 种全屏模式。

(1) LStageScaleMode. EXACT_FIT:指定整个应用程序在指定区域中可见,但不能保持原始高宽比。

(2) LStageScaleMode. SHOW_ALL:指定整个应用程序在指定区域中可见,且不会发生扭曲,同时保持应用程序的原始高宽比。

(3) LStageScaleMode. NO_SCALE:指定应用程序的大小是固定的,即使在更改播放器窗口大小时,它仍然保持不变。

设置完舞台的缩放模式之后,调用 LSystem. screen(LStage. FULL_SCREEN);函数就可以实现全屏。它的原理很简单,就是设置 Canvas 标签的 style. width 和 style. height 来实现缩放。

17.2.7 LLoadManage 加载文件

LLoadManage 类主要用于加载游戏中的文件,如图片、音频、js 文件、其他文件(需要用到服务器),用法可查 API 文档,示例如下:

```
var loadData = [
    {path:"./js/jsfile01.js",type:"js"},
    {path:"./js/jsfile02.js",type:"js"},
    {name:"img0",path:"./images/img0.png"},
    {name:"img1",path:"./images/img1.png"},
    {name:"myFont",path:"NotoSans.eot,NotoSans.ttf",type:"font"},
    {name:"text01",path:"./files/text01.txt",type:"text"},
    {name:"text02",path:"./files/text02.txt",type:"text"},
    {name:"sound01",path:"./sounds/sound01.wav",type:"sound"},
    {name:"sound02",path:"./sounds/sound02.wav",type:"sound"}
];
var loadingLayer;
var datalist = [];
function main(){
    loadingLayer = new LoadingSample1();
    addChild(loadingLayer);
    LLoadManage.load(
        loadData,
        function(progress){
            loadingLayer.setProgress(progress);
        },
        gameInit
    );
```

```
}
function gameInit(result) {
    datalist = result;
    removeChild(loadingLayer);
    loadingLayer = null;
    //do something
    var bitmapData = new LBitmapData(datalist["img0"]);
    var txt = datalist["text01"];
    var sound = new LSound();
    sound.load(datalist["sound01"]);
    sound.play();
}
```

17.2.8　事件处理

lufylegend 库里有各种事件，使用 addEventListener 可以为各种事件添加监听。

1. 鼠标事件

鼠标事件分为鼠标按下（LMouseEvent. MOUSE_DOWN）、鼠标弹起（LMouseEvent. MOUSEUP）和鼠标移动（LMouseEvent. MOUSE_MOVE）这 3 个事件。

```
<div id="mylegend">loading...</div>
<script type="text/javascript">
init(50,"mylegend",300,300,main);
var field;
function main(){
    var layer = new LSprite();
    layer.graphics.drawRect(1,'#cccccc',[0,0,300,300],true,'#cccccc');
    addChild(layer);
    field = new LTextField();
    field.text = "Wait Click!";
    layer.addChild(field);
    layer.addEventListener(LMouseEvent.MOUSE_DOWN,downshow);  //监听鼠标按下事件
    layer.addEventListener(LMouseEvent.MOUSE_UP,upshow);      //监听鼠标弹起事件
}
function downshow(event){                                     //处理鼠标按下
    field.text = "Mouse Down!";
}
function upshow(event){                                       //处理鼠标弹起
    field.text = "Mouse Up!";
}
</script>
```

以上两个函数 downshow(event)和 upshow(event)分别用来处理鼠标按下和鼠标弹起事件，当鼠标按下的时候 field 文本的显示值为"Mouse Down!"，当鼠标弹起的时候 field 文本的显示值为"Mouse Up!"。

2. 时间轴事件（ENTER_FRAME）

如果想重复执行某段代码，那么就需要用到时间轴事件（或者称帧频事件）。时间轴事件就是指按照指定间隔时间不断重复地广播某事件，有的地方解释为以帧频不断触发事件。只要给某一对象添加此事件监听，就可以达到循环重复的目的。例如，实现矩形图形左右往复来回移动的代码如下：

```html
<!DOCTYPE html>
<html>
<head>
<meta charset = "utf - 8">
<title>帧频事件</title>
<script src = "lufylegend.js - lufylegend - 1.9.7/lufylegend - 1.9.7.min.js"></script>
<script>
    //init 初始化画布,第一个参数为帧速率,它的值越大动画速率越快
    init(1000/60, "legend", 800, 480, main);
    var direction = 1;
    function main() {
        var layer = new LSprite();                              //新建层
        addChild(layer);                                        //添加层
        //在层上绘制一个矩形
        //LGraphics 类包含一组可用来创建矢量形状的方法
        //drawRect 的 5 个参数:线粗、线颜色、坐标及宽度、是否填充、填充颜色
        layer.graphics.drawRect(1, "#ff0000", [0, 0, 100, 100], true, "#880088");
        //layer 上绑定 ENTER_FRAME 事件,以帧速率调用 onframe()函数
        layer.addEventListener(LEvent.ENTER_FRAME, onframe);
    }
    function onframe(event){
        var layer = event.currentTarget;
        //每一帧,横坐标增长或减少即向右或向左移动 1px,方向取决于 direction 的正负
        layer.x += direction;
        if(layer.x < 0){
            direction = 1;                                      //右移
        }
        if(layer.x > 700){                                      //坐标大于 700 后,向左移
            direction = - 1;                                    //左移
        }
    }
</script>
</head>
<body>
<div id = "legend"></div>
</body>
</html>
```

3. 键盘事件

lufylegend 库 里 用 LKeyboardEvent.KEY_DOWN、LKeyboardEvent.KEY_UP LKeyboard Event.KEY_PRESS 来监听键盘事件。由于键盘事件需要加载到 window(浏览器窗口)上,所以加载的时候与前面讲述的方法会稍微有些变化,具体做法看如下代码:

```html
<div id = "mylegend"> loading...</div>
<script type = "text/javascript">
init(50,"mylegend",300,300,main);
var field;
function main(){
    var layer = new LSprite();
    layer.graphics.drawRect(1,'#cccccc',[0,0,300,300],true,'#cccccc');
    addChild(layer);
    field = new LTextField();
    field.text = "Wait Click!";
    layer.addChild(field);
```

```
        LEvent.addEventListener(LGlobal.window,LKeyboardEvent.KEY_DOWN,down);    //监听按下键
        LEvent.addEventListener(LGlobal.window,LKeyboardEvent.KEY_UP,up);
                                                                                 //监听弹起键
    }
    function down(event){                                                        //处理按下键
        field.text = event.keyCode + " Down!";
    }
    function up(event){                                                          //处理弹起键
        field.text = event.keyCode + " Up!";
    }
</script>
```

与前面讲述的方法不同的是,这里是使用 LEvent.addEventListener 来加载键盘事件的,其中的 LGlobal.window 就是 window 对象。所以键盘事件是加载到 window 对象上的,这样就能监听整个浏览器窗口。

17.2.9 动画的实现

动画在游戏中是最常见的,最简单的动画为人物的行走。其实动画就是图片不停切换,每幅图是一帧(frame)的话,一帧帧地切换,看起来就是动画。可以说,动画是游戏最基本的组成部分。在 lufylegend 库中利用 LAnimation 类和时间轴帧频事件,可以很轻松地实现一组动画的播放,这里将以一个人向 4 个方向行走的动画为例。

图 17-9 就是人物走动的所有图片,图可以分成 4 行 4 列,共 16 个小图片。每个小图片代表人物的一个动作。如果把这些小图片每一行的 4 个小图片顺序播放,那么就会形成一组动画。LAnimation 类实际上就是利用这些小图片不同的坐标位置,并让这些小图片逐个显示以形成动画的。

图 17-9 人物走动的图片 chara.png

LAnimation 类构造函数如下:

```
LAnimation(layer, data, list)
```

参数说明如下。

layer 为一个 LSprite 对象。

data 为一个 LBitmapData 对象,即包含一组或多组 frame 的精灵图表,或者是一个 LBitmapData 对象的数组。

list 是每个帧(frame)坐标的数组,数组元素格式为{x:0,y:0,width:100,height:

100,}。x、y、width、height 分别对应 LBitmapData 对象的属性值。

如果精灵图片中的每个 frame 大小都是一样的，可以使用 LGlobal.divideCoordinate() 函数来直接对图片进行分割，生成每个帧(frame)的坐标。

```
divideCoordinate(width, height, row, col)
```

divideCoordinate()函数将传入图片的宽和高，按照行数和列数进行拆分计算，会得到一个坐标信息的二维数组。图 17-9 的图片是宽和高为 256px，进行拆分的代码如下：

```
var list = LGlobal.divideCoordinate(256,256,4,4);        //生成坐标位置的二维数组
```

list 是[Array(4),Array(4),Array(4),Array(4)]，每个元素中的坐标是对应每个帧（小图片）在图 17-9 中的坐标值。具体内容如下：

[{x：0,y：0,width：64,height：64},{x：64,y：0,width：64,height：64},{x：128,y：0,width：64,height：64},{x：192,y：0,width：64,height：64}]

[{x：0,y：64,width：64,height：64},{x：64,y：64,width：64,height：64},{x：128,y：64,width：64,height：64},{x：192,y：64,width：64,height：64}]

[{x：0,y：128,width：64,height：64},{x：64,y：128,width：64,height：64},{x：128,y：128,width：64,height：64},{x：192,y：128,width：64,height：64}]

[{x：0,y：192,width：64,height：64},{x：64,y：192,width：64,height：64},{x：128,y：192,width：64,height：64},{x：192,y：192,width：64,height：64}]

下面代码实现让女孩走起来。

```
<!DOCTYPE HTML>
<html>
<head>
    <meta charset = "utf-8" />
    <script type = "text/javascript" src = "lufylegend-1.9.7.min.js"></script>
</head>
<body>
<div id = "mylegend">loading...</div>
<script type = "text/javascript">
var loader,anime,layer;
init(200,"mylegend",500,350,main);
function main(){
    loader = new LLoader();
    loader.addEventListener(LEvent.COMPLETE,loadBitmapdata);
    loader.load("chara.png","bitmapData");
}
function loadBitmapdata(event){
    var bitmapdata = new LBitmapData(loader.content,0,0,64,64);
                                                                   //显示范围(0,0,64,64)
    var list = LGlobal.divideCoordinate(256,256,4,4);              //生成坐标位置的二维数组
    //加入层 LSprite
    layer = new LSprite();
    addChild(layer);
    anime = new LAnimation(layer,bitmapdata,list);
    layer.addEventListener(LEvent.ENTER_FRAME,onframe);            //监听时间轴事件
}
function onframe(){                                                //时间轴事件处理函数
```

```
        anime.onframe();    //调用 LAnimation 类的 onframe()函数,播放下一帧
}
</script>
</body>
</html>
```

在时间轴事件处理函数 onframe()中,调用 LAnimation 的 onframe()函数播放下一帧,由于时间轴事件是重复调用,就有了动画效果。

运行效果如图 17-10 所示。画面上的人物已经动起来了,实际上就是将图 17-9 中的第一行小图片逐个循环播放起来。

图 17-10　人物走动

LAnimation 类的 onframe()函数的功能是将所播放图片的列号加 1,如果循环 onframe()函数,就变成了动画。但是目前只是实现了第一行图片的循环播放,如果要实现所有图片的循环播放,则需要用到 LAnimation 类的 setAction()函数,其函数原型如下:

```
setAction(rowLndex, colIndex)
```

参数:rowIndex 数组行号,colIndex 数组列号。使用 setAction()函数可以改变 LAnimation 类所播放图片的行号和列号,如果只需要改变播放的行号,那么第二个参数可以省略。下面代码说明了 setAction()函数的详细用法。

```
<!DOCTYPE HTML>
<html>
<head>
<meta charset = "utf-8" />
<script type = "text/javascript" src = "lufylegend-1.9.7.min.js"></script>
</head>
<body>
<div id = "mylegend">loading...</div>
<script type = "text/javascript">
var loader,anime,layer;
init(200,"mylegend",500,350,main);
function main(){
    loader = new LLoader();
    loader.addEventListener(LEvent.COMPLETE,loadBitmapdata);
    loader.load("chara.png","bitmapData");
}
function loadBitmapdata(event){
    var bitmapdata = new LBitmapData(loader.content,0,0,64,64);
    var list = LGlobal.divideCoordinate(256,256,4,4);
    //加入层 LSprite
    layer = new LSprite();
    addChild(layer);
    anime = new LAnimation(layer,bitmapdata,list);
    layer.addEventListener(LEvent.ENTER_FRAME,onframe);
}
function onframe(){
```

```
            var action = anime.getAction();           //获取当前播放的帧行列号属性(rowIndex, colIndex)
            switch(action[0]){
                case 0:                                //下
                    layer.y += 5;
                    if(layer.y >= 200){
                        anime.setAction(2);
                    }
                    break;
                case 1:                                //左
                    layer.x -= 5;
                    if(layer.x <= 0){
                        anime.setAction(0);
                    }
                    break;
                case 2:                                //右
                    layer.x += 5;
                    if(layer.x >= 200){
                        anime.setAction(3);
                    }
                    break;
                case 3:                                //上
                    layer.y -= 5;
                    if(layer.y <= 0){
                        anime.setAction(1);
                    }
                    break;
            }
            anime.onframe();                           //播放下一帧
        }
    </script>
    </body>
    </html>
```

可以看到画面上的人物已经开始绕着 4 个方向走动起来了。

使用 LAnimation 类的 getAction() 函数取得 anime 对象当前所播放动画的行号和列号,其返回值为数组类型[行号,列号],代码如下:

```
var action = anime.getAction();
```

程序中利用 switch 对当前所播放动画的行号进行了区别处理,[0,1,2,3]这 4 个行号在图 17-9 中分别代表下、左、右、上 4 个方向,然后在 4 个方向上改变坐标值进行相应的移动,并且根据所移动到达的位置来改变移动的方向。

17.3 lufylegend 游戏引擎案例——接水果游戏

既然是游戏,那么图层就必不可少,对于本游戏来说分成地图层即载入背景图的图层,人物层即载入人物的图层,物品层即载入掉落的水果、砖块的图层,游戏结束层即游戏结束时所调用的图层。先定义这 4 个图层,定义的代码如下:

```
var backLayer, playerLayer, itemLayer, overLayer;     //定义 4 个图层
```

定义好之后就需要在 gameInit(result)函数中于初始化过程中将图层全部载入,另外需要注意的是图层的顺序,地图层要在最下面,否则会遮住其他图层,而导致其他图层出现显示不出的情况。在 lufylegend 中是根据图层加入的顺序来决定谁在最下方,也就是先加入的就是最下面的图层,之后以此类推。

imgData 提供所需要的图片,游戏中加入 3 个事件监听,鼠标的 MOUSE_DOWN 和 MOUSE_UP,以及时间轴事件(起到循环作用)来完成游戏的逻辑。鼠标按下时,根据在屏幕左侧还是右侧来决定人物的移动方向,鼠标释放则播放人物正面的动画。

```html
<!DOCTYPE html>
<html lang = "en">
    <head>
    <meta charset = "utf-8" />
    <title>接水果游戏</title>
    <script type = "text/javascript" src = "/js/lufylegend-1.9.7.min.js"></script>
    <script type = "text/javascript">
        if(LGlobal.canTouch){                        //如果是触屏
        LGlobal.stageScale = LStageScaleMode.EXACT_FIT;
        LSystem.screen(LStage.FULL_SCREEN);          //设置全屏
        }
    </script>
    </head>
    <body style = "margin:0px 0px 0px 0px;">
            <div id = "legend"></div>
            <script>
                init(50,"legend",800,450,main);
                var imgData = [
                    {name:"back",path:"./images/back.jpg"},
                    {name:"player",path:"./images/player.png"},
                    {name:"item0",path:"./images/item0.png"},
                    {name:"item1",path:"./images/item1.png"},
                    {name:"item2",path:"./images/item2.png"},
                    {name:"item3",path:"./images/item3.png"},
                    {name:"item4",path:"./images/item4.png"},
                    {name:"item5",path:"./images/item5.png"},
                    {name:"item6",path:"./images/item6.png"},
                    {name:"item7",path:"./images/item7.png"}
                ];
                var imglist;
                var backLayer,playerLayer,itemLayer,overLayer;      //定义4个图层
                var hero;                            //人物
                var step = 50, stepindex = 0;        //控制添加(水果、砖块等)频率
                var point = 0, pointTxt;             //初始化分数
                var hp = 1, hpTxt;                   //初始化生命(血)数
                function main(){
                    LLoadManage.load(imgData,null,gameInit);
                }
                function gameInit(result){           //定义4个图层
                    imglist = result;
                    backLayer = new LSprite();        //地图层
                    addChild(backLayer);
                    addBackGround();                  //加入背景图片
                    addPlayer();                      //添加人物图层
                    itemLayer = new LSprite();        //物品图层
```

```
            backLayer.addChild(itemLayer);
            addText();                                      //添加文字
            overLayer = new LSprite();                      //游戏结束层
            backLayer.addChild(overLayer);
            var fps = new FPS();
            addChild(fps);
            addEvent();                                     //加入事件监听
        }
        function addText(){
            hpTxt = new LTextField();                       //生命(血)数文字
            hpTxt.color = "#ff0000";
            hpTxt.size = 30;
            hpTxt.x = 10;
            hpTxt.y = 10;
            backLayer.addChild(hpTxt);                      //加入地图层
            pointTxt = new LTextField();                    //分数文字
            pointTxt.color = "#ffffff";
            pointTxt.size = 30;
            pointTxt.x = 10;
            pointTxt.y = 50;
            backLayer.addChild(pointTxt);                   //加入地图层
            showText();
        }
        function showText(){                                //显示生命数和分数
            hpTxt.text = hp;
            pointTxt.text = point;
        }
        function addPlayer(){                               //添加人物图层
            playerLayer = new LSprite();
            backLayer.addChild(playerLayer);
            hero = new Player();
            hero.x = hero.y = 350;
            playerLayer.addChild(hero);
        }
        function addBackGround(){                           //加入背景图片
            var bitmap = new LBitmap(new LBitmapData(imglist["back"]));
            backLayer.addChild(bitmap);
        }
        function addEvent(){                                //加入事件监听
            backLayer.addEventListener(LEvent.ENTER_FRAME,onframe);
            backLayer.addEventListener(LMouseEvent.MOUSE_DOWN,onDown);
            backLayer.addEventListener(LMouseEvent.MOUSE_UP,onUp);
        }
```

　　游戏的运行需要通过这个刷新来实现游戏的动画效果,所以需要编写基于屏幕刷新事件而运行的函数。因为是基于事件运行的函数,所以就需要添加对屏幕刷新事件(时间轴事件)的监听:

```
backLayer.addEventListener(LEvent.ENTER_FRAME,onframe);
```

　　第一个参数为事件名,第二个参数是在事件发生时所调用的函数名,在这里的函数为onframe,可以看出在onframe()函数中,需要对几个信息进行刷新,一个是分数,一个是生命数,一个是对物品(水果、砖块等)定时添加和位置的刷新。物品(水果、砖块等)死亡后将被移出画面,或发起游戏失败判断这些操作,所以onframe()函数就需要这样写。

```
function onframe(){
    hero.run();                                              //人物行走动画
    for(var i = 0;i< itemLayer.childList.length;i++){        //让水果动起来
        itemLayer.childList[i].run();
        if(itemLayer.childList[i].mode == "die"){           //当水果移出屏幕或是碰撞时
            itemLayer.removeChild(itemLayer.childList[i]);   //移除该成员
        }
    }
    if(stepindex++> step){
        stepindex = 0;
        addItem();                                           //添加物品(水果、砖块等)
    }
    showText();                                              //刷新分数和生命数
    if(hp < = 0){                                            //生命数小于 0
        gameOver();
        return;
    }
}
```

以下是游戏结束处理和添加物品(水果、砖块等)。

```
function gameOver(){                                         //游戏结束处理
    backLayer.die();
    itemLayer.removeAllChild();
    var txt = new LTextField();
    txt.color = "#ff0000";
    txt.size = 50;
    txt.text = "GAME OVER";
    txt.x = (LGlobal.width - txt.getWidth()) * 0.5;
    txt.y = 100;
    overLayer.addChild(txt);
    backLayer.addEventListener(LMouseEvent.MOUSE_DOWN,
    function (event){
        backLayer.die();
        overLayer.removeAllChild();
        hp = 10;
        point = 0;
        addEvent();
    });
}
function addItem(){                                          //添加物品(水果、砖块等)
    var item = new Item();
    item.x = 20 + Math.floor(Math.random() * (LGlobal.width - 50));   //随机位置
    itemLayer.addChild(item);
}
```

鼠标按下和释放事件处理。

```
function onDown(event){                                      //鼠标按下事件处理
    if(event.selfX < LGlobal.width *  0.5){                  //鼠标位置是否在画面左侧
        hero.mode = "left";
        hero.anime.setAction(1);                            //左移动画
    }else{
        hero.mode = "right";
        hero.anime.setAction(2);                            //右移动画
```

```
        }
    }
    function onUp(event){                      //鼠标释放事件处理
        hero.mode = "";
        hero.anime.setAction(0);          //正面的动画
    }
```

以下设计人物类,实现人物的左右移动。

```
function Player(){                                      //人物类
    base(this,LSprite,[]);
    var self = this;
    self.mode = "";
    var list = LGlobal.divideCoordinate(256,256,4,4);
    var data = new LBitmapData(imglist["player"],0,0,64,64);
    self.anime = new LAnimation(self,data,list);
    self.step = 2,self.stepindex = 0;
}
Player.prototype.run = function (){
    var self = this;
    if(self.stepindex++> self.step){
        self.stepindex = 0;
        self.anime.onframe();                      //播放下一帧
    }
    if(self.mode == "left"){
        if(self.x > 10)self.x -= 10;
    }else if(self.mode == "right"){
        if(self.x < LGlobal.width - self.getWidth())self.x += 10;
    }
}
```

以下设计物品类。

```
    function Item(){                                      //物品类
        base(this,LSprite,[]);
        var self = this;
        self.mode = "";
        var index = Math.floor(Math.random() * 8);
        self.value = index < 4 ? 1: -1;                //物品价值
        var bitmap = new LBitmap(new LBitmapData(imglist ["item" + index]));
        self.addChild(bitmap);
    }
    Item.prototype.run = function(){
        var self = this;
        self.y += 5;                                      //y 坐标增加实现下落
        var hit = self.checkHit();                      //碰撞检测
        if(hit || self.y > LGlobal.height){          //如果与人物碰撞或者落到画面底部
            self.mode = "die";                          //设置 mode
        }
    }
    Item.prototype.checkHit = function(){
        var self = this;
        if(LGlobal.hitTestArc(self,hero)){          //人物和物品的碰撞检测
            if(self.value > 0){
                point += 1;                              //加 1 分
```

```
            }else{
                hp -= 1;                    //生命数减 1
            }
            return true;
        }
        return false;
    }
</script>
```

运行时水果等物品不断下落,如果主人公接住则得 1 分,如果接住非水果则生命数减 1,如果生命数为 0 则游戏失败,接水果效果如图 17-11 所示。

图 17-11　接水果游戏效果

在 lufylegend 游戏引擎演示案例网站(网址详见前言二维码)中列出了三十多个 lufylegend 游戏引擎开发的游戏,如近点推箱子、RGP 游戏、数独、对对碰、俄罗斯方块、愤怒的小鸟等,如图 17-12 所示。读者可以阅读源代码来进一步学习 lufylegend 游戏引擎的使用。

图 17-12　lufylegend 游戏引擎演示案例

参考文献

[1] 胡军,刘伯成,管春.Web 前端开发案例教程——HTML5＋CSS3＋JavaScript＋JQuery＋Bootst rapt 响应式开发[M].北京:人民邮电出版社,2020.

[2] 姚敦红,杨凌,张志美等.jQuery 程序设计基础教程[M].北京:人民邮电出版社,2013.

[3] 岳学军.JavaScript 前端开发实用技术教程[M].北京:人民邮电出版社,2014.

[4] 阮文江.JavaScript 程序设计基础教程[M].2 版.北京:人民邮电出版社,2015.

[5] 张路斌.HTML5 Canvas 游戏开发实战[M].北京:机械工业出版社,2013.

[6] 郑秋生,夏敏捷.Java 游戏编程开发教程[M].北京:清华大学出版社,2016.

[7] 李雯,李洪发.HTML5 程序设计基础教程[M].北京:人民邮电出版社,2013.